高职高专土建类立体化创新系列教材

土力学与地基基础

主　编　昌永红

副主编　邬　宏　甄小丽

参　编　李婷婷　毕　升　赵　欢

机械工业出版社

本书是高职高专土建类立体化创新系列教材之一，在编写过程中，以"必须够用为度"，内容简明、实用，突出高职高专特色，反映地基基础领域的新规范、新标准及推广应用的新技术、新工艺。

全书分 11 章，包括绪论、土的物理与工程性质、地基土中的应力、地基变形、土的抗剪强度与地基承载力、土压力与土坡稳定分析、岩土工程勘察、基础构造与识图、基础设计、基坑工程、地基处理等内容，并附有土工试验指导。为便于读者学习，每章附有知识目标、能力目标、重点与难点，同时还配有相应的PPT课件。

本书可作为高职高专建筑工程技术专业及相关专业的教学用书，也可供土建类专业勘察、设计和施工技术人员参考使用。

图书在版编目（CIP）数据

土力学与地基基础/昌永红主编. —北京：机械工业出版社，2017.7
（2023.8 重印）

高职高专土建类立体化创新系列教材

ISBN 978-7-111-56800-1

Ⅰ.①土… Ⅱ.①昌… Ⅲ.①土力学-高等职业教育-教材②地基-基础（工程）-高等职业教育-教材 Ⅳ.①TU4

中国版本图书馆 CIP 数据核字（2017）第 103958 号

机械工业出版社（北京市百万庄大街 22 号　邮政编码 100037）
策划编辑：张荣荣　责任编辑：张荣荣　李宣敏　责任校对：佟瑞鑫
封面设计：张　静　责任印制：张　博
北京雁林吉兆印刷有限公司印刷
2023 年 8 月第 1 版第 7 次印刷
184mm×260mm·12.75 印张·309 千字
标准书号：ISBN 978-7-111-56800-1
定价：36.00 元

电话服务　　　　　　　　　网络服务
客服电话：010-88361066　　机 工 官 网：www.cmpbook.com
　　　　　010-88379833　　机 工 官 博：weibo.com/cmp1952
　　　　　010-68326294　　金 书 网：www.golden-book.com
封底无防伪标均为盗版　机工教育服务网：www.cmpedu.com

前　言

　　"土力学与地基基础"是建筑工程技术专业及其他相关专业的一门重要的职业岗位课程。我国地质条件复杂，且地基基础工程具有隐蔽性。大量的事实证明，建筑工程质量问题多与地基基础工程有关，因此保证地基基础工程的设计、施工质量尤为重要。

　　本书依据《建筑地基基础设计规范》（GB 50007—2011）、《岩土工程勘察规范》（GB 50021—2001）（2009 年版）、《建筑基坑支护技术规程》（JGJ 120—2012）、《建筑地基处理技术规范》（JGJ 79—2012）、《建筑桩基技术规范》（JGJ 94—2008）、《混凝土结构施工图平面整体表示方法制图规则和构造详图》（独立基础、条形基础、筏形基础、桩基础）（16G101—3）等现行规范、规程、标准图集编写。在编写过程中，力求内容精炼，弱化理论推导，做到以应用为目的，以必需、够用为原则，符合高职高专专业人才培养目标的需要。

　　全书共 11 章，包括绪论、土的物理与工程性质、地基土中的应力和地基变形、土的抗剪强度与地基承载力、土压力与土坡稳定分析、岩土工程勘察、基础构造与识图、基坑工程、地基处理等内容，并附有土工试验指导书。为方便读者学习，本书还配有相应的电子课件，相关资源以二维码的形式在书中加以展现。

　　本书由昌永红任主编，邬宏、甄小丽任副主编，辽宁建筑职业学院丁春静教授担任主审。具体编写分工如下：辽宁建筑职业学院昌永红编写第 1、2、5、8、9 章和土工试验指导；内蒙古建筑职业学院邬宏编写第 3 章；内蒙古建筑职业学院甄小丽编写第 6、7 章；陕西交通职业技术学院李婷婷编写第 10 章；抚顺职业技术学院毕升编写第 4 章、第 11 章11.1、11.2；抚顺职业技术学院赵欢编写第 11 章 11.3、11.4。全书由昌永红负责统稿、整理。

　　本书在编写过程中得到了许多院校领导和老师的帮助，丁春静教授在本书成稿后认真审阅了全书，并提出了宝贵修改意见，在此一并表示感谢。

　　本书可作为建筑工程技术专业、工程监理专业、基础工程技术专业等土建类相关专业的教学用书，也可供现场技术人员参考之用。

　　由于时间和编者水平有限，书中难免有不妥之处，恳请读者批准指正。

编　者

目录

第一章

绪 论

知识目标

（1）掌握土力学、地基、基础、持力层与下卧层等基本概念。

（2）了解与地基基础有关的工程问题，重视本课程在本专业中的地位。

（3）了解本课程的内容和学习特点。

能力目标

结合具体工程，能区分地基与基础、持力层与下卧层。

重点与难点

土力学、地基、基础、持力层与下卧层等基本概念。

地基与基础位于地面以下，属于地下隐蔽工程，它的勘察、设计、施工质量的好坏，直接影响到建筑物的安全和正常使用，加之各地的工程地质条件不同，因此，要因地制宜地选择地基基础设计和施工方案。随着建筑业的迅速发展，一些新知识、新技术、新工艺的不断出现，对地基基础的设计和施工提出了新的要求。对实践经验的积累和问题的研究与解决，形成了本课程。

1.1 土力学与地基基础的概念

1.1.1 地基与基础

1. 地基与基础的概念

将埋入土层一定深度的建筑物下部的承重结构称为基础；将支承基础的土体或岩体称为地基，如图 1-1 所示。

2. 持力层与下卧层概念

位于基础底面的第一层土称为持力层；而持力层以下的土层称为下卧层。强度低于持力

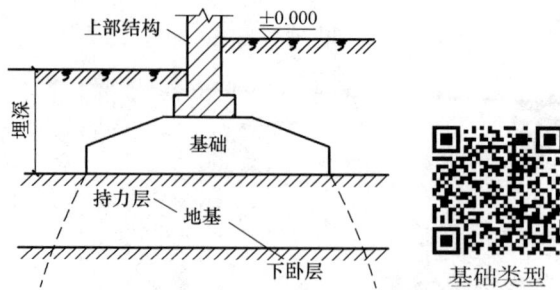

图 1-1　地基与基础示意图

层的下卧层称为软弱下卧层。基础应埋置在良好的下卧层上。

3. 基础的分类

基础按埋置深度不同，可分为浅基础和深基础。

4. 地基的分类

（1）按地质情况分为土基和岩基。

（2）按设计施工情况分为天然地基和人工地基。天然地基是不需处理可直接利用的地基；人工地基是经过人工处理而达到设计要求的地基。

1.1.2　土力学

1. 土

土是岩石经风化、搬运、沉积所形成的产物。具有压缩性、透水性、碎散性等特点，可作为地基，也可作为建筑材料，如路堤、堤坝。

2. 土力学

地基基础设计的主要理论是土力学。土力学是以工程力学和土工测试技术为基础，研究与工程建设有关的土的应力、变形、强度和稳定性等力学问题的一门学科。

1.1.3　地基设计中应满足的技术条件

为保证建筑物的安全和正常使用，建筑物地基应满足下列技术条件：

1. 地基的强度条件

要求作用于地基的荷载不超过地基的承载力，保证地基在防止整体破坏方面有足够的安全储备。

2. 地基的变形条件

要求建筑物的地基不产生过大的变形（包括沉降、沉降差、倾斜、局部倾斜），保证建筑物正常使用。

3. 地基的稳定条件

经常承受水平荷载作用的高层建筑和高耸建筑，以及建造在斜坡上的建筑物和构筑物，应验算其稳定性。

1.2　与地基基础有关的工程事故

实际工程中出现的地基基础事故可归纳为两大类：与强度有关的工程事故和与变形有关

的工程事故。下面列举一些国内外典型的因地基基础破坏而引起建筑物倾斜或倒塌的事故。

1.2.1　与强度有关的工程事故

1. 加拿大特朗斯康谷仓倾倒

（1）事故描述。加拿大特朗斯康谷仓，南北长 59.44m，东西宽 23.47m，高 31.00m，5 排圆筒仓，每排 13 个，共 65 个，总容积 36368m³。该谷仓基础为钢筋混凝土筏板基础，厚 61cm，埋深 3.66m。谷仓 1911 年动工，1913 年秋完成，谷仓自重 20000t。1913 年 10 月，当谷仓装载 31822m³ 谷物时，发生严重下沉，1h 内竖向沉降达 30.5cm，结构物向西倾斜并在 24h 内倾倒。谷仓西端下沉 7.32m，东端上抬 1.52m，仓身倾斜 27°，但上部钢筋混凝土筒仓完好无损，如图 1-2 所示。

（2）事故原因。事故发生后经勘察发现，地表 3m 以下埋藏有约 15m 厚的高塑性淤泥质软黏土，加载后谷仓基底压力达 330kPa，而实际地基极限承载为 277kPa。显然，事故的原因是地基软弱下卧层承载力不足而造成的整体倾斜。

（3）处理措施。事后在下面做了 70 多个支撑于基岩上的混凝土墩，使用 388 个 50t 千斤顶以及支撑系统，才把仓体逐渐纠正过来，但其位置比原来降低了 4m。

2. 香港宝城大厦滑坡

（1）事故描述。1972 年 7 月某日清晨，香港宝城路附近，20000m³ 残积土从山坡上滑下，巨大滑动体正好冲过一幢高层住宅——宝城大厦，顷刻间宝城大厦被冲毁倒塌，并砸毁相邻一幢大楼一角约 5 层住宅，造成 120 人死亡，震惊世界，如图 1-3 所示。

图 1-2　加拿大特朗斯康谷仓倾斜　　　　　　图 1-3　香港宝城大厦倒塌

（2）事故原因。山坡上残积土本身强度较低，加之雨水渗入，使其强度进一步大大降低，使得土体滑动力超过土的强度，于是山坡土体发生滑动。

1.2.2　与变形有关的工程事故

1. 意大利比萨斜塔倾斜

（1）事故描述。比萨斜塔建成于公元 1370 年，石砌建筑，塔身为圆筒形，全塔共 8 层，高 55m。基础底面平均压力高达 500kPa，地基持力层为粉砂，下面为粉土和饱和黏土层。1990 年 1 月，该塔向南倾斜，南北两端沉降差 1.80m，塔顶偏离中心线已达 5.27m，倾斜 5°21′16″，如图 1-4 所示。

（2）事故原因。塔身建立在深厚的高压缩性土之上，地基的不均匀沉降导致塔身的倾斜。

（3）处理措施：

1838～1839 年，挖环形基坑卸载。

1933～1935 年，基坑防水处理，基础环灌浆加固。

1990 年 1 月封闭整修。

1992 年 7 月加固塔身，用压重法和取土法进行地基处理，经过 12 年的整修，耗资约 2500 万美元，斜塔被扶正 44cm。

2001 年 12 月重新对外开放。

比萨斜塔简介

图 1-4　意大利比萨斜塔

2. 苏州虎丘塔倾斜

（1）事故描述。虎丘塔位于苏州市西北虎丘公园山顶，建成于公元 961 年。砖塔平面呈八角形，全塔共 7 层，高 47.5m，塔底直径 13.66m，由外壁、回廊、塔心三部分组成，重 63000kN。其地基土层由上至下依次为杂填土、块石填土、黏土夹块石、风化岩石、基岩等。

由于地基土压缩层厚度土质不均及砖砌体偏心受压等原因，造成该塔向东北方向严重倾斜。1956～1957 年间对上部结构进行修缮，但使塔重增加了 2000kN，加速了塔体的不均匀沉降。1957 年塔顶位移 1.7m，到 1978 年发展到 2.31m，倾角 2°47′，重心偏离基础轴线 0.924m，砌体多处出现纵向裂缝，部分砖墩应力已接近极限状态，如图 1-5 所示。

（2）处理措施。在塔四周建造一圈桩排式地下连续墙，并对塔周围与塔基进行钻孔注浆和设树根桩加固塔身，基本控制了塔的继续沉降和倾斜。

图 1-5　苏州虎丘塔

1.3　本课程的内容和学习特点

1.3.1　本课程的内容

本课程涉及土力学、建筑结构和建筑施工等几个学科领域，知识面广、综合性强，学习时应突出重点，兼顾全局。

全书共分为十一章（含绪论），书后还附有土工试验指导。通过本课程的学习，达到如下要求：

1）熟悉土的物理性质、物理特征及土的工程分类，掌握土工试验原理和方法。

2）掌握土中应力、变形、强度的基本理论和计算，学会利用这些知识，分析解决地基基础工程中的实际问题。

　　3）掌握土压力的计算理论与挡土墙设计要点。

　　4）了解岩土工程勘察的基本知识，能正确阅读和使用岩土工程勘察报告。

　　5）掌握基础的构造要求和识图方法，能正确识读基础施工图。

　　6）掌握基础设计要求及设计步骤，能设计天然地基上的浅基础和简单的桩基础。

　　7）掌握基坑支护结构选用原则，了解基坑支护的特点、设计要求及构造要求。

　　8）了解地基处理的一般方法。

1.3.2　本课程的学习特点

　　本课程的理论性和实践性较强，其内容与高等数学、建筑力学、建筑结构、施工技术等学科有密切关系。在学习本课程过程中，不仅要掌握土力学与地基基础相关知识和技能，还要注重理论联系实践，增强分析问题和解决工程实际问题的能力。

思　考　题

　　1-1　什么是地基？什么是基础？

　　1-2　什么是持力层？什么是下卧层？

　　1-3　什么是天然地基？什么是人工地基？

　　1-4　地基设计中应满足哪些技术要求？

第二章

土的物理与工程性质

知识目标

(1) 掌握土的三相组成的基本概念。

(2) 掌握土的物理性质指标、物理状态指标及其测定方法。

(3) 了解土的压实性和渗透性。

(4) 掌握地基土的工程分类。

能力目标

(1) 能够识别土的类型。

(2) 能够正确计算土的物理性质指标，并能分析土的物理状态。

(3) 能够正确操作土工仪器，通过土工试验，能对土定名。

重点与难点

土的物理性质指标、物理状态指标及其测定方法。

　　土是岩石经过风化、搬运、沉积所形成的产物。一般来说，土是由固体颗粒（固相）、水（液相）和气体（气相）所组成的三相体系。不同土的颗粒大小和矿物成分差异很大，三相间的数量比例也各不相同。土的结构和构造也有多种类型。

　　本章主要介绍土的形成与组成、土的物理性质指标、土的物理状态指标、土的压实性与渗透性及土的工程分类等内容，这些内容是学习土力学所必需的基本知识，是评价土的工程性质，分析与解决土的工程技术问题的基础。

2.1　土的形成与组成

2.1.1　土的形成

　　土的形成原因很多，不同成因的土具有不同的分布规律和工程地质特征。根据搬运和沉积的情况不同，可分为以下几种类型。

1. 残积物

（1）概念。岩石经风化作用而残留在原地的碎屑堆积物，称为残积物，如图2-1所示。

（2）分布。残积物主要分布在岩石出露地表，经受强烈风化作用的山区、丘陵地带与剥蚀平原。

（3）主要工程地质特征。没有层理构造，裂隙多，均质性很差，因此土的物理力学性质很不一致；颗粒一般较粗且带棱角，作为建筑物地基，应注意不均匀沉降和土坡稳定性等问题。

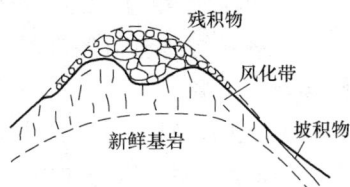

图 2-1　残积物示意图

2. 坡积物

（1）概念。高处的风化物在雨水、雪水或本身的重力作用下被搬运后，沉积在较平缓的山坡上的堆积物，称为坡积物，如图2-2所示。

（2）分布。坡积物分布在坡腰至坡脚。

（3）主要工程地质特征。会沿下卧基岩倾斜面滑动；土颗粒粗细混杂，土质不均匀，厚度变化大，土质疏松，压缩性高，作为建筑物地基，应注意不均匀沉降和稳定性等问题。

3. 洪积物

（1）概念。在山区或高地由暂时性山洪急流作用而形成的山前堆积物，称为洪积物，如图2-3所示。

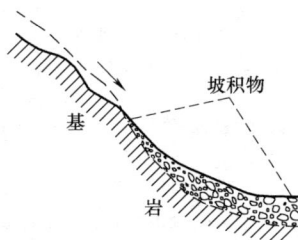

图 2-2　坡积物示意图

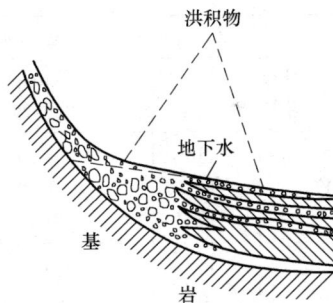

图 2-3　洪积物示意图

（2）主要工程地质特征。呈现不规则交替层理构造，如有夹层、尖灭或透镜体等。靠近山地的洪积物颗粒较粗，地下水位较深；而离山较远地段的洪积物颗粒较细，成分均匀，厚度较大，土质密实，一般为良好的天然地基。

4. 冲积物

（1）概念。由河流流水的作用在平原河谷或山区河谷中形成的沉积物，称为冲积物，分为平原河谷冲积物、山区河谷冲积物和三角洲冲积物。

（2）主要工程地质特征。呈现明显的层理构造。

2.1.2　土的组成

土是由固体颗粒、液体和气体三部分组成的，通常称为土的三相组成。随着三相物质的质量和体积的比例不同，土的性质也不相同。因此，研究土的三相组成，应先对土的固体颗粒、水和气体进行分析。

1. 土的固体颗粒

土的固相物质包括无机矿物颗粒和有机物质，是构成土的骨架最基本的物质，称为土的固体颗粒（土粒）。

（1）土的矿物成分。土中的矿物成分分为两大类。

1）原生矿物：岩浆在冷凝过程中形成的矿物，如石英、长石、云母等。由它们组成的粗粒土，例如漂石、卵石、圆砾等，都是岩石的碎屑，其矿物成分与母岩相同。

2）次生矿物：原生矿物经风化作用后形成的产物。

（2）土的颗粒级配。

1）粒组。自然界中的土都是由大小不同的颗粒组成，土颗粒的大小与土的性质有密切的关系，如土粒的粒径由粗变细，土的渗透性由大变小，由无黏性变为有黏性等。因此，工程中可用不同粒径颗粒的相对含量来描述土的颗粒组成情况。

土中不同粒径的土颗粒按适当的粒径范围划分为若干小组，称为粒组。划分粒组的分界尺寸称为界限粒径。

划分时应使粒组界限与粒组性质的变化相适应。目前常使用的粒组划分方法见表2-1，表中将土粒分成6组，即漂石（块石）颗粒、卵石（碎石）颗粒、圆砾（角砾）颗粒、砂粒、粉粒和黏粒。

表 2-1　土粒的粒组划分

粒 组 名 称		粒径范围/mm	一 般 特 征
漂石或块石颗粒 卵石或碎石颗粒		>200 200~20	透水性很大；无黏性；无毛细水
圆砾或角砾颗粒	粗 中 细	20~10 10~5 5~2	透水性大；无黏性；毛细水上升高度不超过粒径大小
砂　　粒	粗 中 细 极细	2~0.5 0.5~0.25 0.25~0.1 0.1~0.075	易透水，当混入云母等杂质时透水性减小，而压缩性增加；无黏性，遇水不膨胀，干燥时松散；毛细水上升高度不大，随粒径变小而增大
粉粒	粗 细	0.075~0.01 0.01~0.005	透水性小；湿时稍有黏性，遇水膨胀小，干时稍有收缩；毛细水上升高度较大较快，极易出现冻胀现象
黏粒		<0.005	透水性很小；湿时有黏性、可塑性，遇水膨胀大，干时收缩显著；毛细水上升高度大，但速度较慢

土中各粒组的质量占干土土样总质量的百分数（土中各粒组的相对含量），称为颗粒级配。这是决定无黏性土工程性质的主要因素，是确定土的名称和选用建筑材料的重要依据。

2）颗粒分析试验。土的颗粒级配是通过土的颗粒分析试验测定的。颗粒分析方法有筛分法、密度计法或移液瓶法。筛分法适用于粒径大于0.075mm的土；密度计法或移液瓶法适用于粒径小于0.075mm的土。本章只介绍筛分法。

筛分法就是将风干、分散的代表性土样放进一套按孔径大小排列的标准筛（例如孔径为20mm、2mm、0.5mm、0.25mm、0.1mm、0.075mm，另外还有顶盖和底盘各一个）顶部，如图 2-4 所示，经振摇后，分别称出留在各筛子及底盘上的土量，即可求得各粒组的相对含量的百分数。

筛分法测定
砂土的粒度

图 2-4 筛分法试验器具

3）颗粒级配曲线。根据颗粒大小分析试验结果，在半对数坐标上，以纵坐标表示小于某粒径颗粒含量占土总质量的百分数，以横坐标表示颗粒直径，绘出颗粒级配曲线，如图 2-5 所示。

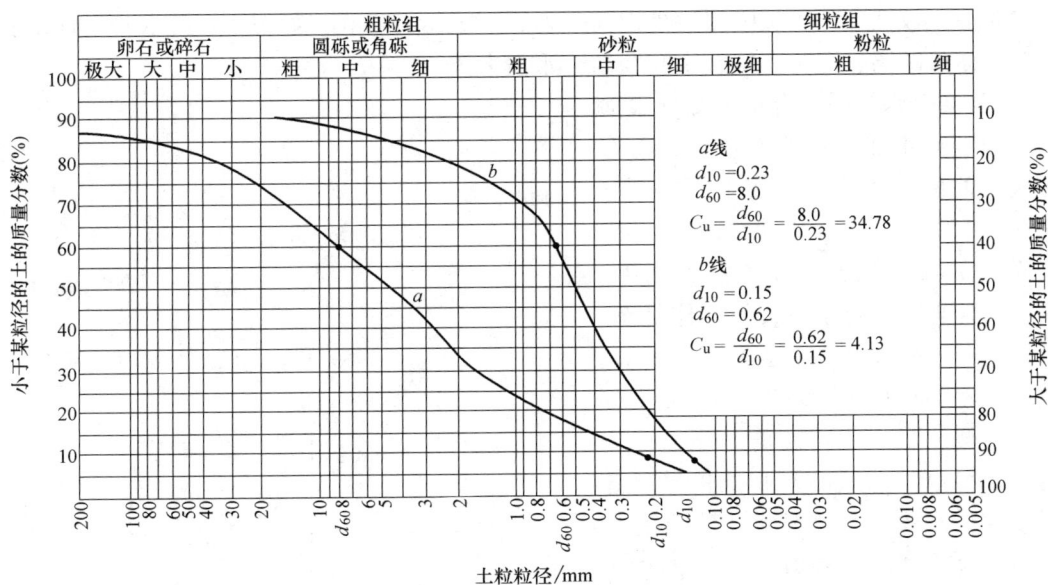

a线
$d_{10}=0.23$
$d_{60}=8.0$
$C_u=\dfrac{d_{60}}{d_{10}}=\dfrac{8.0}{0.23}=34.78$

b线
$d_{10}=0.15$
$d_{60}=0.62$
$C_u=\dfrac{d_{60}}{d_{10}}=\dfrac{0.62}{0.15}=4.13$

图 2-5 土的颗粒级配曲线

由曲线的陡缓大致可判断土的均匀程度，如曲线平缓，表示粒径大小相差悬殊，颗粒不均匀，级配良好；反之，曲线较陡，则颗粒均匀，级配不良。

4）级配指标。为了定量反映土的级配特征，工程中常用两个级配指标来描述。

不均匀系数：

$$C_u=\frac{d_{60}}{d_{10}} \tag{2-1}$$

曲率系数：

$$C_c = \frac{d_{30}^2}{d_{10} \times d_{60}} \tag{2-2}$$

式中　d_{60}——小于某粒径的土颗粒重量占总土重的 60% 时的粒径，该粒径称为限定粒径，
　　　　　　单位为 mm；

　　　　d_{10}——小于某粒径的土颗粒重量占总土重的 10% 时的粒径，该粒径称为有效粒径，
　　　　　　单位为 mm；

　　　　d_{30}——小于某粒径的土颗粒重量占总土重的 30% 时的粒径，单位为 mm。

工程上将 $C_u<5$ 的土称为匀粒土，属于级配不良土；$C_u>10$ 的土属于级配良好土。考虑累计曲线整体形状，一般认为，砾类土或砂类土同时满足 $C_u>5$ 及 $C_c=1\sim3$ 两个条件时，称为级配良好。

2. 土中水

土中水是指存在于土孔隙中的水。土中细粒越多，水对土的性质影响越大。按照水与土相互作用程度的强弱，可将土中水分为结合水和自由水两大类。

（1）结合水。结合水是指在电分子引力下吸附于土粒表面的水。由于土粒表面一般带有负电荷，围绕土粒形成电场，在土粒电场范围内的水分子和水溶液中的阳离子一起被吸附在土粒表面，极性水分子被吸附后呈定向排列，形成结合水膜，如图 2-6 所示。根据结合水离土粒表面的距离，分为强结合水和弱结合水两大类。

1）强结合水。强结合水因受到表面引力的控制而不能传递静水压力，没有溶解盐类的能力，性质接近于固体。其密度约为 $1.2\sim2.4\text{g/cm}^3$，冰点为 -78℃，具有极大的黏滞性、弹性和抗剪强度。当黏土只含有强结合水时，呈固体状态；砂土只含有强结合水时，呈散粒状态。

2）弱结合水。弱结合水存在于强结合水外侧，仍不能传递静水压力。但弱结合水可以从较厚的水膜处慢慢地迁移到较薄的水膜处。当黏性土中含有较多的弱结合水时，土体具有一定的可塑性；砂土比表面积较小，几乎不具有可塑性。

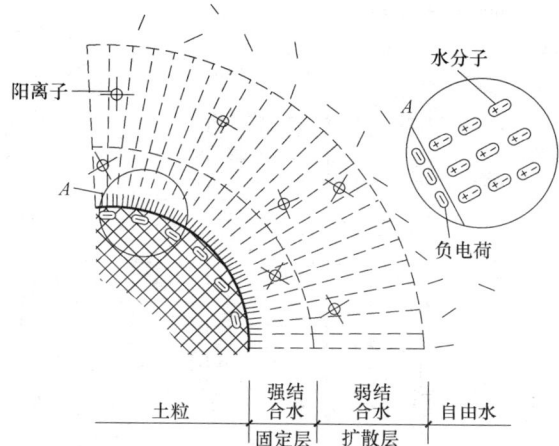

图 2-6　土中水示意图

（2）自由水。自由水是存在于土孔隙中土粒表面电场影响范围以外的水，它的性质与普通水一样，能传递静水压力，具有溶解能力，冰点为 0℃。按照其移动所受作用力的不同，可分为重力水和毛细水。

1）重力水。重力水是存在于地下水位以下透水层中的地下水，对土粒具有浮力作用。在地下水位以下的土，受重力水的浮力作用，土中应力状态会发生改变。施工时，重力水对基坑开挖、排水等方面会产生较大影响。

2）毛细水。毛细水是受到水与空气交界面处表面张力作用的自由水，能沿着土的细孔隙从潜水面上升到一定的高度，存在于地下水位以上的透水土层中。

当土孔隙中局部存在毛细水时，毛细水的弯液面和土粒接触处的表面张力反作用于土粒上，使土粒之间由于这种毛细压力而挤紧，土呈现黏聚现象，这种力称为毛细黏聚力，如图2-7所示。

在施工现场可以看到稍湿状态的砂堆，能保持垂直陡壁达数十厘米高，就是因为砂粒间具有毛细黏聚力的缘故。在饱和的砂或干砂中，土粒之间无毛细黏聚力，便不会出现垂直陡壁。在工程中，应特别注意毛细水上升对建筑物地下部分的防潮措施、地基土的浸湿以及地基与基础冻胀的重要影响。

3. 土中气体

土中气体是指充填在土的孔隙中的气体，分为与大气连通的自由气体和与大气不连通的封闭气体两类。

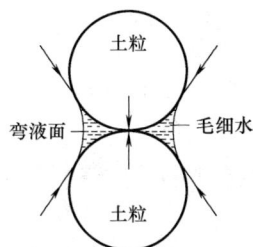

图 2-7　毛细水压力示意图

（1）连通气体。与大气连通的气体对土的工程性质影响不大，在受到外力作用时，这种气体能很快地从孔隙中被挤出。

（2）封闭气体。与大气不连通的封闭气体对土的工程性质影响较大，在受到外力作用时，气泡被压缩，压力减小时，气泡会恢复原状，增大了土的弹性，使土不易压实，这类土在工程上称为"橡皮土"。

2.1.3　土的结构与构造

1. 土的结构

土的结构是指土粒的大小、形状、相互排列及其联结关系的综合特征。一般分为单粒结构、蜂窝结构和絮状结构三种基本类型，如图2-8所示。

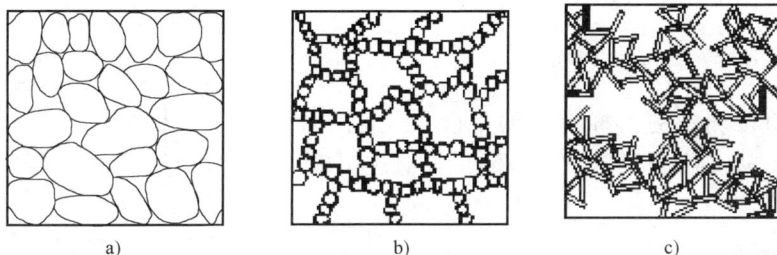

a)　　　　　　　　　b)　　　　　　　　　c)

图 2-8　土的结构

a）单粒结构　b）蜂窝结构　c）絮状结构

（1）单粒结构。单粒结构是无黏性土的结构特征，由较粗的砾石、砂粒在自重作用下沉积而成。其特点是土粒间没有联结存在，或联结非常微弱，可以忽略不计。

（2）蜂窝结构。蜂窝结构是以粉粒为主的土的结构特征。粉粒在水中单个颗粒下沉，当碰上已沉积的土粒时，由于土粒间的引力大于颗粒自重，所以下沉土粒因被吸引而不再下沉，从而形成很大孔隙的蜂窝结构。

（3）絮状结构。絮状结构是黏土颗粒特有的结构特征。悬浮在水中的黏粒不因重力而下沉，而是形成小链环状的土集料下沉，这种小链环碰到另一链环时被吸引，形成大链环状的絮状结构。

上述三种结构中，密实的单粒结构土的工程性质最好，蜂窝结构其次，絮状结构最差。后两种结构的土，如因扰动破坏天然结构，则强度低、压缩性大，不可作为天然地基。

2. 土的构造

土的构造是指同一土层中土颗粒之间的相互关系特征。通常分为层状构造、分散构造和裂隙构造。

（1）层状构造。层状构造是土粒在沉积过程中，由于不同阶段沉积的物质成分、粒径大小或颜色不同，沿竖向呈现层状特征。层状构造反映不同年代不同搬运条件形成的土层，是细粒土的一个重要特征。

（2）分散构造。分散构造是土层中的土粒分布均匀，性质相近，常见于厚度较大的粗粒土。通常其工程性质较好。

（3）裂隙构造。裂隙构造是土体被许多不连续的小裂隙所分割。某些硬塑或坚硬状态的黏性土具有此种构造。裂隙的存在大大降低了土体的强度和稳定性，增大了透水性，对工程不利。

2.2 土的物理性质指标

土的物理性质指标反映土的工程性质特征，土中三相之间的相互比例不同，土的工程性质也不同。

2.2.1 土的三项组成草图

土的颗粒、水和气体是混杂在一起，为了计算方便，将这三部分集中起来，称为土的三项组成草图，如图2-9所示。

2.2.2 试验指标

通过试验直接测定的指标有土的密度ρ、土粒比重d_s和含水量w，它们是土的三项基本物理性质指标。

1. 土的密度ρ

单位体积土的质量称为土的密度（单位g/cm³或为t/m³），即

$$\rho = \frac{m}{V} \quad (2-3)$$

单位体积土受到的重力称为土的重力密度，简称重度（单位为kN/m³），即

$$\gamma = \rho g \quad (2-4)$$

式中，重力加速度$g = 9.8 m/s^2$，工程中可取$g = 10 m/s^2$。

天然状态下土的密度变化范围较大，一般为1.60~2.20g/cm³。

土的密度一般采用"环刀法"测定。

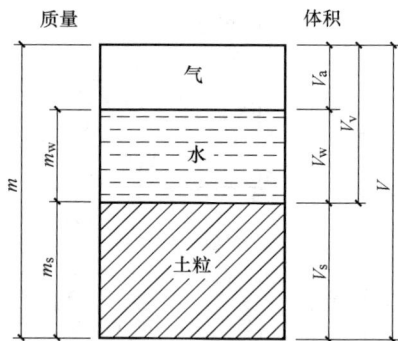

图2-9 土的三相组成草图

m_s—土粒质量 m_w—土中水质量

m—土的总质量 V_s—土粒体积

V_w—土中水体积 V_v—土中孔隙体积

V—土的总体积

2. 土粒相对密度（比重）d_s

土粒的密度与4℃时纯水的密度的比值，称为土粒相对密度（或比重），即

$$d_s = \frac{\rho_s}{\rho_w} = \frac{m_s}{V_s \rho_w} \tag{2-5}$$

式中　ρ_s——土粒密度，单位 g/cm³；

　　　ρ_w——纯水在4℃时密度，等于 1g/cm³。

土粒相对密度变化幅度不大，一般砂土为 2.65~2.69，粉土为 2.70~2.71，黏性土为 2.72~2.75。

土粒相对密度在实验室采用"比重瓶"测定。

3. 土的含水量w

土中水的质量与土粒质量之比（用百分数表示），称为土的含水量，即

$$w = \frac{m_w}{m_s} \times 100\% \tag{2-6}$$

含水量是表示土的湿度的一个重要指标。一般来说，同一类土含水量越大，则其强度就越低。

含水量一般采用"烘干法"测定。

土的物理性质指标

2.2.3　换算指标

除了上述三个试验指标之外，还有六个可以通过计算求得的指标，称为换算指标。包括：

特定条件下土的密度（重度）：干密度（干重度）、饱和密度（饱和重度）、有效密度（有效重度）。

反映土的松密程度的指标：孔隙比、孔隙率。

反映土的含水程度的指标：饱和度。

1. 特定条件下土的密度（重度）指标

（1）土的干密度 ρ_d 和干重度 γ_d。

单位体积土中土颗粒的质量称为土的干密度，即

$$\rho_d = \frac{m_s}{V} \tag{2-7}$$

单位体积土中土颗粒受到的重力称为土的干重度，即

$$\gamma_d = \rho_d g \tag{2-8}$$

土的干密度一般为 1.3~2.0g/cm³。

工程中常用土的干密度来评价土的密实程度，以控制填土、高等级公路路基和坝基的施

工质量。土的干密度越大，土体压得越密实，土的工程质量就越好。

（2）土的饱和密度 ρ_{sat} 和饱和重度 γ_{sat}。

当土孔隙中充满水时单位体积土的质量，称为土的饱和密度，即

$$\rho_{sat} = \frac{m_s + V_v \rho_w}{V} \tag{2-9}$$

单位体积土饱和时受到的重力称为土的饱和重度，即

$$\gamma_{sat} = \rho_{sat} g \tag{2-10}$$

（3）土的有效密度 ρ' 和有效重度 γ'。

地下水位以下，土体受到水的浮力作用时，扣除水的浮力后单位体积土的质量称为土的有效密度，即

$$\rho' = \frac{m_s - V_s \rho_w}{V} = \rho_{sat} - \rho_w \tag{2-11}$$

地下水位以下，土体受到水的浮力作用时，扣除水的浮力后单位体积土受到的重力称为土的有效重度，即

$$\gamma' = \rho' g = \gamma_{sat} - \gamma_w \tag{2-12}$$

式中，$\gamma_w = 10 kN/m^3$。

2. 反映土松密程度的指标

（1）土的孔隙比 e。

土中孔隙体积与土颗粒体积之比，称为土的孔隙比，以小数表示，即

$$e = \frac{V_v}{V_s} \tag{2-13}$$

孔隙比可用来评价天然土层的密实程度。

（2）土的孔隙率 n。

土中孔隙体积与土总体积之比，称为土的孔隙率，以百分数表示，即

$$n = \frac{V_v}{V} \times 100\% \tag{2-14}$$

孔隙率反映土中孔隙大小的程度。

3. 反映土的含水程度的指标——饱和度 S_r

土中水的体积与孔隙体积之比，称为土的饱和度，以百分数表示，即

$$S_r = \frac{V_w}{V_v} \times 100\% \tag{2-15}$$

土的饱和度是评价土的潮湿程度的物理性质指标。当 $S_r \leq 50\%$ 时，土为稍湿的；当 $50\% < S_r \leq 80\%$ 时，土为很湿的；当 $S_r > 80\%$ 时，土为饱和的。当 $S_r = 100\%$ 时，则土处于完全饱和状态；而干土的饱和度 $S_r = 0$。

2.2.4 土的物理性质指标之间的换算关系

在土的三相比例指标中，土的含水量、密度和土粒比重三个基本指标可通过试验测定，其他相应各项指标可通过土的三相比例关系换算得到，各项指标之间的换算公式见表2-2。

表 2-2 土三相比例指标换算公式

名称	符号	表达式	常用换算公式	常用范围	单位
密度	ρ	$\rho = \dfrac{m}{V}$	$\rho = \dfrac{d_s(1+w)}{1+e}\rho_w$	$1.6 \sim 2.2$	g/cm^3
重度	γ	$\gamma = \rho g$	$\gamma = \dfrac{d_s(1+w)}{1+e}\gamma_w$	$16 \sim 22$	kN/m^3
含水量	w	$w = \dfrac{m_w}{m_s} \times 100\%$	$w = \left(\dfrac{\rho}{\rho_d} - 1\right) \times 100\%$		
土粒比重	d_s	$d_s = \dfrac{\rho_s}{\rho_w} = \dfrac{m_s}{V_s\rho_w}$	$d_s = \dfrac{S_r e}{w}$	砂土:$2.65 \sim 2.69$ 粉土:$2.70 \sim 2.71$ 黏性土:$2.72 \sim 2.75$	
干密度	ρ_d	$\rho_d = \dfrac{m_s}{V}$	$\rho_d = \dfrac{\rho}{1+w}$	$1.3 \sim 2.0$	g/cm^3
干重度	γ_d	$\gamma_d = \rho_d g$	$\gamma_d = \dfrac{\gamma}{1+w}$	$13 \sim 20$	kN/m^3
饱和密度	ρ_{sat}	$\rho_{sat} = \dfrac{m_s + V_v\rho_w}{V}$	$\rho_{sat} = \dfrac{d_s + e}{1+e}\rho_w$	$1.8 \sim 2.3$	g/cm^3
饱和重度	γ_{sat}	$\gamma_{sat} = \rho_{sat} g$	$\gamma_{sat} = \dfrac{d_s + e}{1+e}\gamma_w$	$18 \sim 23$	kN/m^3
有效密度	ρ'	$\rho' = \dfrac{m_s - V_s\rho_w}{V}$	$\rho' = \rho_{sat} - \rho_w$	$0.8 \sim 1.3$	g/cm^3
有效重度	γ'	$\gamma' = \rho' g$	$\gamma' = \gamma_{sat} - \gamma_w$	$8.0 \sim 13$	kN/m^3
孔隙比	e	$e = \dfrac{V_v}{V_s}$	$e = \dfrac{d_s(1+w)\rho_w}{\rho} - 1$	砂土:$0.5 \sim 1.0$ 黏性土:$0.5 \sim 1.2$	
孔隙率	n	$n = \dfrac{V_v}{V} \times 100\%$	$n = \dfrac{e}{1+e} \times 100\%$	$30\% \sim 50\%$	
饱和度	S_r	$S_r = \dfrac{V_w}{V_v} \times 100\%$	$S_r = \dfrac{wd_s}{e}$	$0 \sim 100\%$	

【例题 2-1】 某原状土样,试验测得土的天然重度为 $19.6kN/m^3$,含水量为 20.8%,土粒相对密度为 2.74,试求土的干重度、饱和重度、有效重度、饱和度、孔隙比和孔隙率。

解:(1)干重度 $\gamma_d = \dfrac{\gamma}{1+w} = \dfrac{19.6}{1+0.208} = 16.23kN/m^3$

(2)孔隙比 $e = \dfrac{d_s(1+w)\rho_w}{\rho} - 1 = \dfrac{2.74 \times (1+0.208) \times 1}{1.96} - 1 = 0.689$

(3)饱和重度 $\gamma_{sat} = \dfrac{d_s + e}{1+e}\gamma_w = \dfrac{(2.74+0.689)}{1+0.689} \times 10 = 20.3kN/m^3$

(4)有效重度 $\gamma' = \gamma_{sat} - \gamma_w = 20.3 - 10 = 10.3kN/m^3$

(5)饱和度 $S_r = \dfrac{wd_s}{e} \times 100\% = \dfrac{20.8\% \times 2.74}{0.689} \times 100\% = 82.7\%$

取原状土

(6)孔隙率 $n = \dfrac{e}{1+e} \times 100\% = \dfrac{0.689}{0.689+1} \times 100\% = 40.8\%$

【例题 2-2】 某土样经试验测得体积为 $100\ cm^3$,湿土质量为 $187g$,烘干后,干土质量

为167g。如土粒的相对密度 $d_s = 2.66$，试求该土样的密度、含水量、干密度、饱和密度、有效密度、孔隙比、孔隙率和饱和度。

解：（1）密度 $\rho = \dfrac{m}{V} = \dfrac{187}{100} = 1.87 \text{g/cm}^3$

（2）含水量 $w = \dfrac{m_w}{m_s} \times 100\% = \dfrac{187-167}{167} \times 100\% = 11.98\%$

（3）干密度 $\rho_d = \dfrac{m_s}{V} = \dfrac{167}{100} = 1.67 \text{g/cm}^3$

（4）孔隙比 $e = \dfrac{d_s(1+w)\rho_w}{\rho} - 1 = \dfrac{2.66 \times (1+0.1198) \times 1}{1.87} - 1 = 0.593$

（5）孔隙率 $n = \dfrac{e}{1+e} \times 100\% = \dfrac{0.593}{1+0.593} \times 100\% = 37.2\%$

（6）饱和密度 $\rho_{sat} = \dfrac{d_s+e}{1+e}\rho_w = \dfrac{2.66+0.593}{1+0.593} \times 1 = 2.04 \text{g/cm}^3$

（7）有效密度 $\rho' = \rho_{sat} - \rho_w = 2.04 - 1 = 1.04 \text{g/cm}^3$

（8）饱和度 $S_r = \dfrac{wd_s}{e} \times 100\% = \dfrac{11.98\% \times 2.66}{0.593} \times 100\% = 53.74\%$

2.3 土的物理状态指标

土的物理状态指标用以研究土的松密程度和软硬状态。对无黏性土是指土的密实度；对黏性土是指土的软硬程度或称为黏性土的稠度。

2.3.1 无黏性土的物理状态

无黏性土主要指砂土、碎石类土。它们的工程性质与其密实度有关，土呈密实状态时，强度较大，是良好的天然地基；土呈松散状态时，则是一种软弱地基。

土的密实度通常是指单位体积中固体颗粒的含量。衡量无黏性土密实度的方法如下。

1. 砂土的密实度

判断砂土密实度的指标通常有如下三种：

（1）孔隙比。一般当 $e<0.6$ 时，为密实状态，是良好的天然地基；当 $e>0.95$ 时，为松散状态，不宜作天然地基。

这种方法虽较简单，但无法考虑颗粒级配对砂土密实度的影响。另外对砂土取原状土样来测定孔隙比也较困难。

（2）相对密实度 D_r。当砂土处于最密实状态时，其孔隙比称为最小孔隙比 e_{min}；而当砂土处于最疏松状态时，其孔隙比称为最大孔隙比 e_{max}；砂土在天然状态下的孔隙比用 e 来表示，相对密实度 D_r 用下式表示，即

$$D_r = \frac{e_{max}-e}{e_{max}-e_{min}} \tag{2-16}$$

当砂土的 e 接近 e_{max} 时，其 D_r 接近于0，表明砂土处于最松散的状态；而当砂土的 e 接

近 $e_{\min}$ 时，其 D_r 接近于 1，表明砂土处于最紧密的状态。用相对密实度 D_r 判断砂土密实度的标准见表 2-3。

表 2-3 相对密实度 D_r 判断砂土密实度

相对密实度 D_r	$0<D_r\leqslant0.33$	$0.33<D_r\leqslant0.67$	$0.67<D_r\leqslant1$
密实度	松散	中密	密实

虽然相对密实度 D_r 在理论上较完善，但天然孔隙比、最大和最小孔隙比难以准确测定，故相对密实度的精度也就无法保证。

（3）现场标准贯入锤击数 N。《建筑地基基础设计规范》（GB 50007—2011）采用未经修正的标准贯入试验锤击数 N 来划分砂土的密实度，见表 2-4。N 是用质量 63.5kg 的重锤自由下落 76cm，使贯入器竖直击入土中 30cm 所需的锤击数，它综合反映了土的贯入阻力的大小，亦即密实度的大小。

表 2-4 砂土的密实度

标准贯入试验锤击数 N	$N\leqslant10$	$10<N\leqslant15$	$15<N\leqslant30$	$N>30$
密实度	松散	稍密	中密	密实

2. 碎石土的密实度

碎石土的颗粒较粗，试验时不易取得原状土样。

对于平均粒径小于等于 50mm 且最大粒径不超过 100mm 的卵石、碎石、圆砾、角砾，《建筑地基基础设计规范》（GB 50007—2011）采用重型圆锥动力触探锤击数 $N_{63.5}$ 来划分其密实度，见表 2-5。

表 2-5 碎石土的密实度

重型圆锥动力触探锤击数 $N_{63.5}$	$N_{63.5}\leqslant5$	$5<N_{63.5}\leqslant10$	$10<N_{63.5}\leqslant20$	$N_{63.5}>20$
密实度	松散	稍密	中密	密实

注：表内 $N_{63.5}$ 为经综合修正后的平均值。

对于平均粒径大于 50mm 或最大粒径大于 100mm 的碎石土，《建筑地基基础设计规范》（GB 50007—2011）则按野外鉴别方法来划分其密实度，见表 2-6。

表 2-6 碎石土密实度野外鉴别方法

密实度	骨架颗粒含量和排列	可挖性	可钻性
密实	骨架颗粒含量大于总重的 70%，呈交错排列，连续接触	锹镐挖掘困难，用撬棍方能松动，井壁一般较稳定	钻进极困难，冲击钻探时，钻杆、吊锤跳动剧烈，孔壁较稳定
中密	骨架颗粒含量等于总重的 60%~70%，呈交错排列，大部分接触	锹镐可挖掘，井壁有掉块现象，从井壁取出大颗粒处，能保持颗粒凹面形状	钻进较困难，冲击钻探时，钻杆、吊锤跳动不剧烈，孔壁有坍塌现象
稍密	骨架颗粒含量等于总重的 55%~60%，排列混乱，大部分不接触	锹可以挖掘，井壁易坍塌，从井壁取出大颗粒后，砂土立即坍塌	钻进较容易，冲击钻探时，钻杆稍有跳动，孔壁坍塌
松散	骨架颗粒含量小于总重的 55%，排列十分混乱，绝大部分不接触	锹易挖掘，井壁极易坍塌	钻进很容易，冲击钻探时，钻杆无跳动，孔壁极易坍塌

注：碎石土的密实度应按表列各项要求综合确定。

【例题 2-3】 某砂土土样，其孔隙比 $e=0.656$，烘干后测定最小孔隙比为 0.461，最大孔隙比为 0.943，试求相对密实度 D_r，并判断该砂土的密实度。

解： 相对密实度 $$D_r = \frac{e_{max}-e}{e_{max}-e_{min}} = \frac{0.943-0.656}{0.943-0.461} = 0.595$$

可知 $0.33<D_r<0.67$，故该砂土处于中密状态。

2.3.2 黏性土的物理状态

由于黏性土的主要成分是黏粒，而且颗粒很细，土的比表面大，与水相互作用的能力较强，故水对其工程性质影响较大。

随着含水量的不断增加，黏性土的状态变化为固态—半固态—可塑状态—流动状态，如图 2-10 所示，相应土的承载力逐渐下降。

1. 塑限与液限

黏性土从一种状态过渡到另一种状态的分界含水量称为界限含水量。流动状态与可塑状态间的界限含水量称为液限 w_L；可塑状态与半固态

图 2-10　黏性土的物理状态与含水量的关系

间的界限含水量称为塑限 w_p；半固态与固体状态间的界限含水量称为缩限 w_s。界限含水量均以百分数表示，其值通过试验确定。

2. 塑限与液限的测定

（1）塑限的测定。塑限多用"搓条法"测定，把塑性状态的土重塑均匀后，用手掌在毛玻璃上把土团搓成小条，搓滚过程中，水分渐渐蒸发，若土条刚好搓至直径为 3mm 时产生裂缝并断裂，此时土条的含水量即为塑限值。

由于搓条法采用手工操作，人为因素影响较大，故成果不稳定。

（2）液限的测定。目前采用锥式液限仪来测定黏性土的液限，它是将调成浓糊状的试样装满盛土杯，刮平杯口面，使重 76g 圆锥体在自重作用下沉入土中，若圆锥体经 5s 恰好沉入 17mm 深度，这时杯内土样的含水量就是液限 w_L 值。如果沉入土中的深度超过或低于 17mm，则表示试样的含水量高于或低于液限，均应重新试验至满足要求。

由于该法采用手工操作，人为因素影响较大。

（3）液塑限联合测定法。液塑限联合测定法是根据圆锥仪的圆锥入土深度与其相应的含水量在双对数坐标上具有线性关系的特性来进行的。利用圆锥质量为 76g 的光电式液塑限联合测定仪（图 2-11），测得 3 个土试样在不同含水量时的圆锥入土深度，并绘制其关系直线图，如图 2-12 所示。在图上查得圆锥下沉深度为 17mm 所对应的含水量即为液限，查得圆锥下沉深度为 2mm 所对应的含水量为塑限，取值以百分数表示。

3. 塑性指数 I_P 和液性指数 I_L

（1）塑性指数 I_P。液限与塑限的差值（计算时略去百分号），称为塑性指数，用符号 I_P，即

$$I_P = w_L - w_P \tag{2-17}$$

塑性指数表示土的可塑性范围，塑性指数越大，则土处在可塑状态的含水量范围越大，土的可塑性愈好。一般土中黏粒含量越多，吸附水的能力越强，塑性指数越大。

《建筑地基基础设计规范》（GB 50007—2011）用 I_P 作为黏性土与粉土的定名标准。

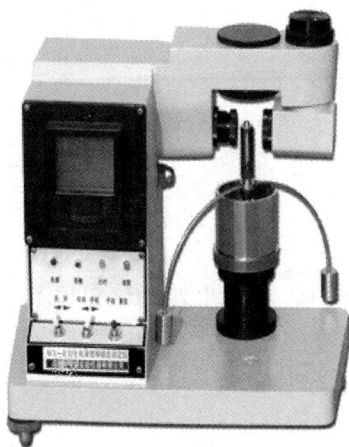

图 2-11　光电式液塑限联合测定仪

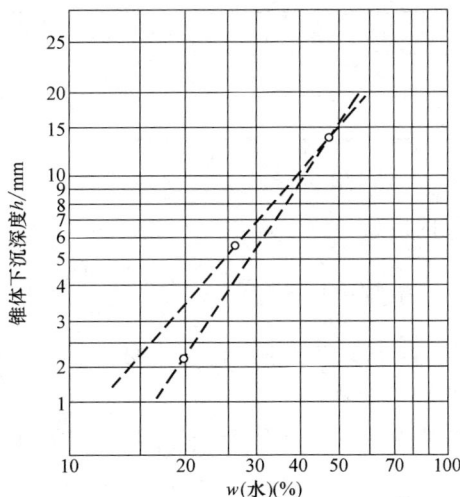

图 2-12　圆锥入土深度与含水量的关系

（2）液性指数 I_L。土的天然含水量与塑限的差值除以塑性指数称为液性指数，用符号 I_L 来表示，即

$$I_L = \frac{w - w_P}{I_P} = \frac{w - w_P}{w_L - w_P} \tag{2-18}$$

由式（2-18）可知，黏性土的液性指数 I_L 在 0~1 之间，I_L 越大，表示土越软。因此，液性指数是判别黏性土软硬程度的指标。

《建筑地基基础设计规范》（GB 50007—2011）根据液性指数将黏性土划分为坚硬、硬塑、可塑、软塑及流塑五种状态，见表 2-7。

表 2-7　黏性土的状态

液性指数	$I_L \leq 0$	$0 < I_L \leq 0.25$	$0.25 < I_L \leq 0.75$	$0.75 < I_L \leq 1.0$	$I_L > 1.0$
状态	坚硬	硬塑	可塑	软塑	流塑

4. 灵敏度

天然状态的黏性土通常具有一定的结构性，当受到外来因素的扰动时，黏性土的强度降低，压缩性增大。土的结构性对强度的这种影响称为灵敏度。

土的灵敏度越高，结构性越强，扰动后土的强度降低越多，因此，在施工时应特别注意保护基槽，尽量减少对土体的扰动（如人为践踏基槽）。

钻孔取扰动土

5. 触变性

黏性土的结构受到扰动后，强度降低，但静置一段时间，土的强度会逐渐增长，这种性质称为土的触变性。例如，在黏性土地基中打桩时，桩周土的结构受到破坏而强度降低，但施工结束后，土的强度逐渐恢复，桩的承载力提高。

【例题 2-4】　甲、乙两种土样，试验结果见表 2-8，试确定该土的名称及状态。

表 2-8   土样试验结果

土样	天然含水量 $w/\%$	液限 $w_L/\%$	塑限 $w_P/\%$
甲	31	35	16
乙	12	22	10

解：（1）甲土样

塑性指数　　　$I_P = w_L - w_P = 35 - 16 = 19$

液性指数　　　$I_L = \dfrac{w - w_P}{I_P} = \dfrac{31 - 16}{19} = 0.79$

因 $I_P = 19 > 17$，所以该土为黏土，又因 $0.75 < I_L = 0.79 < 1$，故该土处于软塑状态。

（2）乙土样

塑性指数　　　$I_P = w_L - w_P = 22 - 10 = 12$

液性指数　　　$I_L = \dfrac{w - w_P}{I_P} = \dfrac{12 - 10}{12} = 0.17$

因 $10 < I_P = 12 < 17$，所以该土为粉质黏土，又因 $0 < I_L = 0.17 < 0.25$，故该土处于硬塑状态。

2.4   土的压实性与渗透性

2.4.1   土的压实性

土体能够通过碾压、夯实和振动等方法调整土粒排列，进而增加密实度的性质称为土的压实性。

土方的压实是工程中一个重要的课题，应用于道路、铁路、填土等工程中。把土压实，会使土孔隙减小、密度增大，可提高土的强度、减小变形，降低透水性。

填土压实

1. 击实试验

土的压实性可通过在实验室或现场进行击实试验来进行研究。

室内击实试验方法如下：将同一种土配制成 5 份以上不同含水量的试样，用同样的压实功能分别对每一份试样分三层进行击实，然后测定各试样击实后的含水量 ω 和湿密度 ρ，计算出干密度 ρ_d，从而绘出一条 ω-ρ_d 关系曲线，即击实曲线，如图 2-13 所示。

由图 2-13 可知，在一定击实功能下，只有当含水量达到某一特定值时，土才被击实至最大干密度。含水量大于或小于此特定值，其对应的干密度都小于最大干密度。这一特定含水量称为最优含水量 ω_{op}。

2. 影响压实效果的因素

影响压实效果的主要因素有：土的含水量、压实功和土的性质。

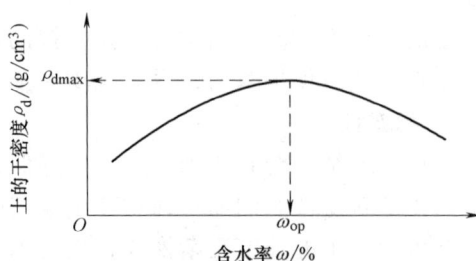

图 2-13   击实曲线

（1）土的含水量。含水量的大小对土的压实效果影响极大。

含水量较小时，土不易被压实；当含水量适当增大时，压实效果变好；但当含水量继续增大，以致出现自由水，则压实效果反而下降。

（2）压实功。如图 2-14 所示，对于同类土，由曲线 3 到曲线 1，随着压实功的增大，最大干密度相应增大，而最优含水量减小。

在压实工程中，若土的含水量较小，则需选用夯实能量较大的机具，才能将土压实至最大干密度；若土的含水量较大，则应选用压实功能较小的机具，否则会出现"橡皮土"现象。因此，若要把土压实至工程需要的干密度，必须合理控制压实时土的含水量，选用适合的压实功。

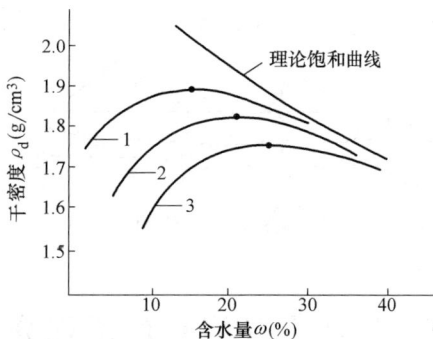

图 2-14　压实功对压实曲线的影响

（3）土的性质。土的颗粒粗细、级配、矿物成分和添加的材料等因素对压实效果有影响。颗粒越粗的土，其最大干密度越大，而最优含水量越小，土越容易被压实。

对于黏性土，压实效果与其中的黏土矿物成分含量有关；添加木质素和铁基材料可改善土的压实效果。

3. 压实系数

在工程中，填土的质量标准常用压实系数 λ_c 来控制。压实系数为压实填土的控制干密度 ρ_d 与最大干密度 ρ_{dmax} 的比值。压实系数越接近 1，表明对压实质量的要求越高。

2.4.2　土的渗透性

土体本身具有连续的孔隙，如果存在水位差的作用，水就会透过土体孔隙而发生孔隙内的流动。这种被水透过的性能称为土的渗透性。

1. 渗透引发的工程问题

水在土中渗流，渗透水流作用在土颗粒上的作用力称为渗透力。渗透力较大就会引起土颗粒的移动，使土体产生变形，造成土体破坏，如引起流土、管涌，从而影响地基的稳定与安全，故它是地基发生破坏的重要原因之一。

（1）流土。渗透力向上，且超过土重度时，土体的表面隆起、浮动的现象称为流土，如图 2-15 所示。

流土主要发生在渗流出口无任何保护的部位。流土可使土体完全丧失强度，危及建筑物的安全。

（2）管涌。管涌是指在渗流作用下，土中的细颗粒通过粗颗粒的孔隙被带出土体以外的现象，如图 2-16 所示。

2. 基坑开挖防渗措施

在基坑施工中，往往要考虑水的渗透问题，如图 2-17 所示，可采取如下防渗措施：

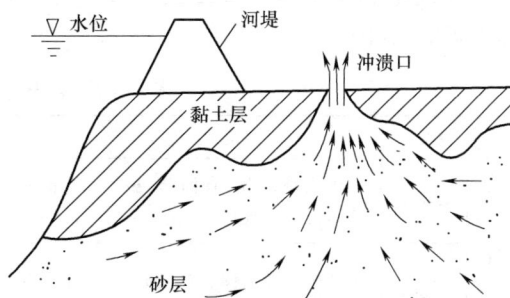

图 2-15　流土

1）井点降水法。

2）设置板桩，可增加渗透路径，减少水力坡降。

3）采用水下挖掘或枯水期开挖，也可进行土层加固处理。

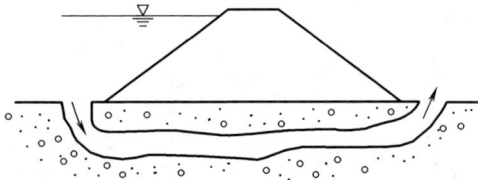

图 2-16 管涌

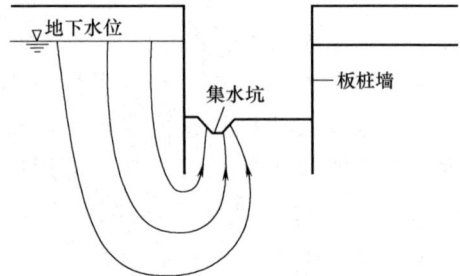

图 2-17 地下水的渗透

2.5 地基土（岩）的工程分类

《建筑地基基础设计规范》（GB 50007—2011）把作为建筑地基的岩土分为岩石、碎石土、砂土、粉土、黏性土和人工填土六类。

2.5.1 岩石

1. 定义

岩石是指颗粒间牢固联结，形成整体或具有节理裂隙的岩体。

2. 分类

（1）按风化程度划分。岩石按风化程度划分为未风化、微风化、中等风化、强风化和全风化。

（2）按坚硬程度划分。岩石按坚硬程度划分坚硬岩、较硬岩、较软岩、软岩和极软岩，见表 2-9。

表 2-9 岩石坚硬程度的划分

坚硬程度类别	坚硬岩	较硬岩	较软岩	软岩	极软岩
饱和单轴抗压强度标准值 f_{rk}/MPa	$f_{rk}>60$	$60 \geqslant f_{rk} > 30$	$30 \geqslant f_{rk} > 15$	$15 \geqslant f_{rk} > 5$	$f_{rk} \leqslant 5$

当缺乏饱和单轴抗压强度资料或不能进行该项试验时，可在现场通过观察定性划分，划分标准见表 2-10。

表 2-10 岩石坚硬程度的定性划分

名　　称		定　性　鉴　定	代表性岩石
硬质岩	坚硬岩	锤击声清脆，有回弹，振手，难击碎；基本无吸水反应	未风化—微风化的花岗石、闪长岩、辉绿岩、玄武岩、安山岩、片麻岩、石英岩、硅质砾岩、石英砂岩、硅质石灰岩等
	较硬岩	锤击声较清脆，有轻微回弹，稍振手，较难击碎；有轻微吸水反应	微风化的坚硬岩；未风化—微风化的大理岩、板岩、石灰岩、钙质砂岩等

（续）

名　　称		定 性 鉴 定	代 表 性 岩 石
软质岩	较软岩	锤击声不清脆,无回弹,较易击碎;浸水后指甲可刻出印痕	中等风化—强风化的坚硬岩和较硬岩 未风化—微风化的凝灰岩、千枚岩、砂质泥岩、泥灰岩等
	软岩	锤击声哑,无回弹,有凹痕,易击碎;浸水后手可掰开	强风化的坚硬岩和较硬岩 中等风化—强风化的较软岩 未风化—微风化的页岩、泥质砂岩、泥岩等
极软岩		锤击声哑,无回弹,有较深凹痕,手可捏碎;浸水后可捏成团	全风化的各种岩石 各种半成岩

（3）按完整程度划分。岩石按完整程度划分分为完整、较完整、较破碎、破碎和极破碎，见表 2-11。

表 2-11　岩体完整程度划分

完整程度等级	完整	较完整	较破碎	破碎	极破碎
完整性指数	>0.75	0.75~0.55	0.55~0.35	0.35~0.15	<0.15

注：完整性指数为岩体纵波波速与岩块纵波波速之比的平方。选定岩体、岩块测定波速时应有代表性。

2.5.2　碎石土

1. 定义

碎石土是指粒径大于 2mm 的颗粒含量超过总重 50% 的土。

2. 分类

碎石土可分为漂石、块石、卵石、碎石、圆砾和角砾，见表 2-12。

表 2-12　碎石土的分类

土 的 名 称	颗 粒 形 状	粒 组 含 量
漂石 块石	圆形及亚圆形为主 棱角形为主	粒径大于 200mm 的颗粒含量超过总重 50%
卵石 碎石	圆形及亚圆形为主 棱角形为主	粒径大于 20mm 的颗粒含量超过总重 50%
圆砾 角砾	圆形及亚圆形为主 棱角形为主	粒径大于 2mm 的颗粒含量超过总重 50%

注：分类时应根据粒组含量从上到下以最先符合者确定。

2.5.3　砂土

1. 定义

砂土是指粒径大于 2mm 的颗粒含量不超过总重 50%、粒径大于 0.075mm 的颗粒含量超过总重 50% 的土。

2. 分类

砂土根据粒组含量可分为砾砂、粗砂、中砂、细砂和粉砂，见表 2-13。

表 2-13　砂土的分类

土的名称	粒 组 含 量
砾砂	粒径大于 2mm 的颗粒含量占总重 25%~50%
粗砂	粒径大于 0.5mm 的颗粒含量超过总重 50%
中砂	粒径大于 0.25mm 的颗粒含量超过总重 50%
细砂	粒径大于 0.075mm 的颗粒含量超过总重 85%
粉砂	粒径大于 0.075mm 的颗粒含量超过总重 50%

注：分类时应根据粒组含量栏从上到下以最先符合者确定。

【例题 2-5】 某砂土，现场标准贯入试验锤击数 $N=25$，砂土的颗粒分析结果见表 2-14，试确定该土的名称和状态。

表 2-14　某砂土的颗粒分析结果

粒径范围/mm	>2	2~0.5	0.5~0.25	0.25~0.075	<0.075
粒组含量(质量百分数)/%	7.3	25	30.2	15	22.5

解： 粒径>2mm 的颗粒含量为 7.3%，不在 25%~50% 范围，不属于砾砂。

粒径>0.5mm 的颗粒含量为 32.3%，不超过总质量的 50%，不属于粗砂。

粒径>0.25mm 的颗粒含量为 62.5%，超过总质量的 50%，属于中砂。

粒径>0.075mm 的颗粒含量为 77.5%，不超过总质量的 85%，不属于细砂。

粒径>0.075mm 的颗粒含量为 77.5%，超过总质量的 50%，属于粉砂。

定名时按粒组含量从上到下以最先符合者为准的原则，所以该砂土定名为中砂。因 $N=25$，查表 2-4 知，$15<N<30$，故该砂土处于中密状态。

2.5.4　粉土

1. 定义

粉土是指粒径大于 0.075mm 的颗粒含量不超过全重 50%，且塑性指数 $I_P \leqslant 10$ 的土。

2. 分类

粉土的性质介于砂土和黏性土之间，砂粒含量较多的粉土，地震时可能产生液化，类似于砂土的性质；黏粒含量较多（>10%）的粉土不会液化，性质近似于黏性土。但目前，由于经验积累的不同和认识上的差别，尚难确定一个能被普遍接受的划分亚类标准。

2.5.5　黏性土

1. 定义

黏性土是指塑性指数 $I_P>10$ 的土。

土的野外鉴别方法

2. 分类

根据塑性指数大小，黏性土分为黏土和粉质黏土，当 $10<I_P \leqslant 17$ 时为粉质黏土，当 $I_P>17$ 时为黏土。

2.5.6　人工填土

1. 定义

人工填土是指由于人类活动而堆积的土。其成分复杂，均质性差。

2. 分类

根据其组成和成因，可分为素填土、压实填土、杂填土和冲填土，见表 2-15。

表 2-15　人工填土的分类

土的名称	组 成 物 质	土的名称	组 成 物 质
素填土	由碎石土、砂土、粉土、黏性土等组成	杂填土	含有建筑物垃圾、工业废料、生活垃圾等杂物
压实填土	经过压实或夯实的素填土	冲填土	由水力冲填泥砂形成

2.5.7　特殊土

1. 定义

特殊土是指在特定的地理环境、气候等条件下形成的具有特殊性质的土。它的分布一般具有明显的区域性。

2. 类型

（1）淤泥和淤泥质土。

1）淤泥。淤泥为在静水或缓慢的流水环境中沉积，并经生物化学作用形成，其天然含水量大于液限、天然孔隙比大于或等于 1.5 的黏性土。

2）淤泥质土。当天然含水量大于液限而天然孔隙比小于 1.5 但大于或等于 1.0 的黏性土或粉土为淤泥质土。这类土在我国沿海地区、内陆平原以及山区都有广泛的分布。

（2）红黏土和次生红黏土。

1）红黏土。红黏土为碳酸盐岩系的岩石经红土化作用形成的高塑性黏土，其液限一般大于 50%。

2）次生红黏土。红黏土经再搬运后仍保留其基本特征，其液限大于 45% 的土为次生红黏土。这类土在我国西南地区云南、贵州省和广西壮族自治区分布广泛；广东、海南、福建、江西、四川、湖北、湖南、安徽等省也有分布，一般以山区或丘陵地带居多。

（3）湿陷性土。

1）定义。湿陷性土为浸水后产生附加沉降，其湿陷系数大于或等于 0.015 的土。

2）类型。根据上覆土自重压力下是否发生湿陷变形，可划分为自重湿陷性土和非自重湿陷性土。非自重湿陷性，是指在土自重压力下受水浸湿不发生湿陷；自重湿陷性，是指在自重压力下受水浸湿发生湿陷。这种土对工程建设有其特殊危害性。

（4）膨胀土。膨胀土是指土中黏粒成分主要由亲水性矿物组成，同时具有显著的吸水膨胀和失水收缩特性，其自由膨胀率大于或等于 40% 的黏性土。在北美、澳洲，我国的广西、云南、湖北、河南、四川、河北、山东、陕西、江苏、贵州和广东等地区有这种土的分布。

（5）泥炭和泥炭质土。

1）泥炭。泥炭为土中的有机质及植物残体含量超过 60% 的土。

2）泥炭质土。泥炭质土为土中有机质及植物残体含量在 10% ~ 60% 的土。

（6）冻土。

1）定义。冻土为温度等于或低于零摄氏度，且含有固态水的土。

2）类型。冻土按其冻结时间长短可分为三类：

瞬时冻土，即冻结时间小于一个月，一般为数天或几个小时（夜间冻结），冻结深度从几毫米到几十毫米。

季节冻土，即冻结时间等于或大于一个月，冻结深度从几十毫米至 1 ~ 2m，是每年冬季发生的周期性冻土。

多年冻土，即冻结时间连续 3 年或 3 年以上。我国多年冻土面积约 215 万平方公里，约占国土面积的 20%。

（7）盐渍土。

1）定义。盐渍土为土体中易溶盐含量超过 0.3% 的土。

2）分布。主要分布在西北干旱地区的新疆、青海、宁夏、内蒙古等地势低洼的盆地和平原上，其次分布于华北平原、松辽平原等。另外在滨海地区的辽东湾、渤海湾、莱州湾、杭州湾以及包括台湾在内的诸岛屿沿岸，也有相当面积的存在。

有些盐渍土以含碳酸钠或碳酸氢钠为主，碱性较大，一般 pH 值为 8 ~ 10.5，这种土称为碱土或碱性盐渍土，农业上称为苏打土。这种土零星分布于我国东北的松辽平原，华北的黄、淮、海河平原。

特殊土介绍

思 考 题

2-1 土是由哪几部分组成的？

2-2 何谓土粒粒组？土粒粒组的划分标准是什么？

2-3 何谓土的颗粒级配？级配曲线的纵横坐标各表示什么？

2-4 如何从级配曲线的陡缓判断土的工程性质？

2-5 土中水分为哪几类？对土的工程性质各有何影响？

2-6 土的结构分为哪几种？不同的结构对土的性质有何影响？

2-7 何谓土的结构？何谓土的构造？

2-8 在土的物理性质指标中，哪些指标是直接测定的？哪些指标是经换算得到的？

2-9 说明天然密度、饱和密度、有效密度和干密度的物理概念和相关关系，并比较同一种土各数值的大小关系。

2-10 土的物理状态指标有几个？

2-11 无黏性土最重要的物理状态指标是什么？用孔隙比、相对密实度和标准贯入试验锤击数 N 划分密实度各有何特点？

2-12　《建筑地基基础设计规范》（GB 50007—2011）采用什么方法划分砂土的密实度？

2-13　黏性土的物理状态指标有几个？

2-14　何谓塑限？何谓液限？

2-15　塑限和液限各用什么方法测定？

2-16　何谓塑性指数？其数值大小与颗粒粗细有何关系？塑性指数大的土具有什么特点？

2-17　何谓液性指数？如何用液性指数来评价土的工程性质？

2-18　何谓土的最优含水量？何谓土的压实性？

2-19　影响填土压实效果的主要因素有哪些？

2-20　工程中衡量压实填土质量的指标是什么？

2-21　何谓土的渗透性？渗透引起的工程问题有哪些？

2-22　《建筑地基基础设计规范》（GB 50007—2011）将地基土分为哪几大类？

2-23　何谓淤泥和淤泥质土？

2-24　何谓红黏土和次生红黏土？

2-25　如何区分泥炭和泥炭化土？

2-26　冻土有哪些类型？

习　　题

2-1　已知某土样的 $d_{60}=6mm$，$d_{30}=1mm$，$d_{10}=0.2mm$，求不均匀系数 C_u 和曲率系数 C_c，并判断该土样的级配好坏。

2-2　某工程岩土工程勘察报告中，一个钻孔原状土样试验结果为：土的密度 $\rho=1.95g/cm^3$，含水量 $w=26.1\%$，土粒比重 $d_s=2.72$，求其余 6 个物理性质指标。

2-3　某饱和黏性土样，湿重 111g，体积 $60cm^3$，该土样在 105℃下烘干后重 81g，试确定该土样的相对密度、干密度、有效密度、孔隙比、孔隙率、含水量。

2-4　某土样，测定其含水量 $w=24.2\%$，液限 $w_L=34\%$，塑限 $w_p=19.8\%$，试确定土的名称和软硬状态。

2-5　某砂土，标准贯入试验锤击数 $N_{63.5}=35$，土样颗粒分析结果见表 2-16，试确定该土的名称和状态。

表 2-16　某砂土土样颗粒分析结果

粒径/mm	2~0.5	0.5~0.25	0.25~0.075	0.075~0.05	0.05~0.01	<0.01
粒组含量/%	7.4	19.1	28.6	26.7	14.3	3.9

第三章

地基土中的应力

知识目标

(1) 掌握地基土中应力的概念。

(2) 掌握土的自重应力计算方法及分布规律。

(3) 掌握基底压力的计算方法。

(4) 了解各种荷载作用下土中附加应力的计算方法及分布规律。

能力目标

(1) 能够正确计算土的自重应力并绘制分布曲线。

(2) 能够正确计算基底压力。

(3) 能够正确计算土中附加应力并绘制分布曲线。

重点与难点

土的自重应力、基底压力、附加应力及其分布规律。

　　建筑物的建造使地基中原有的应力状态发生变化，从而引起建筑物的变形。若土中应力过大，超过了地基土的极限承载力，则可能引起建筑物的剪切破坏。为了计算基础沉降和对地基进行强度与稳定性分析，必须知道地基的应力分布。

　　本章主要介绍地基中应力的基本概念、自重应力、基底压力、附加应力的计算及其分布规律。

3.1　地基土中自重应力计算

　　建筑物修建以前，地基中由土体本身的有效重量所产生的应力称为自重应力。对于形成年代久远的土，在自重应力作用下，其压缩变形已经趋于稳定，因此，除新填土外，一般来说，土的自重应力不再引起地基沉降。

3.1.1 均质土的自重应力

假设地基土为无限半空间体，在无限半空间体中，任一竖直面和水平面上的切应力均为零，只有正应力存在。在自重应力作用下只产生竖向变形，无侧向位移，土体内相同深度各点的自重应力相等。

如图3-1所示，对于天然重度为 γ 的均质土层，在天然地面以下任意深度 z 处的竖向自重应力 σ_{cz}，可取作用于该深度水平面上任一单位面积的土柱体自重计算，即

$$\sigma_{cz} = \gamma z \tag{3-1}$$

式中 σ_{cz}——在天然地面以下，任一深度 z 处的竖向自重应力，单位为 kPa；

γ——土的天然重度，单位为 kN/m^3；

z——土层的深度，单位为 m。

由式（3-1）可知，σ_{cz} 沿水平面均匀分布，且与 z 成正比，随深度线性增大，呈三角形分布。

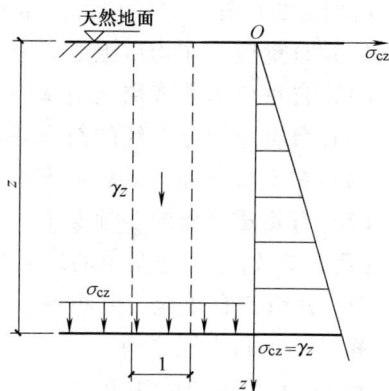

图 3-1 均质土中竖向自重应力

3.1.2 成层土的自重应力

在实际工程中，地基土往往是分层的，各层土具有不同的重度，如图3-2所示。设天然地面下深度 z 范围内有 n 个土层，各层土的重度分别为 γ_1、γ_2、……、γ_n，相应土层厚度为 h_1、h_2、……、h_n，则第 n 层土底面处的竖向自重应力等于上部各层土自重应力之和，即

$$\sigma_{cz} = \sum_{i=1}^{n} \gamma_i h_i \tag{3-2}$$

式中 h_i——第 i 层土的厚度，单位为 m；

γ_i——第 i 层土的天然重度，地下水位以下的土层取有效重度 γ_i'，单位为 kN/m^3。

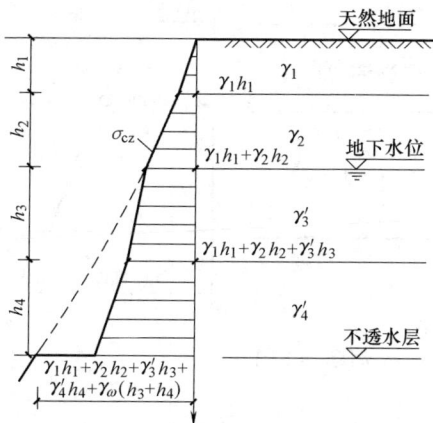

图 3-2 成层土的自重应力分布

成层土自重应力图的绘制

应当注意，这里所讨论的土中自重应力是指土颗粒之间接触传递的应力，也称有效自重应力。因此，地下水位以下的自重应力应减去土层所受到的浮力。若在地下水位以下埋藏有

不透水层（例如岩层或坚硬的黏土层），由于不透水层中不存在水的浮力，所以其层面及层面以下的自重应力应按其上覆盖土层的水土总重计算，即除计算土的有效自重应力以外，尚应计入水位面至不透水层顶面深度范围内的水压力。

3.1.3 土中自重应力分布规律

由图 3-2 可知，自重应力分布曲线的变化规律为：

（1）自重应力在均质土地基中随深度呈直线分布。

（2）自重应力在成层土地基中呈折线分布。

（3）自重应力分布线的斜率是重度。

（4）在土层分界面处和地下水位处发生转折。

（5）有不透水层时，顶面上为上覆水土总重。

【例题 3-1】 某地基土的地质柱状图和相关指标如图 3-3 所示，试计算各分层面处的自重应力，并绘制自重应力分布图。

解：（1）粉土层底面

$\sigma_1 = \gamma_1 h_1 = 18 \times 3 = 54 \text{kPa}$

因黏土层中有地下水，所以地下水位处自重应力的分布会出现转折。

（2）地下水位处

$\sigma_2 = \gamma_1 h_1 + \gamma_2 h_2 = 54 + 18.4 \times 2 = 90.8 \text{kPa}$

（3）黏土层底面

$\sigma_3 = \sigma_2 + \gamma_3' h_3 = 90.8 + (19-10) \times 3 = 117.8 \text{kPa}$

（4）基岩层顶面

$\sigma_4 = \sigma_3 + \gamma_w h_w = 117.8 + 10 \times 3 = 147.8 \text{kPa}$

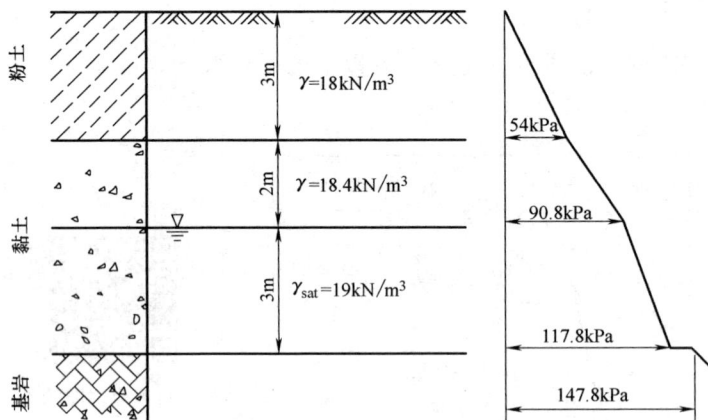

图 3-3 例题 3-1 图

3.2 基底压力的计算

建筑物荷载通过基础传递给地基，在基础底面与地基之间便产生了接触压力，称为基底压力。它既是基础作用于地基表面的力,又是地基作用于基础的地基反力。要计算上部荷载在地基中产生的附加应力,就必须先研究基底压力的大小和分布情况。

基底压力

3.2.1 基底压力的分布

实验表明,基底压力的分布与基础的大小、刚度、作用于基础上的荷载的大小和分布、地基土的力学性质、基础埋深等因素有关。一般情况下,基底压力呈非线性分布。对于具有一定刚度且尺寸较小的柱下独立基础和墙下条形基础,进行简化计算时,基底压力可看成是直线分布或平面分布。

3.2.2 轴心荷载作用下基底压力的简化计算

作用在基础上的荷载,其合力通过基础底面形心时为轴心受压基础,基底压力近似为均匀分布,如图 3-4 所示。

$$p_k = \frac{F_k + G_k}{A} \tag{3-3}$$

式中 p_k——相应于荷载效应标准组合时,基础底面处的平均压力,单位为 kPa;

F_k——相应于荷载效应标准组合时,上部结构传至基础顶面的竖向力,单位为 kPa;

G_k——基础及其上回填土重,对一般的实体基础:$G_k = \gamma_G A d$,其中 γ_G 为基础及回填土的平均重度,通常 $\gamma_G = 20 kN/m^3$,但在水位以下部分应扣除浮力,取有效重度 $\gamma_G' = 10 kN/m^3$;d 为基础埋深,当室内外标高不同时取平均值。

A——基础底面积,对矩形基础,$A = lb$,l 和 b 分别为矩形基础底面的长边和短边;对于条形基础,长度方向取 $l = 1m$,此时,F_k 和 G_k 则为每延米内的相应值,单位为 kN/m。

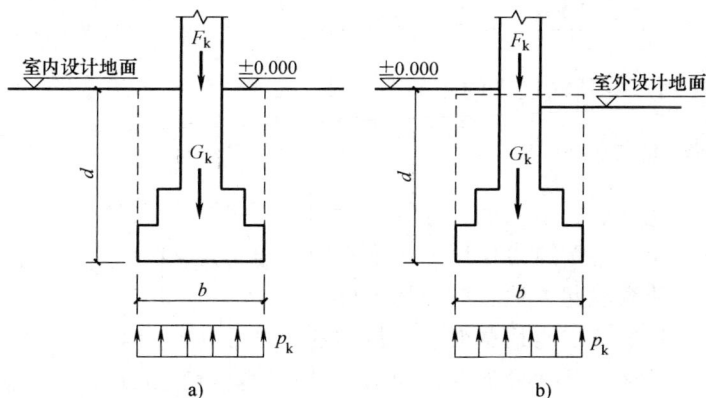

图 3-4 轴心受压基础的基底压力分布图

a)内墙或内柱基础 b)外墙或外柱基础

3.2.3 偏心荷载作用下基底压力的简化计算

对于单向偏心荷载作用下的矩形基础，通常将基底长边方向取与偏心方向一致，如图 3-5 所示。基底最大压力 p_{kmax} 和最小压力 p_{kmin} 为

$$p_{kmin}^{kmax} = \frac{F_k + G_k}{A} \pm \frac{M_k}{W} \qquad (3-4)$$

式中　M_k——相应于荷载效应标准组合时，作用在基底形心上的力矩值，$M_k = (F_k + G_k)e$，e 为偏心距；

　　　W——基础底面的抵抗距，$W = bl^2/6$。

将偏心矩 $e = \dfrac{M_k}{F_k + G_k}$ 和 $W = \dfrac{bl^2}{6}$ 代入式 (3-4)，得

$$p_{kmin}^{kmax} = \frac{F_k + G_k}{A}\left(1 \pm \frac{6e}{l}\right) \qquad (3-5)$$

由式 (3-5) 可知，基底压力分布可能出现如下三种情况：

(1) 当 $e < l/6$ 时，基底压力呈梯形分布，如图 3-5a 所示。

(2) 当 $e = l/6$ 时，$p_{kmin} = 0$，基底压力呈三角形分布，如图 3-5b 所示。

(3) 当 $e > l/6$ 时，$p_{kmin} < 0$，如图 3-5c 所示，此时基础与地基之间发生局部脱开，使基底压力重新分布。根据作用在基础底面上的偏心荷载与基底反力相平衡的条件，荷载合力应通过三角形反力分布图的形心，可得基底边缘的最大压力为

$$p_{kmax} = \frac{2(F_k + G_k)}{3ab} \qquad (3-6)$$

式中　a——荷载作用点至基底边缘的距离，$a = l/2 - e$。

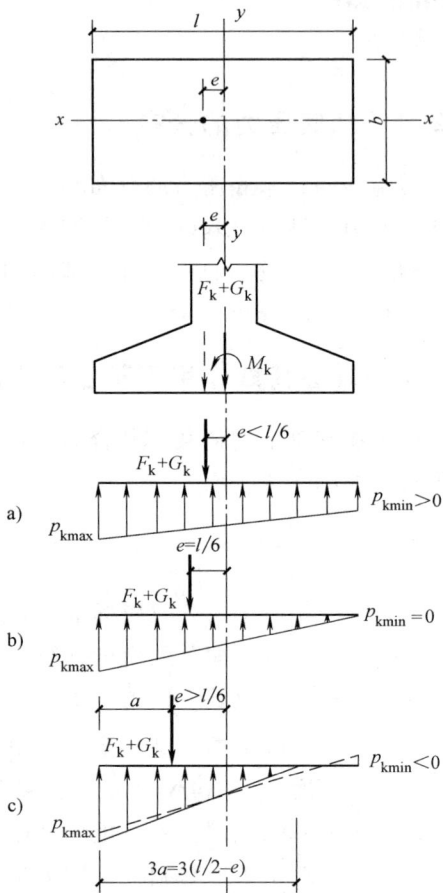

图 3-5　单向偏心荷载作用下的矩形截面基础基底压力分布图

3.2.4 基底附加压力的计算

在建筑物基坑开挖之前，基底处已存在土的自重应力，一般天然土层在自重应力作用下的变形已经完成，只有建筑物荷载引起的地基应力增量才能导致地基产生新的变形。故引起地基变形的压力应为基底压力减去原先存在于基底处的自重应力，此压力称为基底附加压力，如图 3-6 所示。

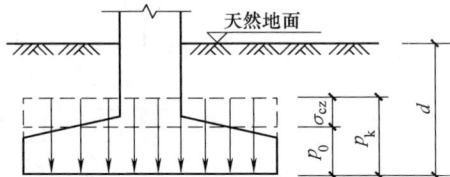

图 3-6　基底压力与基底附加压力

基底附加压力可按下式计算

$$p_0 = p_k - \sigma_{cz} = p_k - \gamma_0 d \tag{3-7}$$

式中 p_0——基底附加压力，单位为 kPa；

　　γ_0——基础底面标高以上天然土层的加权平均重度，地下水位以下取有效重度，即

$$\gamma_0 = (\gamma_1 h_1 + \gamma_2 h_2 + \cdots + \gamma_n h_n)/(h_1 + h_2 + \cdots + h_n)$$

　　d——基础埋深，m，室外地面到基础底面的高度。

【例题 3-2】　某矩形基础底面尺寸 $l = 2.4\text{m}$，$b = 2.0\text{m}$，埋深 $d = 2.0\text{m}$，其上作用荷载如图 3-7 所示，$M_k = 100\text{kN} \cdot \text{m}$，$F_k = 450\text{kN}$，试求基底压力和基底附加压力。

解：（1）基础底面积

$$A = 2.4 \times 2.0 = 4.8\text{m}^2$$

（2）基础及其上回填土重

$$G_k = \gamma_G A d = 20 \times 4.8 \times 2.0 = 192\text{kN}$$

（3）求偏心矩

$$e = \frac{M_k}{F_k + G_k} = \frac{100}{450 + 192} = 0.156\text{m} < l/6 = 2.4/6 = 0.4\text{m}$$

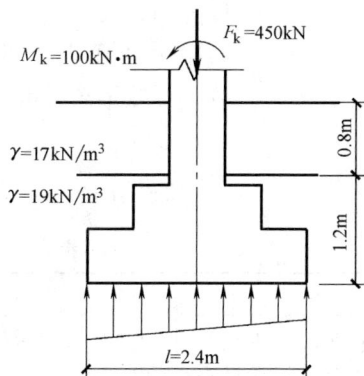

图 3-7　例题 3-2 图

（4）求基底压力

$$\begin{array}{l} p_{k\max} \\ p_{k\min} \end{array} = \frac{F_k + G_k}{A}\left(1 \pm \frac{6e}{l}\right) = \frac{450 + 192}{4.8} \times \left(1 \pm \frac{6 \times 0.156}{2.4}\right) = \begin{array}{l} 185.91\text{kPa} \\ 81.59\text{kPa} \end{array}$$

（5）求基底附加压力

$$p_{0\max} = p_{k\max} - \sigma_{cz} = 185.91 - (17 \times 0.8 + 19 \times 1.2) = 149.51\text{kPa}$$

$$p_{0\min} = p_{k\min} - \sigma_{cz} = 81.59 - (17 \times 0.8 + 19 \times 1.2) = 45.19\text{kPa}$$

3.3　地基土中附加应力计算

土中附加应力是指建筑物荷载或其他原因在地基中引起的应力增量。目前附加应力的计算是根据弹性理论推导出来的，因此对地基做如下假定：

（1）地基土均匀连续、各向同性。

（2）地基是线性变形半空间体。

3.3.1　竖向集中力作用下土中附加应力计算

如图 3-8 所示，当有集中力 P 作用于半空间弹性体表面时，半空间弹性体内任一点 M（x，y，z）产生的应力和位移已由法国科学家布辛奈斯克（J. Boussinesq，1885）根据弹性理论求得。其中竖向附加应力用 σ_z 表示，其表达式为

$$\sigma_z = \frac{3P}{2\pi} \cdot \frac{z^3}{R^5} = \alpha \cdot \frac{P}{z^2} \tag{3-8}$$

式中 σ_z——土中 M 点处土的竖向附加应力，单位为 kPa；

P——作用于坐标原点的竖向集中力，单位为 kN；

R——计算点（M 点）至集中力作用点的距离，$R = \sqrt{x^2+y^2+z^2} = \sqrt{r^2+z^2}$；

r——M 点与集中力作用点的水平距离，单位为 m；

α——集中力作用下土的竖向附加应力系数，可按下式计算或由表 3-1 查得。

$$\alpha = \frac{3}{2\pi \left[1+(r/z)^2 \right]^{5/2}} \qquad (3-9)$$

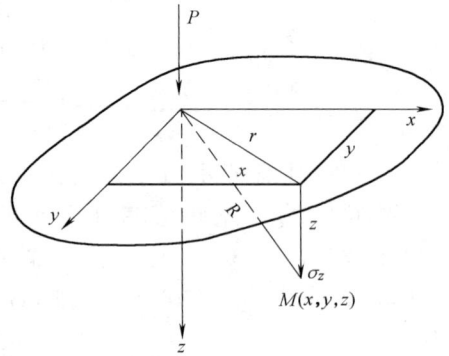

图 3-8　集中力作用下土中附加应力

表 3-1　集中力作用下土的竖向附加应力系数

r/z	α	r/z	α	r/z	α	r/z	α	r/z	α
0.00	0.4775	0.50	0.2733	1.00	0.0844	1.50	0.0251	2.00	0.0085
0.05	0.4745	0.55	0.2466	1.05	0.0744	1.55	0.0224	2.20	0.0058
0.10	0.4657	0.60	0.2214	1.10	0.0658	1.60	0.0200	2.40	0.0040
0.15	0.4516	0.65	0.1978	1.15	0.0581	1.65	0.0179	2.60	0.0029
0.20	0.4329	0.70	0.1762	1.20	0.0513	1.70	0.0160	2.80	0.0021
0.25	0.4103	0.75	0.1565	1.25	0.0454	1.75	0.0144	3.00	0.0015
0.30	0.3849	0.80	0.1386	1.30	0.0402	1.80	0.0129	3.50	0.0007
0.35	0.3577	0.85	0.1226	1.35	0.0357	1.85	0.0116	4.00	0.0004
0.40	0.3294	0.90	0.1083	1.40	0.0317	1.90	0.0105	4.50	0.0002
0.45	0.3011	0.95	0.0956	1.45	0.0282	1.95	0.0095	5.00	0.0001

由式（3-8）可以看出，土中附加应力通过土颗粒之间的传递，向水平与深度方向扩散，附加应力逐渐减小。如图 3-9 所示，图左半部分表示各深度处同一水平面上各点附加应力的大小，图右半部分表示同一竖直面上不同深度处各点附加应力的大小。

3.3.2　竖向矩形均布荷载作用下土中附加应力的计算

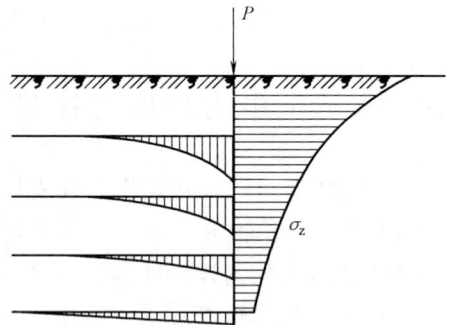

图 3-9　土中附加应力的扩散情况

1. 竖向均布荷载角点下的附加应力

轴心受压柱基的基底附加应力属于竖向均布荷载作用情况，如图 3-10 所示。在均布荷载作用下，通过对基底范围内进行积分，可求得角点下的附加应力，即

$$\sigma_z = \alpha_c p_0 \qquad (3-10)$$

式中　p_0——竖向均布荷载，kPa；

α_c——竖向均布荷载作用时角点下土的竖向附加应力系数，根据 l/b，z/b 查表 3-2 求得。

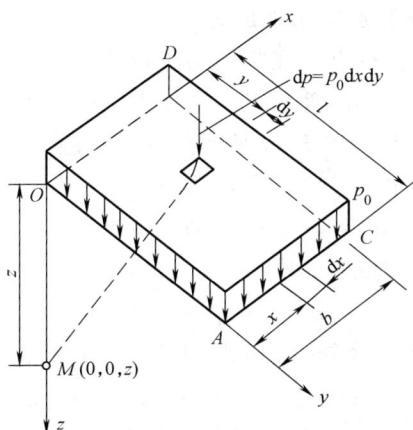

图 3-10　均布矩形荷载角点下的附加应力

表 3-2　竖向均布荷载作用下土的附加应力系数

z/b	l/b											条形
	1.0	1.2	1.4	1.6	1.8	2.0	3.0	4.0	5.0	6.0	10.0	
0.0	0.250	0.250	0.250	0.250	0.250	0.250	0.250	0.250	0.250	0.250	0.250	0.250
0.2	0.249	0.249	0.249	0.249	0.249	0.249	0.249	0.249	0.249	0.249	0.249	0.249
0.4	0.240	0.242	0.243	0.243	0.244	0.244	0.244	0.244	0.244	0.244	0.244	0.244
0.6	0.223	0.228	0.230	0.232	0.232	0.233	0.234	0.234	0.234	0.234	0.234	0.234
0.8	0.200	0.207	0.212	0.215	0.216	0.218	0.220	0.220	0.220	0.220	0.220	0.220
1.0	0.175	0.185	0.191	0.195	0.198	0.200	0.203	0.204	0.204	0.204	0.205	0.205
1.2	0.152	0.163	0.171	0.176	0.179	0.182	0.187	0.188	0.189	0.189	0.189	0.189
1.4	0.131	0.142	0.151	0.157	0.161	0.164	0.171	0.173	0.174	0.174	0.174	0.174
1.6	0.112	0.124	0.133	0.140	0.145	0.148	0.157	0.159	0.160	0.160	0.160	0.160
1.8	0.097	0.108	0.117	0.124	0.129	0.133	0.143	0.146	0.147	0.148	0.148	0.148
2.0	0.084	0.095	0.103	0.110	0.116	0.120	0.131	0.135	0.136	0.137	0.137	0.137
2.2	0.073	0.083	0.092	0.098	0.104	0.108	0.121	0.125	0.126	0.127	0.128	0.128
2.4	0.064	0.073	0.081	0.088	0.093	0.098	0.111	0.116	0.118	0.118	0.119	0.119
2.6	0.057	0.065	0.072	0.079	0.084	0.089	0.102	0.107	0.110	0.111	0.112	0.112
2.8	0.050	0.058	0.065	0.071	0.076	0.080	0.094	0.100	0.102	0.104	0.105	0.105
3.0	0.045	0.052	0.058	0.064	0.069	0.073	0.087	0.093	0.096	0.097	0.099	0.099
3.2	0.040	0.047	0.053	0.058	0.063	0.067	0.081	0.087	0.090	0.092	0.093	0.094
3.4	0.036	0.042	0.048	0.053	0.057	0.061	0.075	0.081	0.085	0.086	0.088	0.089
3.6	0.033	0.038	0.043	0.048	0.052	0.056	0.069	0.076	0.080	0.082	0.084	0.084
3.8	0.030	0.035	0.040	0.044	0.048	0.052	0.065	0.072	0.075	0.077	0.080	0.080
4.0	0.027	0.032	0.036	0.040	0.044	0.048	0.060	0.067	0.071	0.073	0.076	0.076
4.2	0.025	0.029	0.033	0.037	0.041	0.044	0.056	0.063	0.067	0.070	0.072	0.073
4.4	0.023	0.027	0.031	0.034	0.038	0.041	0.053	0.060	0.064	0.066	0.069	0.070
4.6	0.021	0.025	0.028	0.032	0.035	0.038	0.049	0.056	0.058	0.063	0.066	0.067
4.8	0.019	0.023	0.026	0.029	0.032	0.035	0.046	0.053	0.055	0.060	0.064	0.064
5.0	0.018	0.021	0.024	0.027	0.030	0.033	0.043	0.050	0.055	0.057	0.061	0.062
6.0	0.013	0.015	0.017	0.020	0.022	0.024	0.033	0.039	0.043	0.046	0.051	0.052
7.0	0.009	0.011	0.013	0.015	0.016	0.018	0.025	0.031	0.035	0.038	0.043	0.045
8.0	0.007	0.009	0.010	0.011	0.013	0.014	0.020	0.025	0.028	0.031	0.037	0.039
9.0	0.006	0.007	0.008	0.009	0.010	0.011	0.016	0.020	0.024	0.026	0.032	0.035
10.0	0.005	0.006	0.007	0.007	0.008	0.009	0.013	0.017	0.020	0.022	0.028	0.032
12.0	0.003	0.005	0.005	0.005	0.006	0.006	0.009	0.012	0.014	0.017	0.022	0.026
14.0	0.002	0.003	0.003	0.004	0.004	0.005	0.007	0.009	0.011	0.013	0.018	0.023
16.0	0.002	0.003	0.003	0.003	0.003	0.004	0.005	0.007	0.009	0.010	0.014	0.020
18.0	0.001	0.002	0.002	0.002	0.002	0.003	0.003	0.006	0.007	0.008	0.012	0.018
20.0	0.001	0.002	0.002	0.002	0.002	0.002	0.004	0.005	0.006	0.007	0.010	0.016
25.0	0.001	0.001	0.001	0.001	0.001	0.002	0.002	0.003	0.004	0.004	0.007	0.013
30.0	0.001	0.001	0.001	0.001	0.001	0.001	0.002	0.002	0.003	0.002	0.005	0.011
35.0	0.000	0.001	0.001	0.001	0.001	0.001	0.001	0.002	0.002	0.002	0.004	0.009
40.0	0.000	0.000	0.000	0.000	0.001	0.001	0.001	0.001	0.001	0.002	0.003	0.008

2. 竖向均布荷载作用下任意点的附加应力

在实际计算时，常会遇到计算点不在竖向均布荷载角点下的情况，这时可以利用角点下土中附加应力计算公式及应力叠加原理求得，这种方法称为角点法。

根据计算点 O 的位置，可有如图 3-11 所示的四种情况。

（1）计算点 O 在基础底面内，如图 3-11a 所示。

$$\sigma_z = (\alpha_{cI} + \alpha_{cII} + \alpha_{cIII} + \alpha_{cIV}) p_0$$

（2）计算点 O 在基础底面边缘，如图 3-11b 所示。

$$\sigma_z = (\alpha_{cI} + \alpha_{cII}) p_0$$

（3）计算点 O 在基础底面边缘外侧，如图 3-11c 所示。

$$\sigma_z = (\alpha_{ogce} - \alpha_{ohde} + \alpha_{ofbg} - \alpha_{ofah}) p_0$$

（4）计算点 O 在基础底面角点外侧，如图 3-11d 所示。

$$\sigma_z = (\alpha_{ohce} - \alpha_{ogde} - \alpha_{ohbf} + \alpha_{ofag}) p_0$$

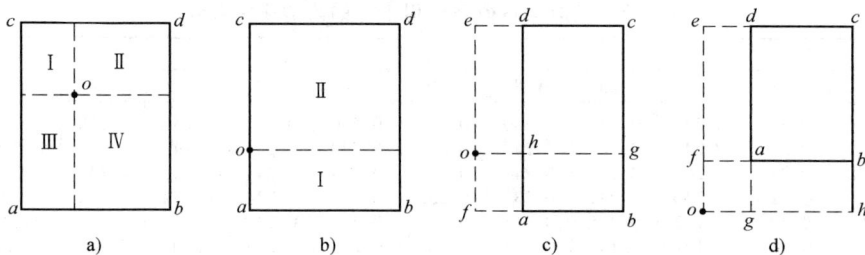

图 3-11 角点法计算均布矩形荷载基础底面 O 点的位置

a）计算点 O 在基础底面内 b）计算点 O 在基础底面边缘

c）计算点 O 在基础底面边缘外侧 d）计算点 O 在基础底面角点外侧

应用角点法时，应注意以下问题：①画出的每一矩形，都有一个角点 O 点；②所有画出的各矩形面积的代数和应等于原有受荷的面积；③所画出的每一矩形面积中，都是长边为 l，短边为 b。

3. 其他荷载作用下的附加应力

矩形面积上三角形分布荷载作用下的附加应力系数、圆形面积上均布荷载和三角形荷载作用下的附加应力系数可查《建筑地基基础设计规范》（GB 50007—2011）附表 K.0.2～附表 K.0.4。

【例题 3-3】 试分别计算图 3-12 所示的甲、乙两个基础基底中心点下 1m、2m、3m、4m 处的地基附加应力 σ_z，并考虑相邻基础的影响。基础埋深围内天然土层的重度 $\gamma_0 = 18kN/m^3$。

解：（1）分别计算甲、乙基础的基底附加压力

$$p_{0甲} = p_k - \sigma_{cz} = p_k - \gamma_0 d = \frac{F_k + G_k}{A} - \gamma_0 d = \frac{392 + 20 \times 2 \times 2 \times 1}{2 \times 2} - 18 \times 1 = 100 kPa$$

$$p_{0乙} = p_k - \sigma_{cz} = p - \gamma_0 d = \frac{F_k + G_k}{A} - \gamma_0 d = \frac{98 + 20 \times 1 \times 1 \times 1}{1 \times 1} - 18 \times 1 = 100 kPa$$

（2）分别计算甲、乙基础中心点下由本基础荷载引起的附加应力 σ_z，见表 3-3、表 3-4。

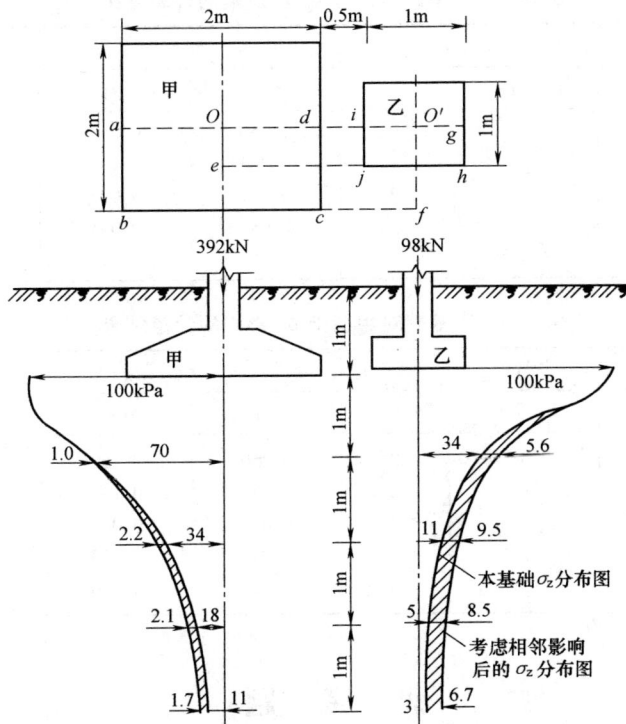

图 3-12 例题 3-3 图

表 3-3 甲基础由本基础荷载引起的附加应力 σ_z 计算结果

基础中心点下深度 z/m	l/b	z/b	α_{cI}	$\sigma_z = 4\alpha_{cI} p_0$/kPa
0	1	0	0.250	100
1	1	1	0.175	70
2	1	2	0.084	34
3	1	3	0.045	18
4	1	4	0.027	11

表 3-4 乙基础由本基础荷载引起的附加应力 σ_z 计算结果

基础中心点下深度 z/m	l/b	z/b	α_{cI}	$\sigma_z = 4\alpha_{cI} p_0$/kPa
0	1	0	0.250	100
1	1	2	0.084	34
2	1	4	0.027	11
3	1	6	0.013	5
4	1	8	0.007	3

（3）分别计算甲基础对乙基础 σ_z 的影响和乙基础对甲基础 σ_z 的影响，见表 3-5、表 3-6。

比较图中甲、乙两基础的 σ_z 分布图，可知甲基础基底下的附加应力比乙基础收敛得慢、影响范围深，同时甲基础对乙基础的影响也较大。可以证明，在基底压力相等的条件下，基底尺寸越大的基础沉降也越大。

表 3-5 甲基础对乙基础 σ_z 影响的计算结果

深度 z/m	l/b		z/b	α_c		$\sigma_z = (\alpha_{c\,\mathrm{I}} - \alpha_{c\,\mathrm{II}})p_0$/kPa
	I ($abfo'$)	II ($dcfo'$)		$\alpha_{c\,\mathrm{I}}$	$\alpha_{c\,\mathrm{II}}$	
0	3	1	0	0.250	0.250	0
1	3	1	1	0.203	0.175	5.6
2	3	1	2	0.131	0.084	9.5
3	3	1	3	0.087	0.045	8.5
4	3	1	4	0.060	0.027	6.7

表 3-6 乙基础对甲基础 σ_z 影响的计算结果

深度 z/m	l/b		z/b	α_c		$\sigma_z = (\alpha_{c\,\mathrm{I}} - \alpha_{c\,\mathrm{II}})p_0$/kPa
	I ($gheo$)	II ($ijeo$)		$\alpha_{c\,\mathrm{I}}$	$\alpha_{c\,\mathrm{II}}$	
0	5	3	0	0.250	0.250	0
1	5	3	2	0.136	0.131	1.0
2	5	3	4	0.071	0.060	2.2
3	5	3	6	0.043	0.033	2.1
4	5	3	8	0.028	0.020	1.7

思 考 题

3-1 何谓土的自重应力？自重应力的计算在地下水位上下处有何不同？是否在任何情况下自重应力都不会引起地基的沉降？

3-2 何谓基底压力？何谓基底附加压力？

3-3 在基底总压力不变的前提下，增大基础埋置深度对土中附加应力有什么影响？

习 题

3-1 某工程地质柱状图及土的物理性质指标如图 3-13 所示，试求各土层层面处的自重应力，并绘制分布图。

3-2 某矩形基础，底面积 $l \times b = 3\mathrm{m} \times 2.3\mathrm{m}$，埋深 $d = 1.5\mathrm{m}$，上部结构传至基础顶面的竖向力 $F_k = 980\mathrm{kN}$，土的天然重度 $\gamma = 17.5\mathrm{kN/m^3}$，饱和重度 $\gamma_{\mathrm{sat}} = 19\mathrm{kN/m^3}$，地下水位位于天然地面下 0.5m 处，求基础中心点下不同深度处土的附加应力。

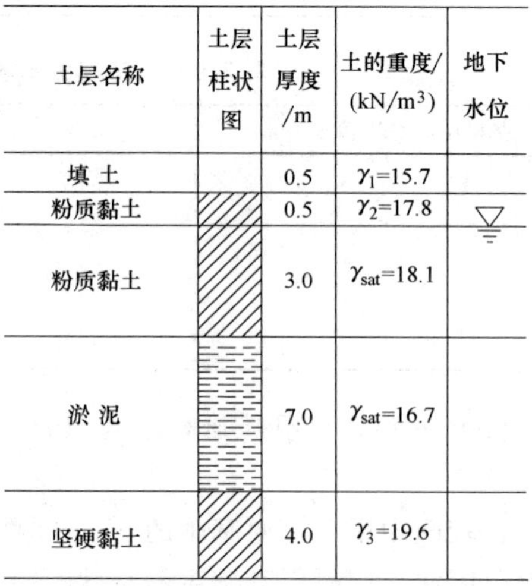

土层名称	土层柱状图	土层厚度/m	土的重度/($\mathrm{kN/m^3}$)	地下水位
填土		0.5	$\gamma_1 = 15.7$	
粉质黏土		0.5	$\gamma_2 = 17.8$	▽
粉质黏土		3.0	$\gamma_{\mathrm{sat}} = 18.1$	
淤泥		7.0	$\gamma_{\mathrm{sat}} = 16.7$	
坚硬黏土		4.0	$\gamma_3 = 19.6$	

图 3-13 习题 3-1 图

第四章

地基变形

知识目标

（1）掌握土的压缩系数、压缩模量等基本概念。

（2）掌握分层总和法计算地基最终沉降量的方法。

（3）了解建筑物沉降观测的方法。

能力目标

（1）能够运用压缩性指标评价土的压缩性。

（2）能够计算地基的最终沉降量。

重点与难点

土的压缩性指标、分层总和法和规范推荐法。

由于土具有压缩性，因而地基承受建筑物荷载后，必然会产生一定的沉降。沉降值的大小一方面取决于建筑物荷载的大小和分布，另一方面取决于地基土层的类型、分布、各土层厚度及其压缩性。进行地基设计时，必须根据建筑物的情况和勘探试验资料，计算基础可能发生的沉降，并设法将其控制在建筑物所允许的范围以内。当不满足设计要求时，需从上部结构、基础与地基三方面做出合理调整。

本章主要介绍土的压缩性、地基最终沉降量计算、建筑物沉降观测的方法。

4.1　土的压缩性

土体在压力作用下体积减小的特性称为土的压缩性。土的压缩主要是由于土中的水和气体被挤出孔隙，而土中固体颗粒本身被压缩和土中孔隙水与封闭气体被压缩的情况可忽略不计。土的压缩性的高低常用压缩性指标来表示，这些指标可以通过室内压缩试验的方法测定。

4.1.1 土的压缩试验与压缩曲线

1. 土的压缩试验

土的室内压缩试验是用侧限压缩仪来进行的，也称为土的侧限压缩试验，如图 4-1 所示。试验时，将切有土样的环刀置于刚性护环中，由于金属环刀及护环的限制，土样在竖向压力作用下只能发生竖向变形，不能发生侧向变形。土样上下各垫上一块透水石，受压后土中的水可以自由排出。压缩过程中竖向压力通过刚性板施加给土样，土样产生的压缩量可通过百分表量测，进而可以得到土的孔隙比与压力的关系曲线。

2. 压缩曲线

逐级加压固结，以便测定各级压力作用下的土样压缩稳定后的孔隙比，根据一一对应关系，以横坐标表示压力，以纵坐标表示孔隙比，绘制 e—p 曲线，称为压缩曲线，如图 4-2 所示。曲线越陡，说明随着压力的增加，土的孔隙比减小越显著，因此土的压缩性越高。软黏土的压缩性比密实砂土的压缩性高。

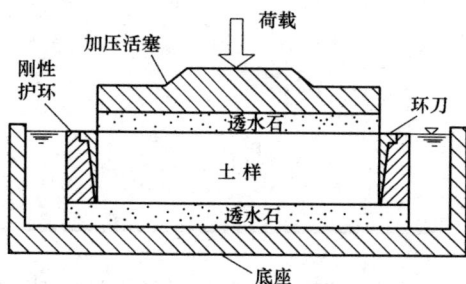

固结试验过程

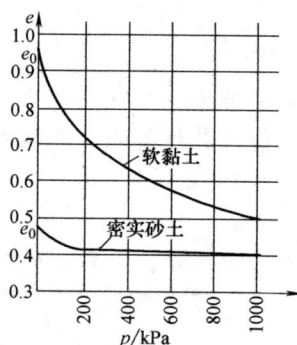

图 4-1　土的侧限压缩试验

图 4-2　土的 e—P 曲线

4.1.2 压缩性指标

1. 压缩系数

压缩系数是土体在侧限条件下，孔隙比减小量与竖向有效压应力增量的比值，即 e—p 曲线上任一点的割线斜率，如图 4-3 所示，其计算公式为

$$\alpha = \frac{\Delta e}{\Delta p} = \frac{e_1 - e_2}{p_2 - p_1} \tag{4-1}$$

式中　α——压缩系数，单位为 kPa^{-1} 或 MPa^{-1}；

　　　p_1——压缩前使试样压缩稳定的压力强度，一般指地基中某深度土中原有的竖向自重应力，单位为 MPa。

　　　p_2——压缩后使试样所受的压力强度，一般指地基中某深度土中的竖向自重应力与附

　　加应力之和，单位为 MPa。

　e_1，e_2——增压前后在 p_1，p_2 作用下压缩稳定时的孔隙比。

　　压缩系数 α 是表征土的压缩性的重要指标之一。压缩系数越大，说明土的压缩性越大。为了便于比较，通常采用压力段由 $p_1 = 100\text{kPa}$ 增加到 $p_2 = 200\text{kPa}$ 时的压缩系数 $\alpha_{1\text{-}2}$ 来评定土的压缩性。土的压缩系数 $\alpha_{1\text{-}2} < 0.1\text{MPa}^{-1}$，为低压缩性土；土的压缩系数 $0.1\text{MPa}^{-1} \leqslant \alpha_{1\text{-}2} < 0.5\text{MPa}^{-1}$，为中压缩性土；土的压缩系数 $\alpha_{1\text{-}2} \geqslant 0.5\text{MPa}^{-1}$，为高压缩性土。

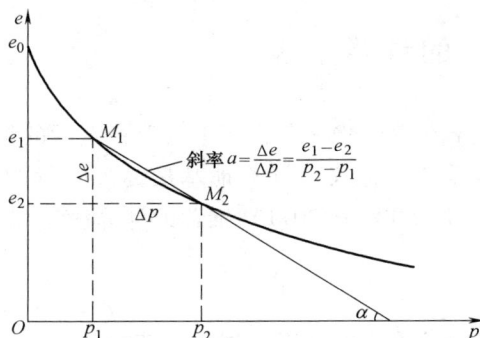

图 4-3　e-p 曲线中确定压缩系数 α

压缩系数

2. 压缩指数

　　压缩指数是土体在侧限条件下，孔隙比减小量与竖向有效压应力常用对数值增量的比值。即以 p 的常用对数为横坐标，以 e 为纵坐标，由此得到的压缩曲线称为 e—$\lg p$ 曲线，如图 4-4 所示。该曲线的后段接近直线，直线的斜率 C_c 称为土的压缩指数，即

$$C_c = \frac{e_1 - e_2}{\lg p_2 - \lg p_1} = \frac{e_1 - e_2}{\lg(p_2/p_1)} \tag{4-2}$$

　　压缩指数 C_c 是表征土的压缩性的另一个重要指标，C_c 越大，表示土的压缩性越高。

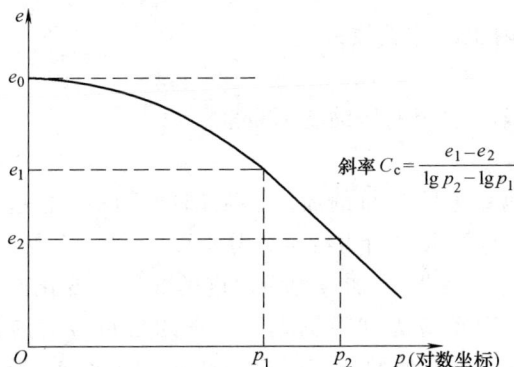

图 4-4　e-$\lg p$ 曲线中确定压缩指数 C_c

3. 压缩模量

压缩模量是土在完全侧限条件下，竖向应力增量与相应的应变增量的比值，用 E_s 表示，单位为 MPa，其表达式为

$$E_s = \frac{\Delta p}{\varepsilon} = \frac{1 + e_1}{\alpha} \qquad (4\text{-}3)$$

由上式可知，E_s 与 α 成反比，即 α 越大，E_s 越小，土的压缩性越高。

4.2　地基最终沉降量的计算

地基最终沉降量是指地基在建筑物荷载作用下变形稳定后的沉降量。最终沉降量对土木工程的设计、施工具有非常重要的意义。计算地基最终沉降量的常用方法有分层总和法与《建筑地基基础设计规范》（GB 50007—2011）推荐的计算法（以下简称规范推荐法）。

4.2.1　分层总和法

分层总和法即在地基沉降计算深度范围内划分为若干分层，计算各分层的压缩量，然后求其总和。

1. 基本假定

（1）地基每一分层均质，且应力沿厚度均匀分布。

（2）在建筑物荷载作用下，地基土只发生竖向压缩变形，不发生侧限膨胀变形。在沉降计算时，可采用完全侧限条件下的压缩性指标。

（3）土体在自重应力作用下的变形已经完成，所以，压缩变形由附加应力引起。

（4）采用基底中心点下的附加应力计算地基变形量，且地基任意深度处的附加应力等于基底中心点下该深度处的附加应力值。

（5）地基变形发生在有限深度范围内。

（6）地基最终沉降量等于各分层沉降量之和。

2. 计算公式

分层总和法的基本计算公式

$$s = s_1 + s_2 + \cdots + s_n = \sum_{i=1}^{n} s_i \qquad (4\text{-}4)$$

式中　n——深度计算范围内土的分层数；

　　　s——总沉降量；

　　　s_i——基底中心点下第 i 层土的压缩变形量。

3. 计算步骤

（1）将土分层，绘制地基土层分布剖面图和基础剖面图。地基分层厚度按如下原则确定：①不同土层的分界面及地下水位面为特定的分层面。②同一类土层中分层厚度应小于基础宽度的 0.4 倍或取 1~2m，以免因附加应力沿深度的非线性变化而产生较大误差。

（2）计算各层界面处的自重应力和附加应力。土的自重应力应从天然地面算起。根据第三章所学知识，计算出各层界面处的 σ_{cz} 和 σ_z，按照一定比例，将其分别绘制在基础中心线的左侧和右侧，如图 4-5 所示。

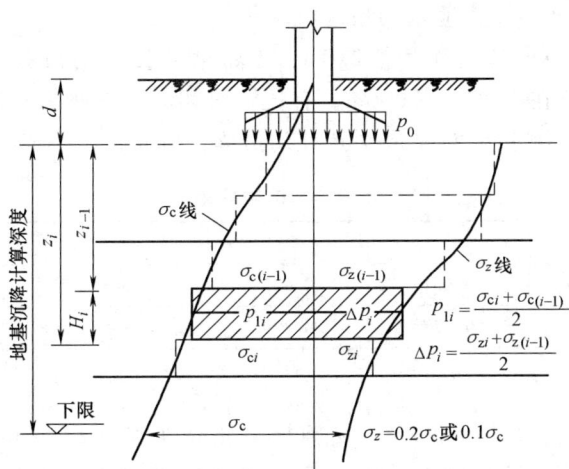

图 4-5 分层总和法计算地基最终沉降量

用分层总和法计算地基最终沉降量

（3）压缩层下限的确定。由于土中附加应力随深度的增加而减小，达到一定深度后，土层的压缩变形可忽略不计。在实际工程计算中，可采用基底以下某一深度作为基础沉降计算的下限深度。一般取对应 $\sigma_{zn} \leqslant 0.2\sigma_{zcn}$ 处的地基深度 z_n 作为压缩层计算深度的下限。当在该深度下有高压缩性土层时，取 $\sigma_{zn} \leqslant 0.1\sigma_{zcn}$ 对应的深度。

（4）计算各层的自重应力、附加应力的平均值。第 i 层土的自重应力平均值

$$p_{1i} = \frac{\sigma_{c(i-1)} + \sigma_{ci}}{2} \tag{4-5}$$

式中　$\sigma_{c(i-1)}$——第 i 层土顶面处自重应力；

　　　σ_{ci}——第 i 层土底面处自重应力。

第 i 层土的附加应力平均值

$$\Delta p_i = \frac{\sigma_{z(i-1)} + \sigma_{zi}}{2} \tag{4-6}$$

式中　$\sigma_{z(i-1)}$——第 i 层土顶面处附加应力；

　　　σ_{zi}——第 i 层土底面处附加应力。

（5）确定各层压缩前后的孔隙比。由各层的平均自重应力 p_{1i}，在相应的压缩曲线上，查得初始孔隙比 e_{1i}。由各层平均自重应力和平均附加应力之和 $p_{2i}(p_{2i} = p_{1i} + \Delta p_i)$，查得压缩稳定后的孔隙比 e_{2i}。

（6）求各层土的压缩量 Δs_i。

$$\Delta s_i = \left(\frac{e_{1i} - e_{2i}}{1 + e_{1i}} \right) h_i \tag{4-7}$$

式中　h_i——第 i 层土的厚度。

（7）按式（4-4）叠加计算地基的最终沉降量。

【例题 4-1】 墙下条形基础宽度为 2.0m，上部墙体传来的荷载为 100kN/m，基础埋置深度为 1.2m，地下水位在基底以下 0.6m，有关资料如图 4-6 所示，地基土的室内压缩试验成果见表 4-1，用分层总和法计算基底中点处的最终沉降量。

表 4-1 试验成果

压应力/kPa		0	50	100	200	300
黏土	孔隙比	0.651	0.625	0.608	0.587	0.570
粉质黏土		0.978	0.899	0.855	0.809	0.773

解：（1）将土分层

考虑分层厚度不超过 $0.4b = 0.8$m，又因地下水位为基底以下 0.6m，所以基底以下厚 1.2m 的黏土层分成两层，层厚均为 0.6m，其下粉质黏土层分层厚度均取为 0.8m。

（2）计算各层界面的自重应力

自基底向下将各层面依次编号 0、1、2、3、4、5、6、7。

0 点处自重应力为 $\sigma_{cz} = 17.6 \times 1.2 = 21.1$kPa

1 点处自重应力为 $\sigma_{cz} = 21.1 + 17.6 \times 0.6 = 31.7$kPa

同理，可求出 2 点到 7 点自重应力 σ_{cz}，如图 4-6 所示。

（3）计算各层界面的附加应力

运用第三章知识，可计算各分层界面处的竖向附加应力，如图 4-6 所示。

（4）压缩层下限的确定

$\sigma_{zn} = 12.7 < 0.2\sigma_{czn} = 0.2 \times 68.8 = 13.76$，所以沉降计算深度 $z_n = 5.2$m。

（5）计算各分层压缩量

以 2～3 分层为例：$\Delta s_3 = \dfrac{e_{1i} - e_{2i}}{1 + e_{1i}} h_i = \dfrac{0.901 - 0.872}{1 + 0.901} \times 800 = 11.8$mm

其他各层的沉降量的计算结果见表 4-2。

图 4-6 例题 4-1 图

表 4-2 例题 4-1 中各层土的沉降量

分层编号	分层厚度/m	p_{1i}	Δp_i	p_{2i}	e_{1i}	e_{2i}	Δs_i/mm
0-1	0.6	26.4	51.2	77.6	0.637	0.616	7.7
1-2	0.6	34.1	44.8	78.9	0.633	0.615	6.6
2-3	0.8	39.7	34.5	74.2	0.901	0.873	11.8
3-4	0.8	46.2	25.6	71.8	0.896	0.874	9.3
4-5	0.8	52.8	20.0	72.8	0.887	0.874	5.5
5-6	0.8	59.3	16.3	75.6	0.883	0.872	4.7
6-7	0.8	65.6	13.8	79.4	0.878	0.869	3.8

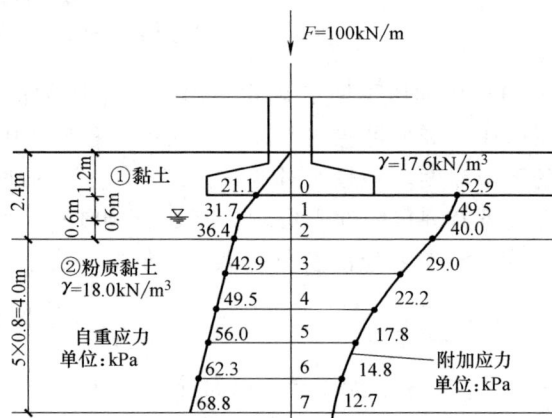

（6）计算最终沉降量

$$s = 7.7+6.6+11.8+9.3+5.5+4.7+3.8 = 49.4mm$$

4.2.2　规范推荐法

与实测沉降值进行比较，采用分层总和法计算地基沉降量，对于中等地基偏差较小，但对于软弱地基，计算值远小于实测值，而对于坚硬地基，计算值又远大于实测值。为了使计算结果与实际沉降更趋于一致，《建筑地基基础设计规范》（GB 50007—2011）在分层总和法的基础上，总结了我国建筑工程中大量沉降观测资料，通过引入沉降计算经验系数 ψ_s 对计算结果进行修正。

1. 计算公式

规范推荐法基本计算公式

$$s = \psi_s s' = \psi_s \sum_{i=1}^{n} \frac{p_0}{E_{si}} (z_i \bar{\alpha}_i - z_{i-1} \bar{\alpha}_{i-1}) \tag{4-8}$$

式中　s——地基最终沉降量，单位为 mm；

　　　s'——分层总和法计算地基最终沉降量，单位为 mm；

　　　ψ_s——沉降计算经验系数；

　　　n——地基压缩层范围内按天然土层界面划分的土层数；

　　　p_0——相应于荷载的准永久组合时基础底面处的附加压力，单位为 kPa；

　　　E_{si}——基础底面下，第 i 层土的压缩模量，单位为 kPa；

z_i、z_{i-1}——基础底面至第 i 层土、第 $i-1$ 层土底面的距离，单位为 m；

$\bar{\alpha}_i$、$\bar{\alpha}_{i-1}$——基础底面计算点至第 i、$i-1$ 层土底面范围内平均附加应力系数，可查《建筑地基基础设计规范》（GB 50007—2011）的附录 K。

2. 计算步骤

（1）地基土按压缩性的不同分层。

（2）确定地基变形计算深度 z_n。地基变形计算深度 z_n 应满足如下要求。

$$\Delta s'_n \leqslant 0.025 \sum_{i=1}^{n} \Delta s'_i \tag{4-9}$$

式中　$\Delta s'_i$——计算深度范围内第 i 层土的计算变形量，单位为 mm；

　　　$\Delta s'_n$——计算深度 z_n 向上取厚度为 Δz 的土层计算变形量，单位为 mm；Δz 可按表 4-3 确定。

表 4-3　Δz 值

b/m	$b \leqslant 2$	$2 < b \leqslant 4$	$4 < b \leqslant 8$	$b > 8$
$\Delta z/m$	0.3	0.6	0.8	1.0

确定地基变形计算深度时，应注意以下几点：

1）如确定的计算深度下仍有较软土层时，则应继续计算，直到再次符合公式（4-9）为止。

2）当无相邻荷载影响，且基础宽度在 1～30m 范围内时，基础中点的地基变形计算深度可按下列简化公式计算：

$$z_n = b(2.5 - 0.4\ln b) \tag{4-10}$$

3）在计算深度范围内存在基岩时，z_n 可取至基岩表面；当存在较厚的坚硬黏性土层，其孔隙比小于 0.5、压缩模量大于 50MPa，或存在较厚的密实砂卵石层，其压缩模量大于 80MPa，z_n 可取至该层土表面。

（3）计算各层土层的压缩量 s_i'。

（4）计算沉降计算经验系数 ψ_s。

（5）计算地基的最终沉降量 s。

4.3 建筑物沉降观测与地基变形允许值

4.3.1 建筑物沉降观测

1. 建筑物沉降观测的意义

建筑物的沉降观测能反映地基的实际变形及地基变形对建筑物的影响程度。因此，沉降观测对建筑物的安全使用具有重要意义。

1）沉降观测能够验证地基基础设计是否正确。

2）沉降观测能够分析地基事故，判别施工质量的好坏。

3）沉降观测能为确定建筑物地基变形允许值提供重要资料。

2. 需进行沉降观测的建筑物

下列建筑物应在施工期间及使用期间进行沉降观测。

1）地基基础设计等级为甲级的建筑物。

2）复合地基或软弱地基上设计等级为乙级的建筑物。

3）加层、扩建建筑物。

4）受邻近深基坑开挖施工影响或受场地地下水等环境因素变化影响的建筑物。

5）采用新型基础或新型结构的建筑物。

6）处理地基上的建筑物。

3. 沉降观测的内容

（1）观测点的设置。沉降观测点的布置，应以能全面反映建筑物地基变形特征，并结合地质情况及建筑结构特点确定。

点位宜选设在下列位置：

1）建筑物的四角、大转角处及沿外墙每 10~15m 处或每隔 2~3 根柱基上。

2）高低层建筑物、新旧建筑物、纵横墙等交接处的两侧。

3）建筑物裂缝和沉降缝两侧、基础埋深相差悬殊处、人工地基与天然地基接壤处、不同结构的分界处及填挖方分界处。

4）宽度大于等于 15m 或小于 15m，而地质复杂以及膨胀土地区的建筑物，在承重内隔墙中部设内墙点，在室内地面中心及四周设地面点。

5）邻近堆置重物处、受振动有显著影响的部位及基础下的暗浜（沟）处。

6）框架结构建筑物的每个或部分柱基上或沿纵横轴线设点。

7）筏形基础、箱形基础底板或接近基础的结构部分之四角处及其中部位置。

8）重型设备基础和动力设备基础的四角、基础形式或埋深改变处以及地质条件变化处两侧。

9）电视塔、烟囱、水塔、油罐、炼油塔、高炉等高耸建筑物，沿周边在与基础轴线相交的对称位置上布点，点数不少于 4 个。

（2）观测次数和时间。

1）建筑物施工期间的观测日期与次数，应根据施工进度确定。一般建筑物，可在基础完工后或地下室砌完后开始观测；大型、高层建筑，可在基础垫层或基础底部完成后开始观测。民用建筑可每加高 1~5 层观测一次；工业建筑可按不同施工阶段分别进行观测。

2）建筑物使用阶段的观测次数，应视地基土类型和沉降速度大小而定。竣工后的第一年内，每隔 2~3 个月观测一次，以后适当延长至 4~6 个月，直至达到沉降变形稳定标准为止。

（3）观测仪器。观测沉降的仪器应采用经计量部门检验合格的水准仪和钢水准尺进行。观测时应固定人员，并使用固定的测量仪器和工具。

（4）精度。同一观测点的两次观测之差不得大于 1mm。

（5）观测资料整理。建筑物沉降观测后应及时整理好资料，算出各观测点的标高、沉降量、累计沉降量及沉降速率，以便及早发现和处理出现的地基问题。

4.3.2　地基变形允许值

1. 地基变形特征

地基的变形特征可分为沉降量、沉降差、倾斜、局部倾斜 4 种，如图 4-7 所示。

（1）沉降量。沉降量是指基础中心点的沉降值。常作为建筑地基变形的控制标准之一。

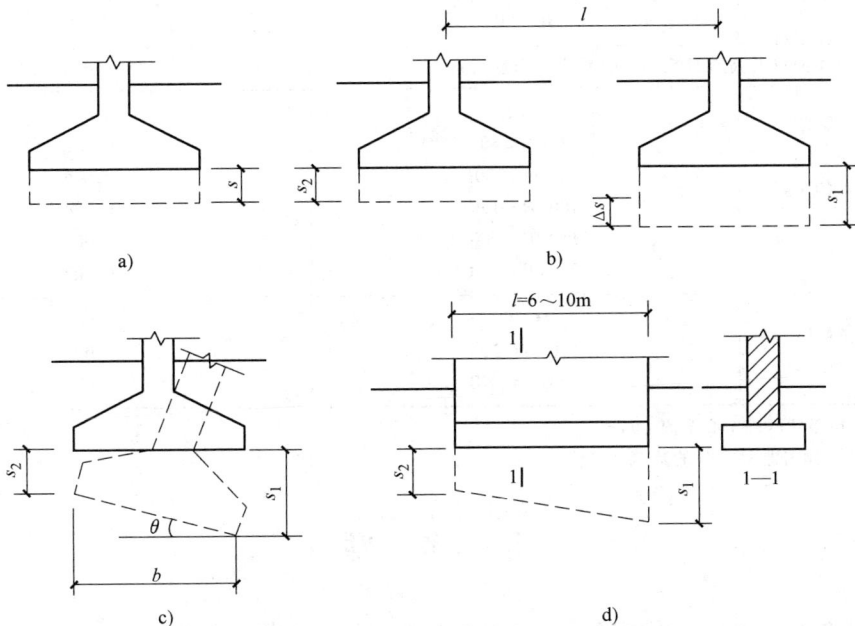

图 4-7　地基变形类型
a）沉降量　b）沉降差　c）倾斜　d）局部倾斜

（2）沉降差。沉降差是指相邻独立基础沉降量的差值。对于框架结构和单层排架结构应由相邻柱基的沉降差控制。

（3）倾斜。倾斜是指基础倾斜方向两端点的沉降差与其距离的比值。对于多层或高层建筑和高耸结构，计算地基变形时应由倾斜值控制。

（4）局部倾斜。局部倾斜是指砌体承重结构沿纵向 6~10m 内基础两点的沉降差与其距离的比值。对于砌体承重结构，计算地基变形应由局部倾斜值控制。

2. 地基变形允许值

建筑物的地基变形允许值，按表 4-4 规定采用。对表中未包括的建筑物，其地基变形允许值应根据上部结构对地基变形的适应能力和使用上的要求确定。

表 4-4　建筑地基变形允许值

变形特征		地基土类别	
		中、低压缩性土	高压缩性土
砌体承重结构基础的局部倾斜		0.002	0.003
工业与民用建筑相邻柱基的沉降差	框架结构	0.002l	0.003l
	砌体墙填充的边排柱	0.0007l	0.001l
	当基础不均匀沉降时不产生附加应力的结构	0.005l	0.005l
单层排架结构（柱距为6m）柱基沉降量/mm		中压缩性土 120	200
桥式吊车轨面的倾斜	纵向	0.004	
	横向	0.003	
多层和高层建筑的整体倾斜	H≤24	0.004	
	24<H≤60	0.003	
	60<H≤100	0.0025	
	H>100	0.002	
体型简单的高层建筑基础的平均沉降量/mm		200	
高耸结构基础的倾斜	H≤20	0.008	
	20<H≤50	0.006	
	50<H≤100	0.005	
	100<H≤150	0.004	
	150<H≤200	0.003	
	200<H≤250	0.002	
高耸结构基础的沉降量/mm	H≤100	400	
	100<H≤200	300	
	200<H≤250	200	

注：1. l 为相邻柱基的中心距离，mm。
　　2. H 为自室外地面起算的建筑物高度，m。

思　考　题

4-1　何谓压缩系数和压缩模量，如何用指标判别土的压缩性质？

4-2　何谓土的压缩性？

4-3　简述分层总和法计算地基最终沉降量的步骤。

4-4　采用分层总和法和规范推荐法计算地基最终沉降量有何区别？两者是如何确定地基变形计算深度的？

4-5　建筑物沉降观测有何意义？

4-6　哪些建筑物在施工和使用期间需进行沉降观测？

4-7　如何进行沉降观测点的布置？

习　　题

4-1　已知某轴心受压柱，采用独立基础，基础底面尺寸 2.5m×3m，基底压力为 147kPa，基础埋置深度为 1.5m，地下水位在基底以下 2m，有关资料如图 4-8 所示，地基土的室内压缩试验成果见表 4-1，用分层总和法求基底中心点处的最终沉降量。

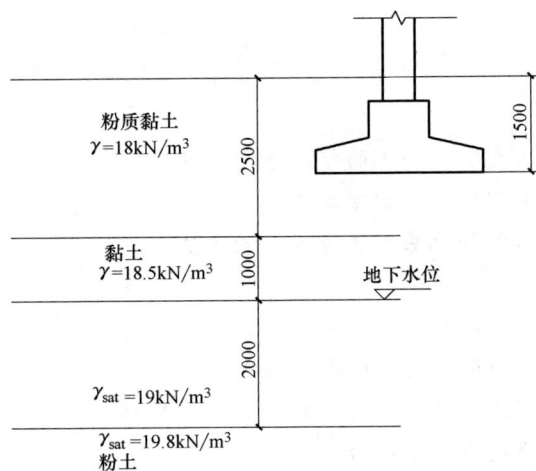

图 4-8　地基土层示意图

第五章

土的抗剪强度与地基承载力

知识目标

（1）掌握土的抗剪强度理论和土的极限平衡条件。

（2）掌握土的抗剪强度指标的测定方法。

（3）理解地基破坏形式和地基承载力确定的方法。

能力目标

（1）能运用土的极限平衡条件判断土的状态。

（2）能运用土的抗剪强度试验确定土的抗剪强度指标。

（3）会利用规范法确定地基承载力。

重点与难点

土的抗剪强度指标的测定方法及地基承载力的确定方法。

土的抗剪强度是指土体抵抗剪切破坏的极限能力。建筑物地基在外荷载作用下，将产生剪应力，当土体中某点的剪应力超过土的抗剪强度时，土体将发生剪切破坏。随着荷载的增大，剪切破坏的范围不断扩大，最后在地基中形成连续的滑动面，地基发生整体剪切破坏而丧失稳定性。因此，土的强度问题实质上就是土的抗剪强度问题。

工程中与土的抗剪强度有关的问题很多，为保证土体的安全和稳定，就必须研究土的强度理论。

5.1 土的强度理论

5.1.1 库仑定律

1773年，法国科学家库仑（Coulomb）根据砂土剪切试验，提出砂土抗剪强度计算公

式为

$$\tau_{\mathrm{f}} = \sigma \tan\varphi \tag{5-1a}$$

式中　τ_{f}——土的抗剪强度，单位为 kPa；

σ——作用在剪切面的法向应力，单位为 kPa；

φ——砂土的内摩擦角，单位为度。

后来，库仑又通过试验提出适合黏性土的抗剪强度计算公式，即

$$\tau_{\mathrm{f}} = \sigma \tan\varphi + c \tag{5-1b}$$

式中　c——土的黏聚力，单位为 kPa。

式（5-1a）与式（5-1b）一起统称为库仑定律，可分别用图 5-1a 和图 5-1b 表示。

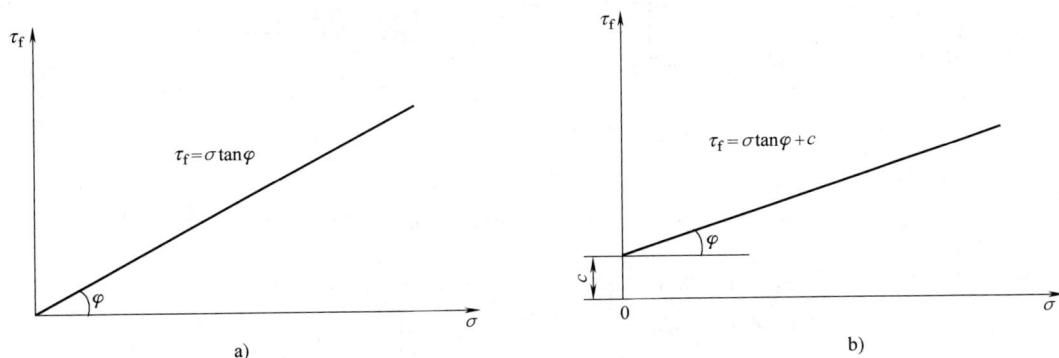

图 5-1　库仑定律
a）砂土　b）黏性土

从图 5-1 可以看出，土的抗剪强度不是一定值，它与剪切滑动面上的法向应力 σ 有关。土的抗剪强度与滑动面上的法向应力成正比，其中，c、φ 称为土的抗剪强度指标。这一基本关系式能满足工程上的精度要求，是目前研究土的抗剪强度的基本定律。

由库仑定律可以看出，土的抗剪强度由黏聚力 c 和内摩阻力 $\sigma\tan\varphi$ 两部分组成。

黏聚力是由于土粒之间的胶结作用、结合水膜以及水分子引力作用等形成的。它随着土的压密、土颗粒之间距离的减小而增大，随胶结物的结晶和硬化而增强。为防止土的结构被破坏，黏聚力丧失，在施工时应尽量不扰动地基土的结构。土颗粒越细，塑性越大，其黏聚力也越大。

内摩阻力包括土粒之间的表面摩擦力和由于土粒之间相互嵌入和连锁作用而产生的咬合力。其大小取决于土粒表面的粗糙度、密实度、土颗粒的大小以及颗粒级配等因素。

5.1.2　土的极限平衡条件

当土体中任一点在某一平面上的剪应力等于土的抗剪强度时，该点即处于极限平衡状态。此时，土中大小主应力与土的抗剪强度指标之间的关系称为土的极限平衡条件。要确定土的极限平衡条件，需研究土中任一点的应力状态。

1. 土中任一点的应力状态

为简单起见，以下仅研究平面应变问题。在土中取一微单元，如图 5-2a 所示，设作用

在该单元体上的大小主应力分别为 σ_1 和 σ_3（$\sigma_1 > \sigma_3$），在单元体内与大主应力 σ_1 作用平面成任意角 α 的 mn 平面上有正应力 σ 和剪应力 τ。如图 5-2b 所示，取微棱柱体 abc 为隔离体，沿水平和垂直方向，根据静力平衡条件建立方程如下：

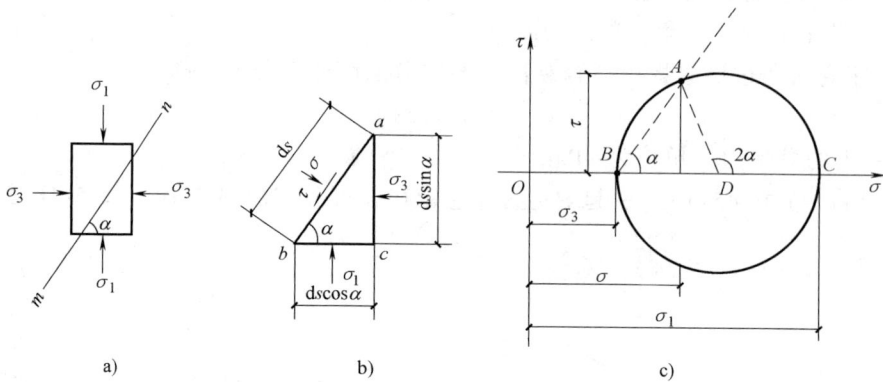

图 5-2　土体中任一点应力

a）微元体上的应力　b）隔离体 abc 上的应力　c）莫尔应力圆

$$\sigma_3 \cdot \mathrm{d}s \cdot \sin\alpha - \sigma \cdot \mathrm{d}s \cdot \sin\alpha + \tau \cdot \mathrm{d}s \cdot \cos\alpha = 0$$

$$\sigma_1 \cdot \mathrm{d}s \cdot \cos\alpha - \sigma \cdot \mathrm{d}s \cdot \cos\alpha - \tau \cdot \mathrm{d}s \cdot \sin\alpha = 0$$

联立求解以上方程可得 mn 平面上的应力为

$$\sigma = \frac{\sigma_1 + \sigma_3}{2} + \frac{\sigma_1 - \sigma_3}{2}\cos 2\alpha \tag{5-2a}$$

$$\tau = \frac{\sigma_1 - \sigma_3}{2}\sin 2\alpha \tag{5-2b}$$

以上 σ、τ 与 σ_1、σ_3 之间的关系也可以用莫尔应力圆表示，如图 5-2c 所示，应力圆的主要元素如下：

1）坐标 σ—τ 直角坐标系，横坐标为正应力 σ，纵坐标为剪应力 τ。

2）圆心 $\left(\dfrac{\sigma_1 + \sigma_3}{2},\ 0\right)$。

3）半径 $(\sigma_1 - \sigma_3)/2$。

从 DC 开始逆时针旋转 2α 角得到 DA 线，DA 线与圆周交于 A 点。可以证明，A 点的横坐标即为斜面 mn 上的正应力 σ，A 点的纵坐标为斜面 mn 上的剪应力 τ。这样，莫尔圆就可以表示土体中一点的应力状态，莫尔圆圆周上各点的坐标就表示该点在相应平面上的正应力和剪应力。

2. 土的极限平衡条件

把代表土中某点应力状态的莫尔应力圆和抗剪强度包线按同一比例画在同一坐标图上，应力圆与抗剪强度包线之间的位置关系有三种情况，如图 5-3 所示。

1）整个莫尔应力圆位于抗剪强度包线的下方（圆 I），表明通过该点的任意平面上的剪应力都小于土的抗剪强度，此时该点处于稳定平衡状态，不会发生剪切破坏。

2）莫尔应力圆与抗剪强度包线相切（圆 II），表明在相切点所代表的平面上，剪应力正好等于土的抗剪强度，此时该点处于极限平衡状态，相应的应力圆称为极限应力圆。

3）莫尔应力圆与抗剪强度包线相割（圆Ⅲ），表明该点某些平面上的剪应力已超过了土的抗剪强度，此时该点已发生剪切破坏。由于此时地基应力将发生重分布，事实上该应力圆所代表的应力状态并不存在。

如图 5-4 所示，黏性土中某点达到极限平衡状态，即莫尔应力圆与抗剪强度线相切于 A 点，在直角三角形 ARD 中，有

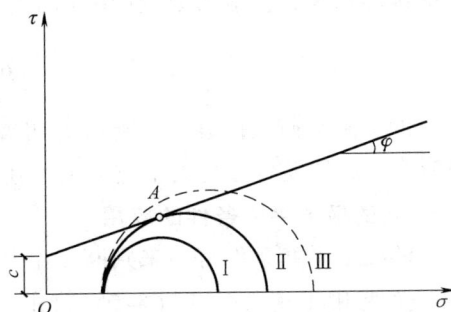

图 5-3　莫尔应力圆与抗剪强度的关系

$$\sin\varphi = \frac{AD}{RD} = \frac{(\sigma_1 - \sigma_3)/2}{c \cdot \cot\varphi + \frac{1}{2}(\sigma_1 + \sigma_3)}$$

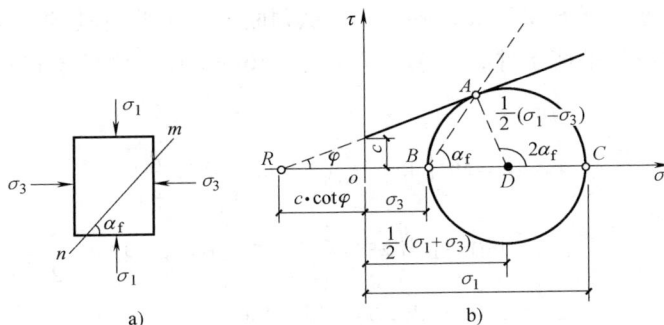

图 5-4　土体中一点达到极限平衡状态时的莫尔圆

a）微单元体　b）极限平衡状态时的莫尔圆

利用三角函数整理得

$$\sigma_1 = \sigma_3 \cdot \tan^2\left(45° + \frac{1}{2}\varphi\right) + 2c \cdot \tan\left(45° + \frac{1}{2}\varphi\right) \qquad (5\text{-}3)$$

或

$$\sigma_3 = \sigma_1 \cdot \tan^2\left(45° - \frac{1}{2}\varphi\right) - 2c \cdot \tan\left(45° - \frac{1}{2}\varphi\right) \qquad (5\text{-}4)$$

对无黏性土，由于 $c = 0$，由式（5-3）、式（5-4）得无黏性土极限平衡条件为

$$\sigma_1 = \sigma_3 \cdot \tan^2\left(45° + \frac{1}{2}\varphi\right) \qquad (5\text{-}5)$$

或

$$\sigma_3 = \sigma_1 \cdot \tan^2\left(45° - \frac{1}{2}\varphi\right) \qquad (5\text{-}6)$$

由三角形 ARD 的内角与外角关系可得

$$2\alpha_f = 90° + \varphi$$

即破坏面与大主应力 σ_1 作用面的夹角

$$\alpha_f = 45° + \frac{1}{2}\varphi \qquad (5\text{-}7)$$

土的极限平衡条件表明，土体剪切破坏时的破裂面不是发生在最大剪应力 τ_{max} 的作用面 $\alpha = 45°$ 上，而是发生在与大主应力的作用面成 $\alpha = 45° + \varphi/2$ 的平面上。

3. 土的极限平衡条件的应用

土的极限平衡条件常用来判断土中某点的平衡状态，具体方法是：根据实际最小主应力 σ_3 及土的极限平衡条件式（5-5）可求出土体处于极限平衡状态时所能承受的最大主应力 σ_{1f}，或根据实际最大主应力 σ_1 及土的极限平衡条件式（5-6）就求出土体处于极限平衡状态时所能承受的最小主应力 σ_{3f}，再比较计算值与实际值，即可判断该点所处的状态。

1）当 $\sigma_1 < \sigma_{1f}$ 或 $\sigma_3 > \sigma_{3f}$ 时，土体中该点处于稳定平衡状态。

2）当 $\sigma_1 = \sigma_{1f}$ 或 $\sigma_3 = \sigma_{3f}$ 时，土体中该点处于极限平衡状态。

3）当 $\sigma_1 > \sigma_{1f}$ 或 $\sigma_3 < \sigma_{3f}$ 时，土体中该点处于破坏状态。

【例题 5-1】 地基中某一点上的大主应力 $\sigma_1 = 450kPa$，小主应力 $\sigma_3 = 120kPa$。通过试验测得土的抗剪强度指标 $c = 20kPa$，$\varphi = 26°$，试判断该点土体所处的状态。

解： 根据土的极限平衡条件，大主应力 $\sigma_1 = 450kPa$ 时土体处于极限平衡状态，所对应的小主应力 σ_{3f} 为

$$\sigma_{3f} = \sigma_1 \tan^2\left(45° - \frac{\varphi}{2}\right) - 2c\tan\left(45° - \frac{\varphi}{2}\right)$$

$$= 450 \times \tan^2\left(45° - \frac{26°}{2}\right) - 2 \times 20 \times \tan\left(45° - \frac{26°}{2}\right)$$

$$= 150.5kPa > \sigma_3 = 120kPa$$

故该点土体处于破坏状态。上述计算也可以根据实际最小主应力计 σ_3 计算 σ_{1f} 的方法进行。

5.2 土的抗剪强度指标的测定

土的抗剪强度指标包括内摩擦角 φ 和黏聚力 c，是确定地基土的承载力、挡土墙的土压力等的重要指标。因此，正确测定和选择土的抗剪强度指标是土工试验与设计计算中十分重要的问题。试验方法有直接剪切试验、三轴压缩试验、无侧限抗压试验和十字板剪切试验。

5.2.1 直接剪切试验

1. 试验设备

直接剪切试验是测定土的抗剪强度的最简单的方法。直剪试验所使用的仪器称为直剪仪，按加荷方式的不同，直剪仪可分为应变控制式和应力控制式两种。我国目前普遍采用的是应变控制式直剪仪，该仪器主要部件由固定的上盒和活动的下盒组成，试样放在盒内上下两块透水石之间，如图 5-5 所示。

2. 试验原理

对某一种土体而言，一定条件下抗剪强度指标 c、φ 值为常数，所以，τ_f 与 σ 为线性关系，试验中，通常对同一种土取 4 个试件，分别在不同的垂直压力 p 下，施加水平剪切力进行剪切，使试件沿人为制造的水平面剪坏，得到 4 组数据（τ，σ），其中，τ 为剪切破坏面上所受最大切应力，σ 为相应正应力，这 4 组数据对应以 τ 为纵坐标，σ 为横坐标的坐标系中的 4 个点，根据 4 点绘一直线，直线的倾角为土的内摩擦角 φ，纵轴截距为土的黏聚力 c，如图 5-6 所示。

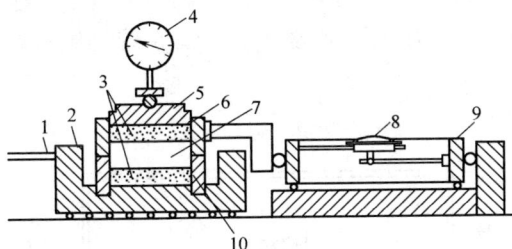

图 5-5 应变控制式直剪仪

1—轮轴 2—底座 3—透水石 4—量表 5—活塞 6—上盒
7—土样 8—量表 9—量力环 10—下盒

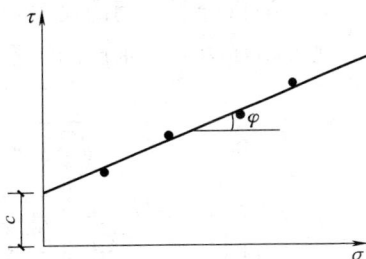

图 5-6 切应力 τ 与正应力 σ 的关系曲线

3. 试验方法

试验和工程实践表明，土的抗剪强度与土受力后的排水固结状况有关。故测定抗剪强度指标的试验方法应与现场的施工加荷条件一致。为了近似模拟土体的实际排水固结状况，按剪切前的固结程度、剪切时排水条件及加荷速率，把剪切试验分为快剪、固结快剪和慢剪三种试验方法。

（1）快剪。快剪试验是在对试样施加竖向压力后，立即以 0.8mm/min 的剪切速率快速施加水平剪应力使试样剪切破坏。一般从加荷到土样剪坏只需 3~5min。

该方法用于模拟在土体来不及固结排水就较快加载的情况。在实际工程中，对渗透性差，排水条件不良，建筑物施工速度快的地基土或斜坡稳定分析时，可采用快剪。

（2）固结快剪。固结快剪是在对试样施加竖向压力后，让试样充分排水固结，待沉降稳定后，再以 0.8 mm/min 的剪切速率快速施加水平剪应力使试样剪切破坏。

该方法用于模拟建筑场地上土体在自重和正常荷载作用下达到完全固结，而后遇到突然施加荷载的情况。例如，地基土受到地震荷载的作用属于此情况。

（3）慢剪。慢剪是在对试样施加竖向压力后，让试样充分排水固结，待沉降稳定后，以小于 0.02 mm/min 的剪切速率施加水平剪应力直至试样剪切破坏，使试样在受剪过程中一直充分排水和产生体积变形。

该方法用于模拟在实际工程中，土的排水条件良好（如砂土层中夹砂层）、地基土透水性良好（如低塑性黏土）且加荷速率慢的情况。

4. 优缺点

（1）优点。设备简单、操作方便、固结快、试验历时短。

（2）缺点。

1）剪切面限定在上下盒之间的平面，而不是沿土样最薄弱的面剪切破坏。

2）剪切面上剪应力分布不均匀，土样剪切破坏先从边缘开始，在边缘产生应力集中现象。

3）在剪切过程中，土样剪切面逐渐缩小，而在计算抗剪强度时仍按土样的原截面面积计算。

4）试验时不能严格控制排水条件，并且不能量测孔隙水压力。

5.2.2 三轴压缩试验

1. 试验设备

三轴压缩试验所使用的仪器是三轴压缩仪（也称三轴剪切仪），其构造示意图如图 5-7 所示，主要由压力室、轴向加压系统、周围压力系统以及孔隙水压力量测系统等组成。

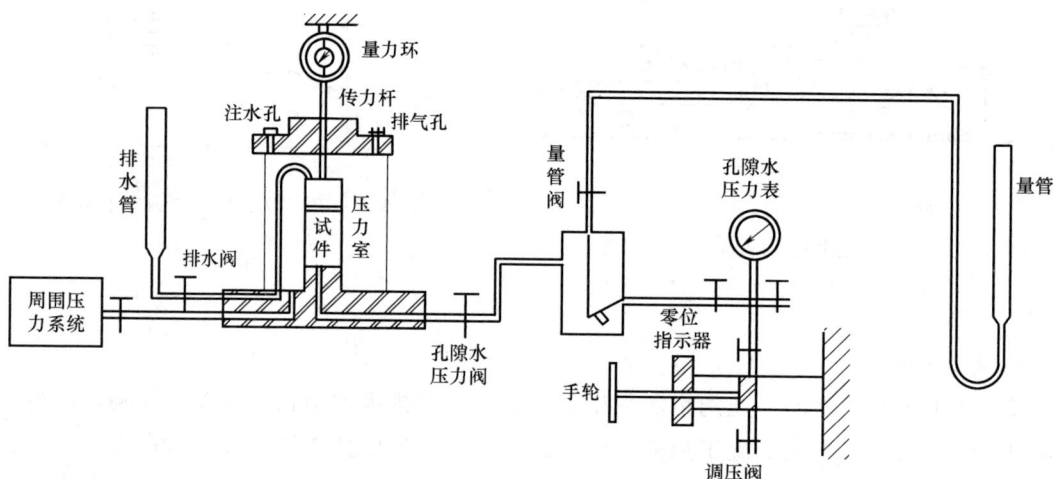

图 5-7 三轴压缩仪

2. 试验原理

取 3 个性质相同的圆柱体试件，分别先在其四周施加不同的围压（即小主应力）σ_3，随后逐渐增大大主应力 σ_1，直到破坏为止。如图 5-8 所示，根据破坏时的大主应力 σ_1 和小主应力 σ_3 绘制 3 个莫尔圆，莫尔圆的包络线就是抗剪强度与正应力的关系曲线。通常以近似的直线表示，其对横轴的倾角为内摩擦角 φ，在纵轴上的截距为黏聚力 c。

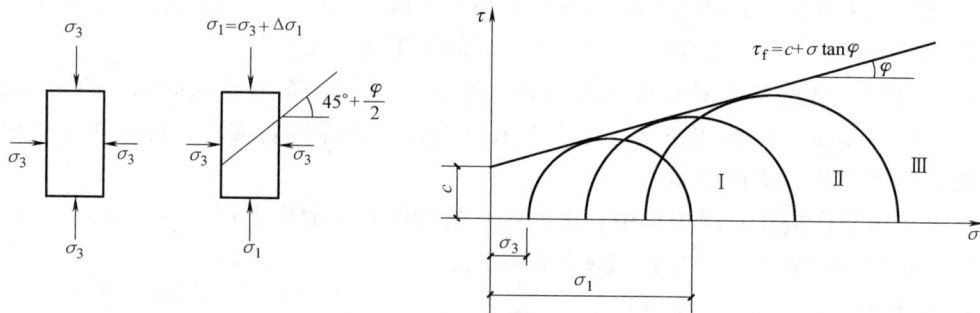

图 5-8 三轴试验原理

3. 试验方法

三轴压缩试验按剪切前受到周围压力 σ_3 的固结状态和固结时的排水条件，分为如下三种方法：

（1）不固结不排水剪试验（UU 试验）。试样在施加周围压力和随后施加轴向压应力直至剪坏的整个试验过程中都不允许排水，相当于饱和软黏土中快速加荷时的应力状况。

不固结不排水试验

（2）固结不排水剪试验（CU 试验）。在施加周围压力 σ_3 时，将排水阀门打开，允许试样充分排水，待固结稳定后关闭排水阀门，然后再施加轴向压应力，使试样在不排水的条件下剪切破坏。在剪切过程中，试样没有任何体积变形。若要在受剪过程中量测孔隙水压力，则要打开试样与孔隙水压力量测系统间的管路阀门。

固结不排水试验

（3）固结排水剪试验（CD 试验）。在施加周围压力及随后施加轴向压应力直至剪坏的整个试验过程中都将排水阀门打开，并给予充分的时间，让试样中的孔隙水压力能够完全消散。

4. 优缺点

（1）优点。

1）能够控制排水条件以及可以量测土样中孔隙水压力的变化。

固结排水试验

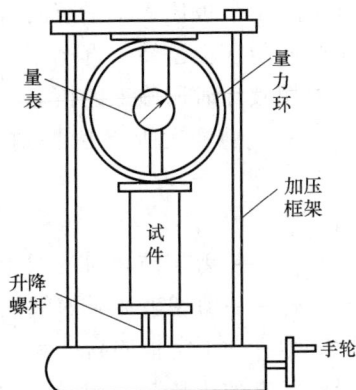

2）与直接剪切试验相比，试样中的应力状态相对比较明确和均匀，不硬性指定破裂面位置。

3）除抗剪强度指标外，还可测定土的灵敏度、侧压力系数、孔隙水压力等力学指标。

（2）缺点。

1）仪器设备复杂，试样制作较复杂，操作技术要求高。

2）试验在轴对称条件下进行，与土体实际受力情况可能不符。

5.2.3 无侧限抗压强度试验

1. 试验设备

无侧限抗压试验实际上是三轴试验的一种特殊情况，即周围压力 $\sigma_3 = 0$ 的三轴试验，适用于饱和黏性土，其主要设备应变式无侧限压缩仪由测力计、加压框架、升降设备组成，如图 5-9 所示。

2. 试验原理

试验时，在不加任何侧向压力的情况下，对圆柱体试样施加轴向压力，直至试样剪切破坏为止。试样破坏时的轴向压力以 q_u 表示，称为无侧限抗压强度。

由于不能施加周围压力，因而根据试验结果，只能作一个极限应力圆，难以得到破坏包线，如图 5-10 所示。饱和黏性土的三轴不固结不排水试验结果表明，其破坏包线为一水平线，即 $\varphi_u = 0$。因此，对于饱和黏性土的不排水抗剪强度，就可利用无侧限抗压强度 q_u 来得到，即

图 5-9　无侧限压缩仪

$$\tau_{\mathrm{f}} = c_{\mathrm{u}} = \frac{q_{\mathrm{u}}}{2} \qquad (5\text{-}8)$$

式中 τ_{f}——土的不排水抗剪强度，单位为 kPa；

c_{u}——土的不排水黏聚力，单位为 kPa；

q_{u}——无侧限抗压强度，单位为 kPa。

无侧限抗压强度试验除了可以测定饱和黏性土的抗剪强度指标外，还可以测定饱和黏性土的灵敏度。

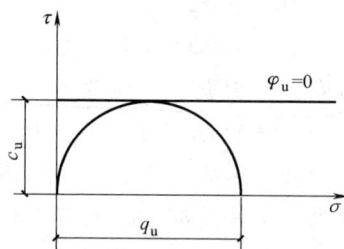

图 5-10　无侧限抗压强度试验

5.2.4　十字板剪切试验

1. 试验设备

十字板剪切试验采用的试验设备主要是十字板剪力仪。十字板剪力仪由十字板头、扭力装置和量测装置三部分组成，如图 5-11 所示。

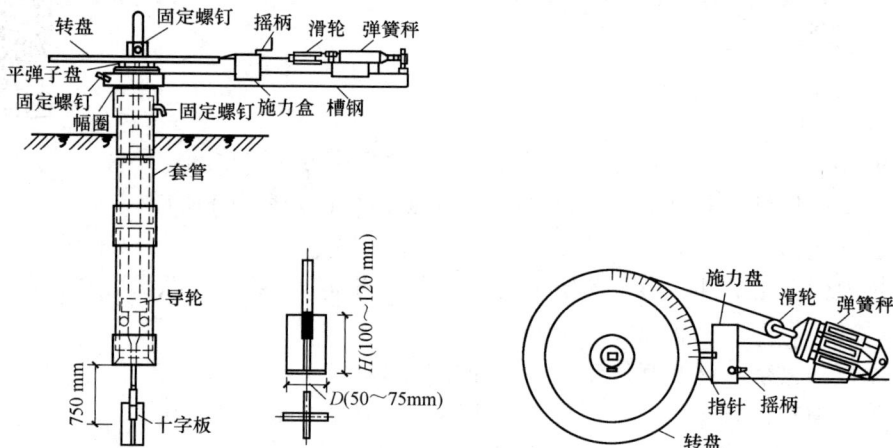

图 5-11　十字板剪力仪

2. 试验原理

试验时，先把套管打到拟测试深度以上 75cm，将套管内的土清除，再通过套管将安装在钻杆下的十字板压入土中至测试的深度。加荷则由地面上的扭力装置对钻杆施加扭矩，使埋在土中的十字板扭转，直至土体剪切破坏，形成圆柱面破坏面。

设剪切破坏时所施加的扭矩为 M_{max}，则它应该与剪切破坏圆柱面（包括侧面和上下底面）上土的抗剪强度所产生的抵抗力矩相等，即

$$M_{\mathrm{max}} = \frac{1}{6}\pi D^3 \tau_{\mathrm{h}} + \frac{1}{2}\pi D^2 H \tau_{\mathrm{v}} \qquad (5\text{-}9)$$

式中 M_{max}——剪切破坏时的扭矩，单位为 kN·m；

τ_{h}、τ_{v}——剪切破坏时的圆柱体上下底面和侧面土的抗剪强度，单位为 kPa；

H、D——十字板的高度和直径，单位为 m。

天然状态的土体是各向异性的，为了简化计算，假定土体为各向同性体，即 $\tau_{\mathrm{f}} = \tau_{\mathrm{v}} = \tau_{\mathrm{h}}$，则式（5-9）可写成

$$\tau_{\mathrm{f}}=\frac{M_{\max}}{\frac{\pi D^2}{2}\left(\frac{D}{3}+H\right)}$$

(5-10)

式中 τ_{f}——现场由十字板测定的土的抗剪强度，单位为 kPa。

3. 优缺点

十字板剪切试验是一种土的抗剪强度的原位测试方法，适用于饱和软黏土。具有构造简单，操作方便，原位测试时对土的扰动较小等优点，实际中应用较广泛。但当软土层中夹砂薄层时，测试结果可能失真。

5.3 地基承载力

5.3.1 地基破坏形式

试验研究表明，建筑地基在荷载作用下往往由于承载力不足而产生剪切破坏，其破坏形式可以分为整体剪切破坏、局部剪切破坏和冲剪破坏三种，如图 5-12 所示。

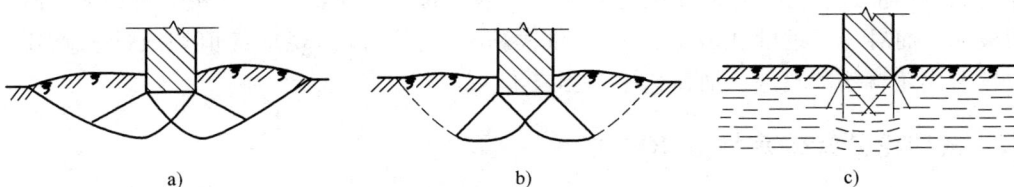

图 5-12 地基的破坏形式
a）整体剪切破坏 b）局部剪切破坏 c）冲剪破坏

1. 整体剪切破坏

整体剪切破坏的荷载与沉降关系曲线即 p-s 曲线，如图 5-13 中曲线 A 所示，地基破坏过程可分为三个阶段。

（1）线性变形阶段（压密阶段）。这一阶段，p-s 曲线接近于直线（oa 段），土中各点的剪应力均小于土的抗剪强度，土体处于弹性平衡状态。地基的沉降主要是由于土的压密变形引起的。相应于 a 点的荷载称为比例界限荷载（临塑荷载），以 p_{cr} 表示。

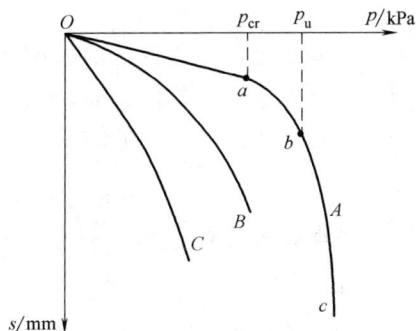

图 5-13 不同类型的 p-s 曲线

（2）塑性变形阶段（剪切阶段）。这一阶段 p-s曲线已不再保持线性关系（ab 段），沉降的增长率随荷载的增大而增加。地基土中局部范围内（首先在基础边缘处）的剪应力达到土的抗剪强度，土体发生剪切破坏，这些区域也称塑性区。随着荷载的继续增加，土中塑性区的范围逐步扩大，直到土中形成连续的滑动面。b 点对应的荷载称为极限荷载，以 p_{u} 表示。

（3）完全破坏阶段。当荷载超过极限荷载后，土中塑性区范围不断扩展，最后在土中

59

形成连续滑动面，基础急剧下沉或向一侧倾斜，土从基础四周挤出，地面隆起，地基发生整体剪切破坏。通常称为完全破坏阶段，p-s 曲线陡直下降（bc 段）。

2. 冲剪破坏

冲剪破坏一般发生在基础刚度较大且地基土十分软弱的情况下。其 p-s 曲线如图 5-13 中曲线 C 所示。

冲剪破坏的特征：随着荷载的增加，基础下土层发生压缩变形，基础随之下沉。当荷载继续增加，基础四周的土体发生竖向剪切破坏，基础刺入土中。冲剪破坏时，地基中没有出现明显的连续滑动面，基础四周地面不隆起，而是随基础的刺入微微下沉。冲剪破坏伴随有过大的沉降，没有倾斜的发生，p-s 曲线无明显拐点。

3. 局部剪切破坏

这种破坏形式的特征是介于整体剪切破坏与冲剪破坏之间，其破坏过程与整体剪切破坏有类似之处，但 p-s 曲线无明显的三阶段，如图 5-13 中曲线 B 所示。

局部剪切破坏的特征：p-s 曲线从一开始就呈非线性关系；地基破坏是从基础边缘开始，但是滑动面未延伸到地表，而是终止在地基土内部某一位置；基础两侧的土体微微隆起，基础一般不会明显倾斜或倒塌。

地基的破坏形式主要与土的压缩性有关，一般来说，对于密实砂土和坚硬黏土将出现整体剪切破坏，而对于压缩性比较大的松砂和软黏土，将可能出现局部剪切或冲剪破坏。此外，破坏形式还与基础埋深、加荷速率等因素有关。

5.3.2 按理论公式确定地基承载力

目前，地基承载力的计算理论仅限于整体剪切破坏，对于局部剪切破坏和冲剪破坏尚无可靠的计算方法，通常先按整体剪切破坏形式进行计算，再作一些修改。

1. 临塑荷载

临塑荷载是地基土中将要出现但尚未出现塑性变形区时的基底压力。其计算公式为

$$p_{cr} = \gamma_0 d N_d + c N_c \tag{5-11}$$

式中　γ_0——基础埋深范围内土的重度，单位为 kN/m³；

　　d——基础埋深，单位为 m；

　　c——基础底面以下土的黏聚力，单位为 kPa；

　　N_d，N_c——承载力系数，$N_d = \dfrac{\cot\varphi + \varphi + \dfrac{\pi}{2}}{\cot\varphi + \varphi - \dfrac{\pi}{2}}$，$N_c = \dfrac{\pi\cot\varphi}{\cot\varphi + \varphi - \dfrac{\pi}{2}}$；

　　φ——基础底面以下土的内摩擦角，rad。

在工程中，可采用计算得到的临塑荷载 p_{cr} 作为地基承载力的特征值 f_a。

2. 临界荷载

工程实践表明，即使地基中存在塑性区的发展，只要塑性区范围不超出某一限度，就不致影响建筑物的正常使用和安全。因此，以 p_{cr} 作为地基土的承载力偏于保守。

地基塑性区发展的允许深度与建筑物类型、荷载性质以及土的特性等因素有关，目前尚无统一意见。一般认为，在中心垂直荷载作用下，塑性区的最大发展深度 Z_{max} 可控制在基

础宽度的 1/4，即 $Z_{max}=b/4$；而对于偏心荷载作用的基础，可取 $Z_{max}=b/3$，与它们相对应的荷载分别用 $p_{1/4}$、$p_{1/3}$ 表示，称为临界荷载。其计算公式为

$$p_{1/4}=\gamma b N_{1/4}+\gamma_0 d N_d+c N_c \qquad (5\text{-}12)$$

$$p_{1/3}=\gamma b N_{1/3}+\gamma_0 d N_d+c N_c \qquad (5\text{-}13)$$

式中　$N_{1/4}$，$N_{1/3}$——承载力系数，$N_{1/4}=\dfrac{\pi}{4\left(\cot\varphi+\varphi-\dfrac{\pi}{2}\right)}$，$N_{1/3}=\dfrac{\pi}{3\left(\cot\varphi+\varphi-\dfrac{\pi}{2}\right)}$；

　　γ——基础底面以下土的重度，地下水位以下取有效重度，单位为 kN/m^3；

　　b——基础宽度，单位为 m；

　　其余符号同前。

必须指出，上述公式是在条形均布荷载条件下推导出来的，对矩形和圆形基础，其结果偏于安全。

3. 极限荷载

地基的极限荷载是指地基在外荷作用下，产生的应力达到极限平衡时的荷载。求解极限荷载的方法很多，其一般计算公式为

$$p_u=\frac{1}{2}\gamma b N_r+c\cdot N_c'+q\cdot N_q \qquad (5\text{-}14)$$

式中　　　q——基础的旁侧荷载，其值为基础埋深范围内土的自重应力，单位为 kPa；

N_r、N_c'、N_q——地基承载系数。

极限荷载是地基开始滑动破坏的荷载，因此用作地基承载力特征值时必须以一定的安全度予以折减。安全系数 k 值的大小应根据建筑工程的等级、规模、重要性及各种极限荷载公式的理论、假定条件与适用情况而确定，通常可取 $2\sim3$。

5.3.3　按规范推荐公式确定地基承载力

《建筑地基基础设计规范》（GB 50007—2011）推荐下式作为地基承载力特征值的理论计算公式。

$$f_a=M_b\cdot\gamma b+M_d\cdot\gamma_m d+M_c\cdot c_k \qquad (5\text{-}15)$$

式中　　　f_a——由土的抗剪强度指标确定的地基承载力特征值，单位为 kPa；

M_b，M_d，M_c——承载力系数，可查表 5-1；

　　γ——基础底面以下土的重度，地下水位以下取有效重度，单位为 kN/m^3；

　　b——基础底面宽度，大于 6m 时按 6m 取值，对于砂土小于 3m 时按 3m 取值；

　　γ_m——基础底面以上土的加权平均重度，地下水位以下取有效重度，单位为 kN/m^3；

　　c_k——基底下一倍短边宽深度内土的黏聚力标准值，单位为 kPa。

　　d——基础埋置深度，单位为 m，一般自室外地面标高算起。在填方整平地区，可自填土地面标高算起，但填土在上部结构施工后完成时，应从天然地面标高算起。对于地下室，如采用箱形基础或筏基时，基础埋置深度自室外地面标高算起；当采用独立基础或条形基础时，应从室内地面标高算起。

式（5-15）是以 $p_{1/4}$ 为基础得来的，适用于偏心距 $e \leqslant 0.033$ 倍基础底面宽度的情况。

表 5-1　承载力系数 M_b、M_d、M_c

土的内摩擦角标准值 $\varphi_k/(°)$	M_b	M_d	M_c
0	0	1.00	3.14
2	0.03	1.12	3.32
4	0.06	1.25	3.51
6	0.10	1.39	3.71
8	0.14	1.55	3.93
10	0.18	1.73	4.17
12	0.23	1.94	4.42
14	0.29	2.17	4.69
16	0.36	2.43	5.00
18	0.43	2.72	5.31
20	0.51	3.06	5.66
22	0.61	3.44	6.04
24	0.80	3.87	6.45
26	1.10	4.37	6.90
28	1.40	4.93	7.40
30	1.90	5.59	7.95
32	2.60	6.35	8.55
34	3.40	7.21	9.22
36	4.20	8.25	9.97
38	5.00	9.44	10.80
40	5.80	10.84	11.73

注：φ_k——基底下一倍短边宽度的深度范围内土的内摩擦角标准值（°）。

【例题 5-2】　某柱下独立基础，基础尺寸 2.2m×2.8m，基础埋深 2.5m。场地土为粉土，地下水位在地表以下 2.0m 处，地下水位以上土的重度 $\gamma = 17.6 \text{kN/m}^3$，地下水位饱和土重度 $\gamma_{sat} = 19 \text{kN/m}^3$，土的黏聚力 $c_k = 13 \text{kPa}$，内摩擦角 $\varphi_k = 20°$。试按规范推荐的公式确定地基承载力特征值。

解：（1）查表确定 M_b、M_d、M_c

由 $\varphi_k = 20°$，查表 5-1 得 $M_b = 0.51$，$M_d = 3.06$，$M_c = 5.66$

（2）计算基础以上土的加权平均重度

$$\gamma_m = \frac{17.6 \times 2.0 + (19-10) \times 0.5}{2.5} = 15.9 \text{kN/m}^3$$

（3）确定地基承载力特征值

由式（5-15）得

$$f_a = M_b \cdot \gamma b + M_d \cdot \gamma_m d + M_c \cdot c_k$$

$$= 0.51 \times (19-10) \times 2.2 + 3.06 \times 15.9 \times 2.5 + 5.66 \times 13$$

$$= 205.3 \text{kPa}$$

5.3.4　现场载荷试验确定地基承载力

1. 载荷试验特点

载荷试验是一种原位测试技术，能模拟建筑物地基的实际受荷条件，比较准确地反映地基土受力状态和变形特征，是直接确定地基承载力最可靠的方法。

载荷试验

2. 适用范围

载荷试验包括浅层平板载荷试验和深层平板载荷试验。浅层平板载荷试验适用于浅层地基；深层平板载荷试验适用于深层地基。

3. 浅层平板载荷试验

现场浅层平板载荷试验如图 5-14 所示，试验时，将一个刚性承压板平置于欲试验的土层表面，通过千斤顶或重块在板上分级施加荷载，观测记录沉降随时间的发展及稳定时的沉降量 s，将上述试验得到的各级荷载与相应的稳定沉降量绘制成 p-s 曲线，由此曲线即可确定地基承载力和地基土变形模量。

地基承载力特征值的确定应符合下列要求：

1）当 p-s 曲线上有比例界限时，如密实砂土、硬塑黏土等低压缩性土，取该比例界限所对应的荷载值作为承载力特征值，如图 5-15a 所示。

2）当极限荷载小于等于比例界限的荷载值的 2 倍时，取 $p_u/2$ 作为承载力特征值。

3）当不符合上述两种情况时，

图 5-14　现场浅层平板载荷试验示意图
1—承压板　2—千斤顶　3—百分表　4—平台　5—支墩　6—堆载

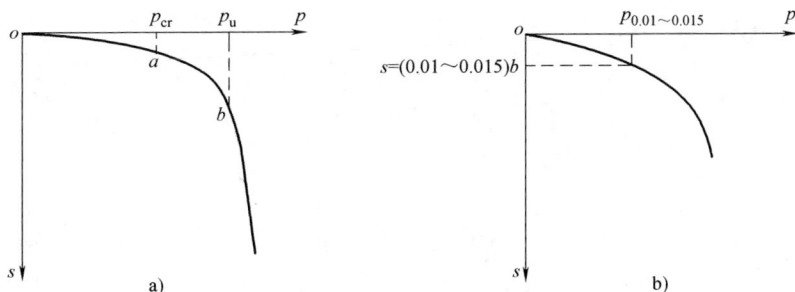

规范规定，当压板面积为 $0.25 \sim 0.5 m^2$，可取 $s/b = 0.01 \sim 0.015$ 所对应的荷载作为承载力特征值，但其值不应大于最大加载量的一半，如图 5-15b 所示。

除载荷试验外，地基承载力特征值还可采用静力触探、动力触探、标准贯入试验等原位测试确定。

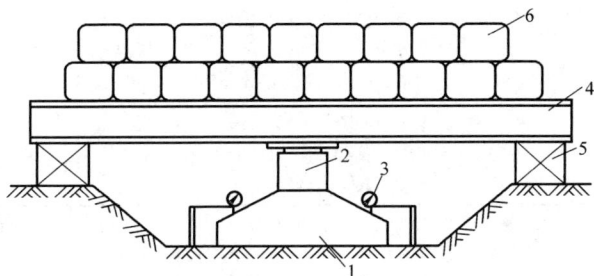

图 5-15　载荷试验确定地基承载力特征值
a）有明显转折点的 p-s 曲线　b）无明显转折点的 p-s 曲线

5.3.5 地基承载力特征值的修正

当基础宽度人于3m或埋置深度大于0.5m时，从载荷试验或其他原位测试、经验值等方法确定的地基承载力特征值，应按下式进行宽度和深度修正

$$f_a = f_{ak} + \eta_b \gamma (b-3) + \eta_d \gamma_m (d-0.5) \tag{5-16}$$

式中　f_a——修正后的地基承载力特征值，单位为kPa；

　　　f_{ak}——地基承载力特征值，单位为kPa；

　η_b、η_d——基础宽度和埋深的地基承载力修正系数，按基底下土的类别查表5-2确定。

表5-2　承载力修正系数

土的类别		η_b	η_d
淤泥和淤泥质土		0	1.0
人工填土 e 或 I_L 大于等于0.85的黏性土		0	1.0
红黏土	含水比 $a_w > 0.8$	0	1.2
	含水比 $a_w \leq 0.8$	0.15	1.4
大面积 压实填土	压实系数大于0.95、黏粒含量 $\rho_c \geq 10\%$ 的粉土	0	1.5
	最大干密度大于2100kg/m³的级配砂石	0	2.0
粉土	黏粒含量 $\rho_c \geq 10\%$ 的粉土	0.3	1.5
	黏粒含量 $\rho_c < 10\%$ 的粉土	0.5	2.0
e 及 I_L 均小于0.85的黏性土		0.3	1.6
粉砂、细砂(不包括很湿与饱和时的稍密状态)		2.0	3.0
中砂、粗砂、砾砂和碎石土		3.0	4.4

注：1. 强风化和全风化的岩石，可参照所风化成的相应土类取值，其他状态下的岩石不修正。
　　2. 含水比为土的天然含水量与液限的比值。
　　3. 大面积压实填土是指填土范围大于两倍基础宽度的填土。

【例题5-3】　已知某独立基础，基础底面积为3.2m×3.2m，埋深 $d=1.8$m，基础埋深范围内土的重度 $\gamma_m = 16$kN/m³，基础底面下为较厚的黏土层，重度 $\gamma = 18$kN/m³，孔隙比 $e=0.82$，液性指数 $I_L = 0.78$，地基承载力特征值 $f_{ak} = 128$kPa。试求修正后的地基承载力特征值。

解：（1）查表确定 η_b 和 η_d

已知黏土层的孔隙比 $e=0.82$，液性指数 $I_L = 0.78$，查表5-2得 $\eta_b = 0.3$，$\eta_d = 1.6$。

（2）确定修正后地基承载力特征值

代入式（5-16）得

$$\begin{aligned}f_a &= f_{ak} + \eta_b \gamma (b-3) + \eta_d \gamma_m (d-0.5)\\ &= 128 + 0.3 \times 18 \times (3.2-3) + 1.6 \times 16 \times (1.8-0.5)\\ &= 162.36\text{kPa}\end{aligned}$$

思　考　题

5-1　何谓土的抗剪强度？土的抗剪强度指标是什么？同一种土的抗剪强度是不是一个定值？为什么？

5-2　何谓土的极限平衡条件和极限平衡状态?

5-3　土体发生剪切破坏的平面是否为剪应力最大的平面?在什么情况下,破裂面与最大剪应力面一致?

5-4　土的抗剪强度指标的测定方法有哪些?各有何优缺点?

5-5　地基的破坏形式有哪些?各有何特点?

5-6　试述临塑荷载、临界荷载和极限荷载的意义。

5-7　确定地基承载力的方法有哪些?

习　　题

5-1　某土的内摩擦角和黏聚力分别为 $\varphi = 30°$,$c = 15\text{kPa}$,若 $\sigma_3 = 120\text{kPa}$,求:

(1)达到极限平衡时的大主应力。

(2)极限平衡面与大主应力面的夹角。

(3)当 $\sigma_1 = 340\text{kPa}$ 时,土体是否被剪切破坏?

5-2　已知某承受中心荷载的柱下独立基础,底面尺寸为 $3.0\text{m} \times 3.2\text{m}$,埋深 $d = 1.8\text{m}$,地基土为粉土,黏粒含量 $\rho_c = 5\%$,重度 $\gamma = 17.5\text{kN/m}^3$,地基承载力特征值 $f_{ak} = 160\text{kPa}$,试对地基承载力特征值进行修正。

第六章

土压力与土坡稳定分析

知识目标

（1）掌握三种土压力的基本概念。

（2）掌握朗肯土压力理论。

（3）了解库仑土压力理论。

（4）掌握挡土墙的类型。

（5）掌握重力式挡土墙的计算与构造。

（6）了解土坡稳定分析的理论与方法。

能力目标

（1）能将静止土压力、主动土压力的计算方法应用于工程实际。

（2）能进行一般重力式挡土墙的设计。

（3）能判断无黏性土土坡稳定性。

重点与难点

土压力的计算理论和计算方法、挡土墙设计、土坡稳定分析方法。

土压力通常是指挡土墙后的填土因自重或外荷载作用对墙背产生的侧压力。挡土墙（或挡土结构）是防止土体坍塌的构筑物，在房屋建筑、水利、铁路工程以及桥梁中得到广泛应用。由于土压力是挡土墙的主要外荷载，因此，设计挡土墙时，首先要确定土压力的性质、大小、方向和作用点。

挡土墙的应用

6.1 土压力的类型

6.1.1 土压力的分类

土压力的大小及分布规律受多种因素影响，对同一结构及土体，土压力的大小主要取决于支挡结构位移方向和大小。根据挡土墙的位移情况和墙后土体所处的应力状态，通常将土压力分为主动土压力、被动土压力、静止土压力三种，如图6-1所示。

1. 主动土压力

若挡土墙在土压力作用下离开土体向前移动或转动，这时作用在墙后的土压力将逐渐减小，当墙后土体达到极限平衡状态，并出现连续滑动面而使得土体下滑时，土压力减至最小值，此时的土压力称为主动土压力。主动土压力的合力用 E_a 表示，主动土压力强度用 σ_a 表示，如图6-1a所示。

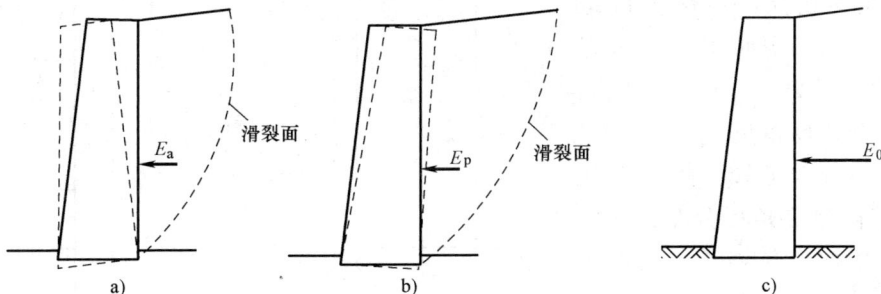

图6-1 土压力类型
a）主动土压力 b）被动土压力 c）静止土压力

2. 被动土压力

若挡土墙在外荷载作用下，向填土方向移动或转动，这时作用在墙后的土压力将逐渐增大，直至墙后土体达到极限平衡状态，并出现连续滑动面，墙后土体将向上挤出隆起，土压力增至最大值，此时的土压力称为被动土压力。被动土压力的合力用 E_p 表示，被动土压力强度用 σ_p 表示，如图6-1b所示。

3. 静止土压力

挡土墙在土压力作用下不发生任何位移或转动，墙后土体处于弹性平衡状态，这时作用在墙背的土压力称为静止土压力。作用在单位长度挡土墙上静止土压力的合力用 E_0 表示，静止土压力强度用 σ_0 表示，如图6-1c所示。

6.1.2 三种土压力之间的大小关系

图6-2给出了土压力与挡土墙水平位移之间的关系，由图6-2可以看出，产生被动土压力所需位移 Δ_p 远大于产生主动土压力所需位移 Δ_a。

研究表明，在相同条件下，静止土压力大于主动土压力，而小于被动土压力，即 $E_p > E_0 > E_a$。

6.1.3 静止土压力计算

作用于挡土墙背面的静止土压力可看作土

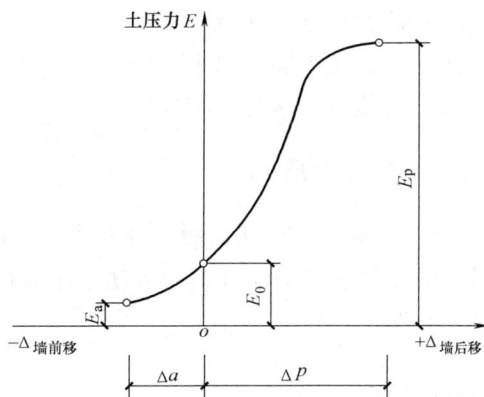

图6-2 土压力与挡土墙的位移关系

体自重应力的分量，在墙后土体中深度 z 处任取一单元体，如图 6-3 所示。若土的重度为 γ，则 $\sigma_z = \gamma z$，$\sigma_x = K_0 \gamma z$。根据静止土压力的定义，则静止土压力强度为

$$\sigma_0 = \sigma_x = K_0 \gamma z \qquad (6-1)$$

式中　γ——墙后填土的重度，单位为 kN/m^3；

　　　K_0——土的侧压力系数或静止土压力系数。

静止土压力系数 K_0 与土的性质、密实程度等因素有关，一般砂土可取 $0.35 \sim 0.50$，黏性土可取 $0.50 \sim 0.70$。对正常固结土，可近似按半经验公式 $K_0 = 1 - \sin\varphi'$ 计算，φ' 为土的有效内摩擦角。

由式（6-1）可知，静止土压力强度沿墙高呈三角形分布，如图 6-3 所示。如取单位墙长，则作用在墙上的静止土压力为

$$E_0 = \frac{1}{2} K_0 \gamma H \cdot H \times 1 = \frac{1}{2} \gamma H^2 K_0$$
$$(6-2)$$

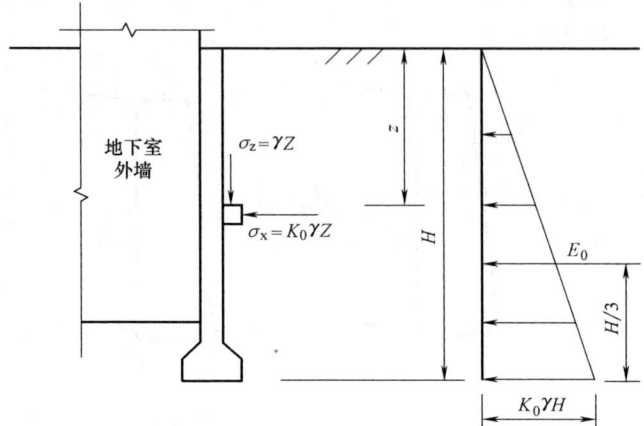

图 6-3　静止土压力的分布

式中　H——挡土墙墙高，单位为 m。

静止土压力 E_0 的作用点在距离墙底 $H/3$ 处，即静止土压力强度分布图形的形心处。

6.2　朗肯土压力理论

6.2.1　基本假设

朗肯土压力理论是根据土体在弹性半空间极限应力状态下，由土的极限平衡条件得出的土压力计算方法，分析时假设：

（1）墙背直立、光滑。

（2）墙后填土表面水平。

（3）土体为均质各向同性体。

6.2.2　主动土压力

如图 6-4a 所示，在墙后土体深度 z 处任取一单元体，当土体处于朗肯主动极限平衡状态时，由极限平衡条件可知，主动土压力强度 σ_a 为

无黏性土

$$\sigma_a = \gamma z K_a \qquad (6-3)$$

黏性土

$$\sigma_a = \gamma z K_a - 2c\sqrt{K_a} \qquad (6-4)$$

式中　K_a——主动土压力系数，$K_a = \tan^2\left(45° - \dfrac{\varphi}{2}\right)$；

　　　γ——墙后填土的重度，单位为 kN/m^3，地下水位以下取有效重度；

　　　z——计算点距填土表面的深度，单位为 m；

　　　c——填土的黏聚力，单位为 kPa，对无黏性土 $c = 0$；

　　　φ——填土的内摩擦角，单位为 (°)。

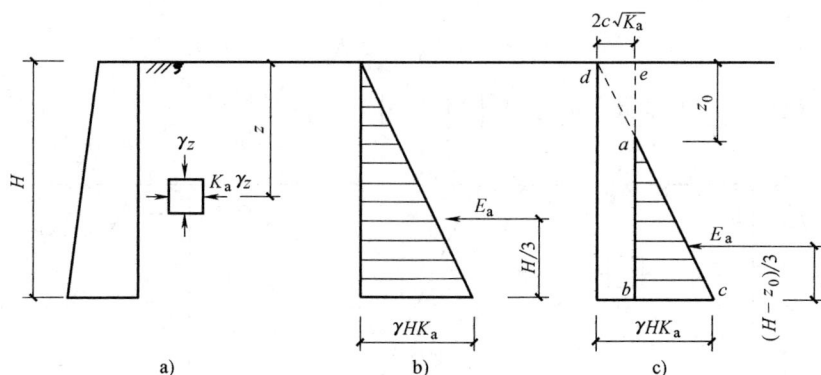

图 6-4　朗肯主动土压力分布

a) 主动土压力分布　b) 无黏性土　c) 黏性土

1. 无黏性土

由式（6-3）可知，无黏性土的主动土压力强度 σ_a 与深度成正比，沿墙高呈三角形分布，如图 6-4b 所示。若取单位墙长计算，则主动土压力 E_a 为

$$E_a = \frac{1}{2}\gamma H^2 K_a \qquad (6-5)$$

E_a 作用方向垂直于墙背，作用点在 $H/3$ 处。

2. 黏性土

由式（6-4）可知，黏性土的主动土压力强度由两部分组成，一部分是由土自重引起的土压力 $\gamma z K_a$，为正值；另一部分是由于黏性土黏聚力的存在而引起的负侧压力 $2c\sqrt{K_a}$，两部分叠加结果如图 6-4c 所示，其中 dea 部分为负值，对墙背是拉力，计算土压力时可忽略不计，黏性土的土压力分布实际上仅是 abc 部分。

图 6-4c 中 a 点离填土面的深度 z_0 称为临界深度，此处的主动土压力强度为零，即 $\gamma z_0 K_a - 2c\sqrt{K_a} = 0$，则

$$z_0 = \frac{2c}{\gamma\sqrt{K_a}} \qquad (6-6)$$

若取单位墙长计算，则主动土压力为

$$E_a = \frac{1}{2}\left(\gamma H K_a - 2c\sqrt{K_a}\right)(H - z_0) \qquad (6-7)$$

主动土压力 E_a 垂直于墙背，作用点在 $(H - z_0)/3$ 处。

6.2.3 被动土压力

如图 6-5a 所示，在墙后土体深度 z 处任取一单元体，当土体处于朗肯被动极限平衡状态时，由极限平衡条件可知，被动土压力强度 σ_p 为

无黏性土

$$\sigma_p = \gamma z K_p \tag{6-8}$$

黏性土

$$\sigma_p = \gamma z K_p + 2c\sqrt{K_p} \tag{6-9}$$

式中 K_p——被动土压力系数，$K_p = \tan^2\left(45° + \dfrac{\varphi}{2}\right)$。

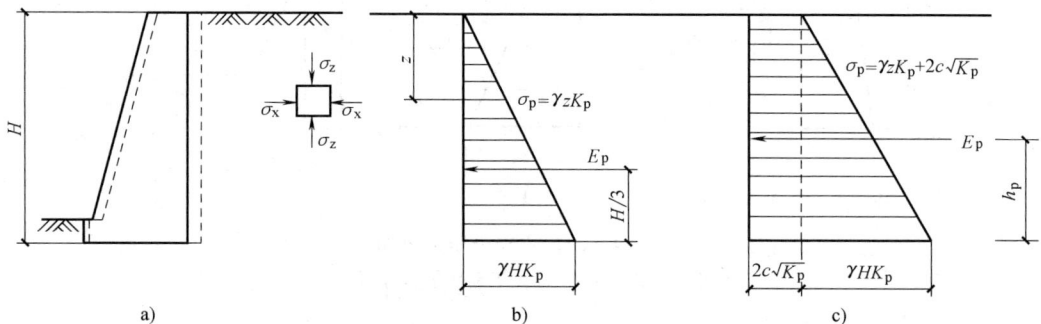

图 6-5 朗肯被动土压力强度分布

a）主动土压力分布 b）无黏性土 c）黏性土

1. 无黏性土

由式（6-8）可知，无黏性土被动土压力强度与 z 成正比，沿墙高呈三角形分布，如图 6-5b 所示。

若取单位墙长计算，则被动土压力为

$$E_p = \frac{1}{2}\gamma H^2 K_p \tag{6-10}$$

E_p 作用方向垂直于墙背，作用点在离墙底 $H/3$ 处。

2. 黏性土

由式（6-9）可知，黏性土的被动土压力强度由两部分组成。若取单位墙长计算，则被动土压力为

$$E_p = \frac{1}{2}\gamma H^2 K_p + 2cH\sqrt{K_p} \tag{6-11}$$

E_p 的作用方向垂直于墙背，其作用点通过梯形的形心。

【例题 6-1】 某挡土墙，高 8m，墙背直立、光滑，墙后填土面水平。填土为中密砂，其重度 $\gamma = 18\text{kN/m}^3$，内摩擦角 $\varphi = 30°$、黏聚力 $c = 0\text{kPa}$，如图 6-6 所示，求静止土压力、主动土压力、被动土压力及其作用点，并绘土压力分布图。

解：（1）静止土压力的计算

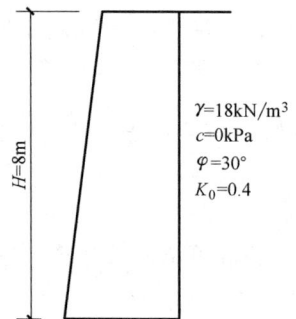

$\gamma = 18\text{kN/m}^3$
$c = 0\text{kPa}$
$\varphi = 30°$
$K_0 = 0.4$

图 6-6 例题 6-1 图

静止土压力系数　　　　　　　　$K_0 = 0.4$

墙底处土压力强度　　　　　$\sigma_0 = \gamma H K_0 = 18 \times 8 \times 0.4 = 57.6\text{kPa}$

静止土压力　　　　　$E_0 = \dfrac{1}{2}\gamma H^2 K_0 = \dfrac{1}{2} \times 18 \times 8^2 \times 0.4 = 230.4\text{kN/m}$

静止土压力作用点距墙底的距离　　$\dfrac{1}{3}H = 2.67\text{m}$

（2）主动土压力的计算

主动土压力系数　　　$K_a = \tan^2\left(45° - \dfrac{\varphi}{2}\right) = \tan^2\left(45° - 30°/2\right) = \dfrac{1}{3}$

墙底处土压力强度　　　　　$\sigma_a = \gamma H K_a = 18 \times 8 \times 1/3 = 48\text{kPa}$

主动土压力　　　　　$E_a = \dfrac{1}{2}\gamma H^2 K_a = \dfrac{1}{2} \times 18 \times 8^2 \times \dfrac{1}{3} = 192\text{kN/m}$

主动土压力作用点距墙底的距离　　$\dfrac{1}{3}H = 2.67\text{m}$

（3）被动土压力的计算

被动土压力系数　　　$K_p = \tan^2\left(45° + \dfrac{\varphi}{2}\right) = \tan^2\left(45° + 30°/2\right) = 3$

墙底处土压力强度　　　　　$\sigma_p = \gamma H K_p = 18 \times 8 \times 3 = 432\text{kPa}$

被动土压力　　　　　$E_p = \dfrac{1}{2}\gamma H^2 K_p = \dfrac{1}{2} \times 18 \times 8^2 \times 3 = 1728\text{kN/m}$

被动土压力作用点距墙底的距离　　$\dfrac{1}{3}H = 2.67\text{m}$

（4）绘制土压力分布图

静止土压力、主动土压力和被动土压力分布分别如图6-7、图6-8、图6-9所示。

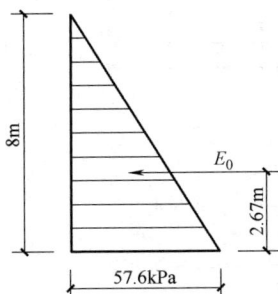

图6-7　静止土压力分布图　　　图6-8　主动土压力分布图　　　图6-9　被动土压力分布图

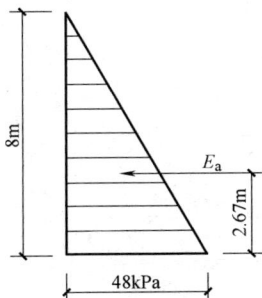

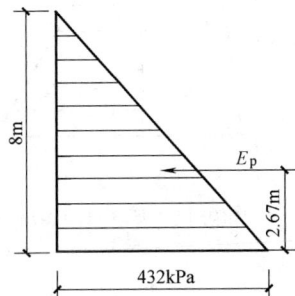

6.2.4　几种特殊情况下土压力计算

1. 填土表面有均布荷载

若墙后土体的表面有均匀荷载q作用时，则其填土深度z处的竖向应力增加为（$q+\gamma z$）。若填土为无黏性土，则墙后主动土压力强度为

$$\sigma_a = (\gamma z + q) K_a \qquad\qquad (6\text{-}12)$$

墙顶土压力强度 $\qquad\sigma_{a1} = q K_a$

墙底土压力强度 $\quad\sigma_{a2} = (q + \gamma H) K_a$

土压力强度分布如图 6-10 所示,土压力合力作用点在梯形的形心。

2. 成层填土

如图 6-11 所示,挡土墙后填土由不同性质的水平土层组成,若求填土面下 z 深度处土压力强度时,只需求出 z 深度处土的竖向应力。若填土为无黏性土,则其主动土压力强度为

$$\sigma_{a0} = 0$$

$$\sigma_{a1\text{上}} = \gamma_1 h_1 K_{a1}$$

$$\sigma_{a1\text{下}} = \gamma_1 h_1 K_{a2}$$

$$\sigma_{a2} = (\gamma_1 h_1 + \gamma_2 h_2) K_{a2}$$

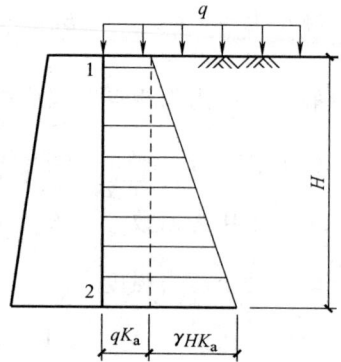

图 6-10 填土表面有均布荷载
时主动土压力分布图

合力大小为分布图形的面积,作用点位于分布图形的形心处。

3. 墙后填土有地下水

当墙后填土有地下水时,应分别计算土压力和水压力,然后两者叠加,即墙背总侧压力。在计算土压力时,应取有效重度 γ' 和有效抗剪强度指标 c'、φ'。如图 6-12 所示,$abdec$ 部分为土压力分布图,cef 部分为水压力分布图。

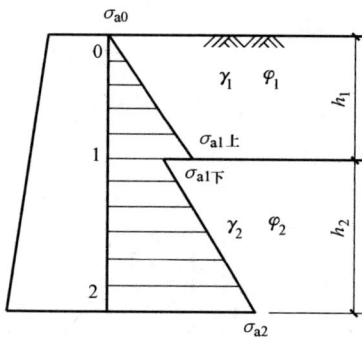

图 6-11 成层土主动土压力分布图

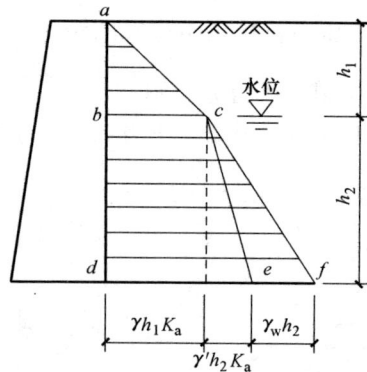

图 6-12 填土中有地下水

6.3 库仑土压力理论

6.3.1 基本假设

库仑理论是根据墙后滑动楔体的静力平衡条件建立的,并做了如下基本假设:

1)墙后填土是理想的散粒体(黏聚力 $c = 0$)。

2)滑动破坏面为一平面。

3）滑动土楔体视为刚体。

6.3.2 主动土压力的计算

当挡土墙向前移动或转动时，墙后土体作用在墙背上的土压力逐渐减少。当位移量达到一定值时，填土面出现过墙踵的滑动面 BC，土体处于极限平衡状态。如图 6-13a 所示，取滑动楔体 ABC 为隔离体进行受力分析，作用于土楔体 ABC 上的力有：

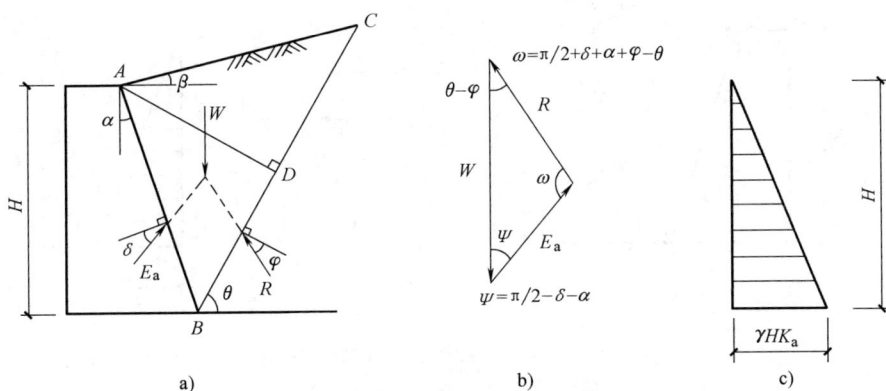

图 6-13 库仑主动土压力计算
a）土楔 ABC 上的作用力　b）力的三角形　c）主动土压力分布

1）土楔体自重 W，方向向下。
2）滑动面 BC 上的反力 R，方向与破坏面的法线的夹角为 φ。
3）墙背对土楔体的反力 E_a，它的反作用力即为填土对墙背的土压力。
由力的平衡条件，经整理后，可得库仑主动土压力为

$$E_a = \frac{1}{2}\gamma H^2 K_a \tag{6-13}$$

式中　K_a——库仑主动土压力系数。

$$K_a = \frac{\cos^2(\varphi-\alpha)}{\cos^2 a \cdot \cos(\delta+\alpha)\left[1+\sqrt{\dfrac{\sin(\delta+\varphi)\cdot\sin(\varphi-\beta)}{\cos(\delta+\alpha)\cdot\cos(\alpha-\beta)}}\right]^2} \tag{6-14}$$

式中　α——墙背与垂直线的夹角（°），俯斜时取正号，仰斜时取负号。

　　　β——填土表面与水平面的夹角（°）；

　　　δ——填土与墙背的外摩擦角（°）；

　　　φ——填土的内摩擦角（°）。

当墙背垂直（$\alpha=0$），光滑（$\delta=0$），填土面水平（$\beta=0$）时，式（6-14）变为

$$K_a = \tan^2\left(45° - \frac{\varphi}{2}\right)$$

由此可见，在上述条件下，库仑公式和朗肯公式完全相同，可将朗肯理论看作是库仑理论的特殊情况。库仑主动土压力强度沿墙高呈三角形分布，主动土压力的合力作用点在距墙底 $H/3$ 处，方向与墙背法线夹角为 δ。

6.3.3 被动土压力计算

当挡土墙在外力作用下推向土体时，楔体沿滑裂面向上隆起而处于极限平衡状态时，同理，可得到作用在土楔体 ABC 上的力的三角形，如图 6-14 所示。按上述求主动土压力的原理，可求得被动土压力的库仑公式为

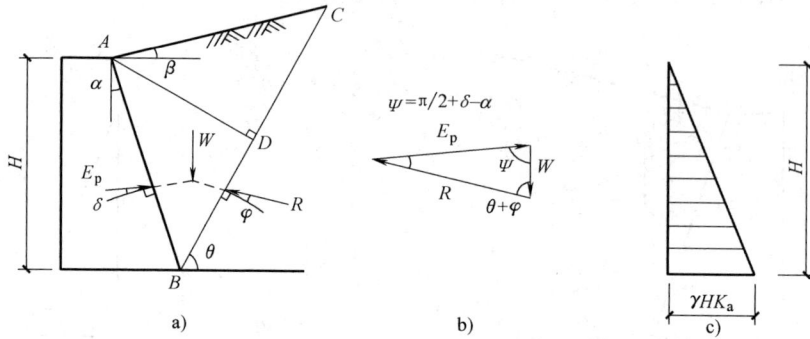

图 6-14 库仑被动土压力计算

a）土楔 ABC 上的作用力 b）力的三角形 c）被动土压力分布

$$E_p = \frac{1}{2}\gamma H^2 K_p \tag{6-15}$$

式中 K_p —— 库仑被动土压力系数。

$$K_p = \frac{\cos^2(\varphi+\alpha)}{\cos^2\alpha \cdot \cos(\alpha-\delta)\left[1-\sqrt{\dfrac{\sin(\delta+\varphi) \cdot \sin(\varphi+\beta)}{\cos(\alpha-\delta) \cdot \cos(\alpha-\beta)}}\right]^2} \tag{6-16}$$

由上式可以看出，库仑被动土压力强度沿墙高仍呈三角形分布，合力作用点在墙高 $H/3$ 处，E_p 的作用方向与墙背法线成 δ 角，如图 6-14c 所示。

当墙背垂直（$\alpha=0$），光滑（$\delta=0$），填土面水平（$\beta=0$）时，式（6-16）变为

$$K_p = \tan^2\left(45° + \frac{\varphi}{2}\right)$$

6.3.4 朗肯理论与库仑理论的比较

朗肯理论与库仑理论都是研究土压力问题的简化方法，但是两者存在着一些异同。

1. 分析方法的异同

两种分析方法均属于极限状态土压力理论，取极限平衡状态计算。朗肯理论属于极限应力法，库仑理论属于滑动楔体法。

2. 适用范围

（1）朗肯理论。朗肯理论在理论上比较严密，但只能得到理想简单边界条件下的解答，在应用上受到限制。适用于无黏性土与黏性土，但必须假定墙背垂直光滑，墙后填土面水平。由于忽略了墙背与填土之间摩擦的影响，使计算的主动土压力值偏大，被动土压力值偏小。

（2）库仑理论。库仑理论显然是一种简化理论，由于其能适用较为复杂的各种实际边界条件，且在一定范围内能得出比较满意的结果，因而应用广泛。

试验证明，在计算主动土压力时，只有当墙背倾角和墙背与填土之间的外摩擦角较小时，滑裂面才接近于平面，因此，计算结果与实际有出入。通常情况下，在计算主动土压力时，偏差值为 2%~10%，可认为已满足实际工程精度要求；但在计算被动土压力时，误差较大，有时可达 2~3 倍，甚至更大。

6.4 挡土墙的设计

6.4.1 挡土墙的类型

挡土墙是各类工程建设中常见的支挡结构形式，具有结构简单、占地少、施工方便和造价低廉等优点。目前，不仅广泛应用于公路、铁路、城市建设，同时应用于水坝建设、河床整治、港口工程、水土保持、土地规划、山体滑坡防治等领域。

常用的挡土墙形式有重力式、悬臂式、扶臂式三种，如图 6-15 所示。

1. 重力式挡土墙

重力式挡土墙通常由块石或素混凝土砌筑而成，截面尺寸较大，依靠墙身自重产生的抗倾覆力矩来抵抗土压力引起的倾覆力矩；墙体抗弯能力较差，一般适用于墙高小于 8m、地层稳定、开挖土石方时不会危及相邻建筑物的地段。

重力式挡土墙结构简单，施工方便，可就地取材，因此在工程中应用较广，如图 6-15a 所示。

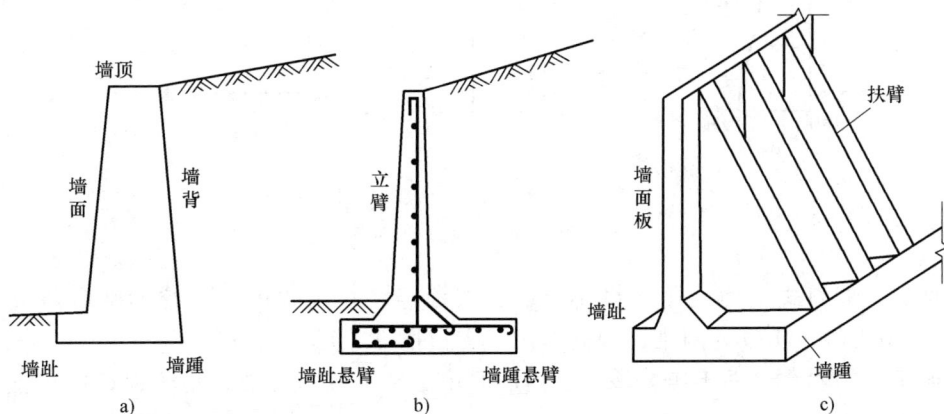

图 6-15 挡土墙的类型

a）重力式挡土墙 b）悬臂式挡土墙 c）扶臂式挡土墙

2. 悬臂式挡土墙

悬臂式挡土墙一般用钢筋混凝土建造，它由三个悬臂板组成，立臂、墙趾悬臂和墙踵悬臂，如图 6-15b 所示。悬臂式挡土墙的稳定主要依靠墙踵悬臂以上的填土自重来维持，墙体内的拉应力则由钢筋承担。

悬臂式挡土墙充分利用了钢筋混凝土的受力特性，因而墙身轻薄，结构轻巧，在市政工程以及厂矿储库中得以广泛应用。

3. 扶臂式挡土墙

若墙后填土较高时，为了增强悬臂式挡土墙中立臂的抗弯性能，常沿墙的纵向每隔1/3~2/3墙高设一道扶臂，整体刚度和强度大大增加，称为扶臂式挡土墙，如图6-15c所示。一般较重要的大型土建工程采用扶臂式挡土墙。

6.4.2 重力式挡土墙的计算与构造

挡土墙的设计实质是合理处理墙背土压力、墙与地面的摩擦力、墙体自重三者的关系，保证挡土墙安全有效使用。

设计内容包括：墙型选择，作用在挡土墙上力系计算，墙身长度及稳定性验算、墙后排水及填土质量要求。一般先凭经验初步拟定截面尺寸，然后进行验算。如不满足要求，则应改变截面尺寸或采取其他措施，再重新验算，直到满足要求为止。本节重点介绍重力式挡土墙的设计。

1. 挡土墙的形式、尺寸及构造

（1）挡土墙的形式。合理选择挡土墙的形式，对设计具有重要意义。重力式挡土墙根据墙背倾斜方向不同，可分为俯斜、垂直、仰斜三种，如图6-16所示。

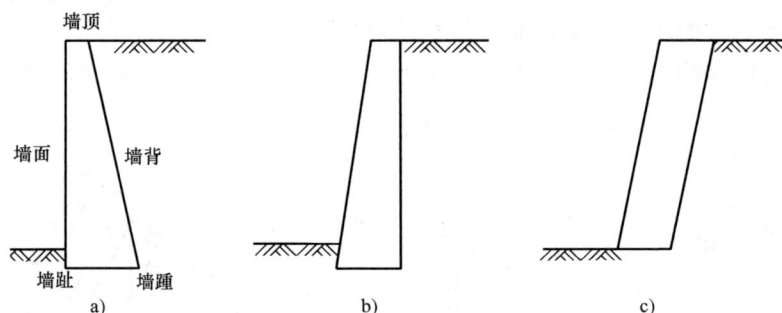

图6-16 重力式挡土墙的形式
a）俯斜 b）垂直 c）仰斜

1）仰斜。仰斜式主动土压力最小，墙身截面经济，墙背可与开挖的临时边坡紧密贴合，但墙后填土的压实较为困难，因此多用于支挡挖方工程的边坡。

2）俯斜。俯斜式主动土压力最大，但墙后填土施工较为方便，易于保证回填土质量而多用于填方工程。

3）垂直。垂直式介于前两者之间，且多用于墙前原有地形较陡的情况，如山坡上建墙。

（2）挡土墙的尺寸。

1）挡土墙的高度。挡土墙的高度一般由任务要求确定。

2）挡土墙的顶宽。挡土墙的顶宽按构造要求确定。毛石挡土墙的墙顶宽度不宜小于400mm，混凝土挡土墙的墙顶宽不宜小于200mm。

3）挡土墙的底宽。挡土墙的底宽由整体稳定性确定，初定底宽 $B = 0.5 \sim 0.7H$。挡墙底面为卵石、碎石时，取小值；墙底为黏性土时，取高值。

4）挡土墙的基础埋置深度。如基地倾斜，埋置深度从最浅处的墙趾处计算，应根据持力层的承载力、冻结深度、岩石裂隙发育及分化程度的因素确定。在土质地基中，基础埋置深度不宜小于0.5m；在软质岩地基中，基础埋置深度不宜小于0.3m。

（3）挡土墙构造措施。

1）墙后回填土的选择。卵石、砾石、粗砂、中砂的内摩擦角大，主动土压力系数小，作用在挡土墙上主动土压力小，是挡土墙后理想的回填土。

细砂、粉砂、含水量接近最优含水量的粉土、粉质黏土和低塑性黏土为可用的回填土。

软黏土、成块的硬黏性土、膨胀土和耕植土，因性质不稳定，在冬季冰冻时或雨季吸水膨胀都将产生额外的土压力，对挡土墙的稳定性产生不利影响，故不能用作墙后的回填土。

2）墙后排水措施。当雨季或地面大量渗水时，墙背后填土容易积水。若挡土墙排水不畅，使土内含水量增加，导致抗剪强度降低、容重增加，从而使土压力增大，还会增加静水压力。为使墙后排水易于排出，应在墙后布置适当数量的泄水孔，并在墙后做约500mm的碎石滤水层，以利于和防止填土中细颗粒流失。墙身高大的，还应在中部设置盲沟，如图6-17所示。

3）基底逆坡与墙趾台阶。为增加基础的抗滑稳定性，常将基底做成逆坡。对于土质地基，基底逆坡坡度不宜大于1：10，对于岩质地基，基底逆坡坡度不宜大于1：5，如图6-18a所示。为了降低基底压力，增大抗倾覆力矩，可加设墙趾台阶，其高宽比可取 $h:a=2:1$，a 不得小于200mm，如图6-18b所示。

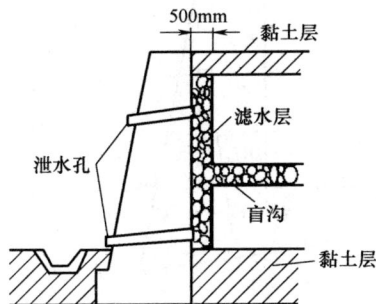

图6-17　挡土墙排水措施

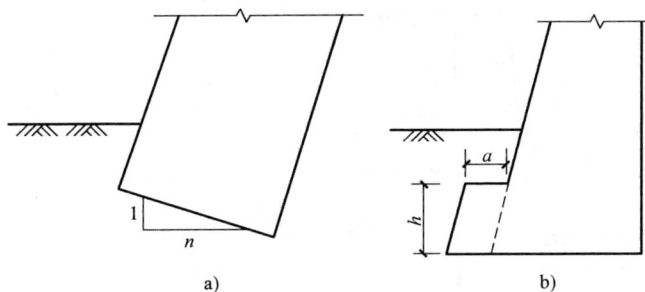

图6-18　基底逆坡与墙趾台阶
a）基底逆坡　b）墙趾台阶

另外，墙后填土必须分层夯实以保证质量。

2. 挡土墙的计算

挡土墙的计算一般包括稳定性验算、地基承载力验算、墙身强度验算。本章重点介绍稳定性验算（包括抗倾覆和抗滑移验算两大内容）。

（1）挡土墙抗倾覆稳定性验算。如图6-19所示，在挡土墙自重 G 和主动土压力 E_a 作用下，可能绕墙趾 O 点倾覆。抗倾覆力矩与倾覆力矩之比称为抗倾覆安全系数 K_t，应符合下式要求。

$$K_t=\frac{抗倾覆力矩}{倾覆力矩}=\frac{G\cdot x_0+E_{az}\cdot x_f}{E_{ax}\cdot z_f}\geq1.6 \qquad (6-17)$$

其中

$$E_{ax} = E_a \cdot \sin(\alpha - \delta)$$
$$E_{az} = E_a \cdot \cos(\alpha - \delta)$$
$$x_f = b - z\cot\alpha$$
$$z_f = z - b\tan\alpha_0$$

式中　z——土压力作用点至墙踵的高度，单位为 m；

　　　x_0——挡土墙重心至墙趾的水平距离，单位为 m；

　　　b——基底的水平投影宽度，单位为 m；

　　　α_0——挡土墙基底的倾角，单位为 "°"；

　　　α——挡土墙墙背的倾角，单位为 "°"；

　　　δ——土对挡土墙墙背的摩擦角，单位为 "°"。

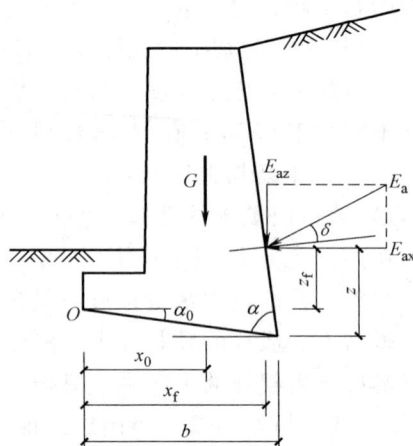

图 6-19　挡土墙抗倾覆稳定验算示意图

若验算结果不能满足上式要求，可采取下列措施：

① 增大断面尺寸，增加挡土墙自重，使抗倾覆力矩增大，但同时工程量随之加大。

② 将墙背做成仰斜式，以减小土压力，但施工不方便。

③ 在挡土墙后做卸荷台，如图 6-20 所示，可起到减小土压力，增大抗倾覆能力的作用。

（2）挡土墙抗滑移稳定性验算。如图 6-21 所示，将 G 和 E_a 分解为垂直和平行于基底的分力，抗滑力与滑动力之比称为抗滑安全系数，应符合下式要求。

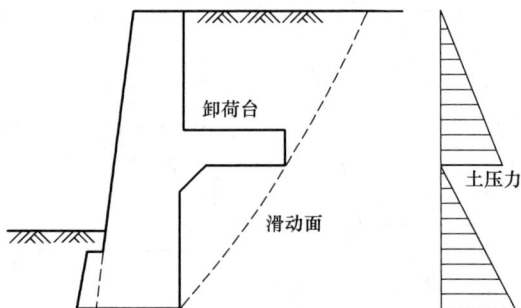

图 6-20　有卸荷台的挡土墙

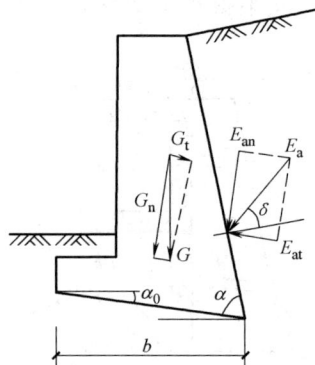

图 6-21　挡土墙抗滑移稳定验算示意图

$$K_s = \frac{抗滑力}{滑动力} = \frac{(G_n + E_{an})\mu}{E_{at} - G_t} \geq 1.3 \tag{6-18}$$

其中

$$E_{an} = E_a\cos(\alpha - \alpha_0 - \delta)$$
$$E_{at} = E_a\sin(\alpha - \alpha_0 - \delta)$$
$$G_n = G\cos\alpha_0$$
$$G_t = G\sin\alpha_0$$

式中　G_n，G_t——分别为挡土墙自重在垂直和平行于基底平面方向的分力；

　　　E_{at}，E_{an}——分别为主动土压力 E_a 在平行和垂直于基底平面方向的分力；

　　　μ——土对挡土墙基底的摩擦系数，由试验确定。

若验算结果不能满足上式要求时，可采取下列措施：

① 增大挡土墙断面尺寸，增加墙身自重以增大抗滑力。

② 在挡土墙基底铺砂石垫层，提高摩擦系数，增大抗滑力。

③ 将挡土墙基底做成逆坡，利用滑动面上部分反力抗滑。

④ 如图 6-22 所示，在墙踵后加钢筋混凝土拖板，利用拖板上的填土自重增大抗滑力。

【例题 6-2】　如图 6-23 所示，挡土墙墙高 6m，墙背直立、光滑，填土面水平，用毛石和 M2.5 水泥砂浆砌筑，砌体重度 $\gamma = 22\mathrm{kN/m^3}$，填土内摩擦角 $\varphi = 40°$，$c = 0$，$\gamma = 19\mathrm{kN/m^3}$，土对挡土墙基底的摩擦系数 $\mu = 0.5$，修正后地基承载力特征值 $f_a = 180\mathrm{kPa}$，试设计此挡土墙。

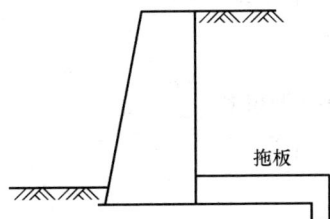

图 6-22　挡土墙抗滑措施

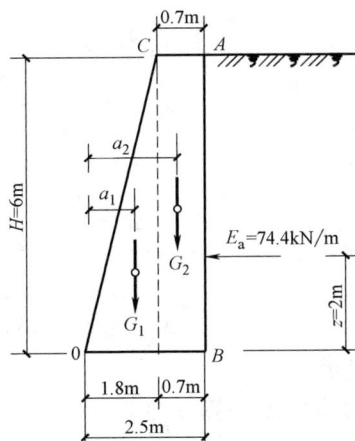

图 6-23　例题 6-2 图

解：（1）挡土墙断面尺寸的选择

重力式挡墙的顶宽约 $H/12$，底宽取 $H/3 \sim H/2$，初步定顶宽 0.7m，底宽 2.5m。

（2）土压力计算

$$E_a = \frac{1}{2}\gamma H^2 \tan^2\left(45° - \frac{\varphi}{2}\right) = \frac{1}{2}\times 19\times 6^2\times \tan^2\left(45° - \frac{40°}{2}\right) = 74.4\mathrm{kN/m}$$

作用点距离墙底 2m，水平。

（3）挡土墙自重

$$G_1 = \frac{1}{2}(2.5 - 0.7)\times 6\times 22 = 119\mathrm{kN/m}$$

$$G_2 = 0.7\times 6\times 22 = 92.4\mathrm{kN/m}$$

作用点距 O 点的距离

$$a_1 = \frac{2}{3}\times 1.8 = 1.2\mathrm{m}$$

$$a_2 = 1.8 + \frac{1}{2}\times 0.7 = 2.15\mathrm{m}$$

（4）抗倾覆稳定性验算

$$K_t = \frac{119\times 1.2 + 92.4\times 2.15}{74.4\times 2} = 2.29 \geqslant 1.6$$

满足要求。

（5）抗滑移稳定性验算

$$K_s = \frac{(119+92.4) \times 0.5}{74.4} = 1.42 \geqslant 1.3$$

满足要求。

（6）地基承载力验算

$$N = G_1 + G_2 = 119 + 92.4 = 211.4 \text{kN/m}$$

合力点距 o 点距离

$$c = \frac{119 \times 1.2 + 92.4 \times 2.15 - 74.4 \times 2}{211.4} = 0.915 \text{m}$$

偏心距

$$e = \frac{2.5}{2} - 0.915 = 0.335$$

基底压力

$$p_k = \frac{N}{b} = \frac{211.4}{2.5} = 84.6 \text{kPa} < f_a = 180 \text{kPa}$$

$$p_{kmin} = 16.6 \text{kPa} > 0$$

$$p_{kmax} = 152.8 \text{kPa} < 1.2 f_a = 1.2 \times 180 = 216 \text{kPa}$$

满足要求。

（7）墙身强度验算（略）

6.5 土坡稳定性分析

6.5.1 影响土坡稳定的因素

1. 土坡类型

土坡就是具有倾斜坡面的土体。土坡包括天然土坡和人工土坡。天然土坡是由于地质作用自然形成的土坡，如山坡、江河的岸坡等；人工土坡是经过人工挖、填的土工建筑物，如基坑、渠道、土坝、路堤等的边坡。

当土坡的顶面和底面都是水平，并延伸至无穷远，且土坡由匀质土组成时，则称为简单土坡，如图6-24所示。

2. 滑坡

由于坡面倾斜，在自重或其他外力的作用下，近坡面的部分土体有向下滑动的趋势。土坡中一部分土体对另一部分土体产生相对位移，丧失原有稳定性的现象，称为滑坡。

3. 影响土坡稳定性的因素

土坡失稳常常是在外界不利因素影响下一触即发的，其根本原因在于土体内的剪应力在某时

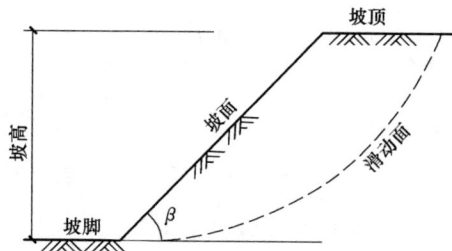

图6-24 简单土坡

刻大于土的抗剪强度。影响土坡稳定性的主要因素如下：

（1）边坡坡角 β。坡角 β 越小越安全，但是采用较小的坡角 β，在工程中会增加挖填方量，不经济。

（2）坡高 H。H 越大越不安全。

（3）土的性质。γ、φ 和 c 大的土坡比 γ、φ 和 c 小的土坡更安全。

（4）地下水的渗透力。当边坡中有地下水渗透时，渗透力与滑动方向相反时，土坡则更安全；如两者方向相同时，土坡稳定性就会下降。

（5）震动作用的影响。如地震、工程爆破、车辆震动等。

（6）人类活动和生态环境的影响。

6.5.2　无黏性土土坡稳定分析

由于无黏性土颗粒之间无黏聚力，只有摩擦力，因此只要坡面不滑动，土坡就能保持稳定。

在分析无黏性土的土坡稳定时，通常假设滑动面为平面。如图 6-25 所示，无黏性土坡角为 β，斜坡上某土颗粒 M 所受重力为 G，内摩擦角为 φ，则土颗粒的重力 G 在坡面切向和法向的分量分别为

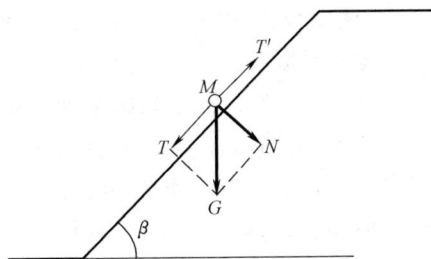

图 6-25　无黏性土土坡稳定性分析

$$T = G\sin\beta$$

$$N = G\cos\beta$$

而法向应力 N 在坡面上引起的摩擦力为

$$T' = N\tan\varphi = G\cos\beta\tan\varphi \tag{6-19}$$

抗滑力和滑动力的比值称为稳定系数，用 K 表示，即

$$K = \frac{抗滑力}{滑动力} = \frac{T'}{T} = \frac{G\cos\beta\tan\varphi}{G\sin\beta} = \frac{\tan\varphi}{\tan\beta} \tag{6-20}$$

当 $\varphi = \beta$ 时，滑动稳定安全系数最小，即

$$K = \frac{\tan\varphi}{\tan\beta} = 1$$

由式（6-20）可得出如下结论：

1）当坡角 $\beta = \varphi$，$K = 1$，土坡处于极限平衡状态，此时 β 称为天然休止角。

2）只要坡角 $\beta < \varphi$，$K > 1$，土坡就稳定，而且与坡高无关。

3）为了保证土坡有足够的安全储备，一般取 $K = 1.3 \sim 1.5$。

6.5.3　黏性土土坡稳定分析

黏性土由于土粒间存在黏聚力，发生滑坡时是整块土体向下滑动，坡面上任一单元体的稳定条件不能用来代表整个土坡的稳定条件。

均质黏性土土坡在失稳破坏时，其滑动面常常是一曲面，为简化计算常把它简化为圆弧。

黏性土坡稳定分析一般采用条分法（由瑞典工程师 Fellenius1922 年提出）。该法假定土坡滑动破坏时，滑动面为连续的圆弧面，滑动体和滑动面以下土体为不变形的刚体，不考虑

条间力。

1. 基本原理

首先将土坡剖面按比例画出，可能的滑动面是一圆弧 AD，圆心为 O，半径为 R，如图 6-26 所示。

现将该滑块 ABD 分成若干个竖向土条。取第 i 个土条分析，该土条底面中点的法线与竖直线的夹角为 α_i，宽度为 b_i，高度为 Z_i，作用在土条上的力有：

1）重力 $W_i = rb_i Z_i$，作用于土条的中垂线上，可分解为滑动力 $T_i = W_i \sin\alpha_i$ 和法向力 $N_i = W_i \cos\alpha_i$。

2）法向反力 $N'_i = \sigma_i l_i$，σ_i 为土条滑裂面上法向应力，l_i 为滑弧段长度，且 $N'_i = N_i$。

3）抗滑力 T'_i，为土条圆弧面上抗剪强度总和，即

$$T'_i = \tau_i l_i = (c_i + \sigma_i \tan\varphi_i) l_i = c_i l_i + W_i \cos\alpha_i \tan\varphi_i$$

4）条间力（为土条之间侧面作用力），假设大小相等方向相反，即 $F_i = F_{i+1}$。则稳定安全系数为

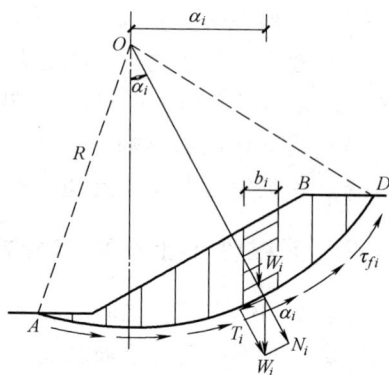

图 6-26　黏性土体稳定分析

$$K = \frac{抗滑力矩}{滑动力矩} = \frac{\sum\limits_{i=1}^{n} T'_i R}{\sum\limits_{i=1}^{n} T_i R} = \frac{\sum\limits_{i=1}^{n} (c_i l_i + W_i \cos\alpha_i \tan\varphi_i)}{\sum\limits_{i=1}^{n} W_i \sin\alpha_i}$$

上述分析过程是对某一假定滑动面而求得的稳定安全系数，实际上它并不一定是真正的滑动面位置，而真正的滑动面是对应于最小稳定安全系数的滑动面，因此欲求解其真正滑动面位置，必须按上述方法反复试算。

2. 试算法确定最危险的滑动面

选择多个不同位置的圆心，分别通过坡角做圆弧，用上述方法分别求出相应的稳定安全系数。稳定安全系数最小的圆弧就是最危险的滑裂面。用这种试算法，如手算，其工作量很大，可利用计算机通过相应的计算程序确定。

思　考　题

6-1　何谓静止土压力？何谓主动土压力？何谓被动土压力？说明产生各种土压力的条件、计算公式和应用范围。

6-2　朗肯土压力理论和库仑土压力理论的假定条件是什么？

6-3　影响土坡稳定的因素有哪些？

6-4　对朗肯土压力理论和库仑土压力理论进行比较和分析。

习　　题

6-1　某挡土墙高为 5m，墙背垂直光滑，墙后填土水平，$c = 0$，如图 6-27 所示，试求：
（1）主动土压力强度及总土压力 E_a。

（2）绘出主动土压力强度分布图。

6-2 某挡土墙高5m，墙背垂直、光滑，填土表面水平。填土的 $\gamma = 18\mathrm{kN/m^3}$，$\varphi = 40°$，$c = 0$，分别求出静止土压力、主动土压力、被动土压力大小、作用点和力的作用方向，并绘出土压力强度分布图。

6-3 某挡土墙的墙壁光滑（$\delta = 0$），墙高7.0m，如图6-28所示，墙后1、2两层填土。1层土位于地下水位以上，土层厚度为3.5m，$\varphi_1 = 32°$，$\gamma_1 = 16.5\mathrm{kN/m^3}$。2层土位于地下水位以下，土层厚度为3.5m，$\varphi_2 = 30°$，$\gamma_2 = 19.25\mathrm{kN/m^3}$。填土表面作用有 $q = 100\mathrm{kPa}$ 连续均布荷载，试求作用在墙上的总主动土压力、水压力及其作用点位置。

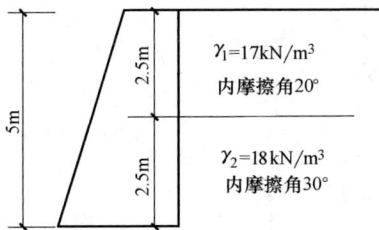

图6-27 习题6-2图

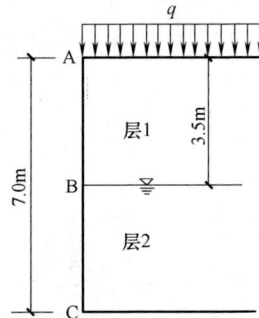

图6-28 习题6-3图

第七章

岩土工程勘察

知识目标

（1）了解岩土工程勘察等级、勘察阶段及岩土工程勘察方法。

（2）掌握岩土工程勘察报告的基本内容。

（3）掌握验槽的目的、方法及注意事项。

能力目标

（1）能够正确阅读和使用岩土工程勘察报告。

（2）能够掌握验槽的基本内容。

重点与难点

岩土工程勘察的方法、岩土工程勘察报告的阅读及验槽的基本内容。

各项工程建设在设计和施工之前，必须按基本建设程序进行岩土工程勘察。岩土工程勘察应按工程建设各勘察阶段的要求，正确反映工程地质条件，查明不良地质作用和地质灾害，精心勘察、精心分析，提供资料完整、评价正确的勘察报告。

7.1 岩土工程勘察的基本知识

7.1.1 岩土工程勘察等级

岩土工程勘察等级划分是根据工程重要性等级、场地复杂程度等级和地基复杂程度等级综合分析确定的。

1. 工程重要性等级

工程重要性等级是根据工程的规模和特征，以及由于岩土工程问题造成工程破坏或影响使用的后果，分为三级。

一级工程：重要工程，后果很严重。

二级工程：一般工程，后果严重。

三级工程：次要工程，后果不严重。

2. 场地等级

场地等级根据场地复杂程度分为三个等级，一级场地为复杂场地；二级场地为中等复杂场地；三级场地为简单场地。

3. 地基等级

地基等级根据地基复杂程度分为三个等级，一级地基为复杂地基；二级地基为中等复杂地基；三级地基为简单地基。

4. 岩土工程勘察等级的划分

《岩土工程勘察规范》（GB 50021—2001）（2009 版）将岩土工程勘察分为甲级、乙级和丙级三个等级。

（1）甲级。在工程重要性、场地复杂程度和地基复杂程度中，有一项或多项为一级者定为甲级。

（2）乙级。除勘察等级为甲级和丙级外的勘察项目。另外，建筑在岩质地基上的一级工程，当场地复杂程度等级和地基复杂程度等级均为三级时，岩土工程勘察等级可定为乙级。

（3）丙级。工程重要性、场地复杂程度和地基复杂程度等级均为三级者定为丙级。

例如，对重要工程、地形地貌复杂和岩土很不均匀的地基为甲级勘察；对次要工程、地形地貌简单和岩土种类单一、均匀的为丙级勘察。

7.1.2 岩土工程勘察阶段的划分

与工程建设各个设计阶段相应的岩土工程勘察一般分为可行性研究阶段勘察、初步勘察、详细勘察和施工勘察。对工程地质条件复杂或有特殊要求的工程宜进行施工勘察；场地较小，且无特殊要求的工程可合并勘察阶段；当建筑物平面布置已经确定，且场地或其附近已有岩土工程资料时，可根据实际情况，直接进行详细勘察。

1. 可行性研究阶段勘察

可行性研究阶段勘察应对拟选场址的稳定性和适宜性做出工程地质评价，这一阶段的勘察工作归纳为：

1）收集场址所在地区的区域地质、地形地貌、地震、矿产和附近地区的工程资料及建筑经验。

2）在收集和分析已有资料的基础上，进行现场调查，了解场地的地层结构、岩土类型及性质、地下水及不良地质现象等工程地质条件。

3）对工程地质条件复杂，已有资料不能符合要求的，可根据具体情况，进行工程地质测绘及必要的勘探工作。

4）当有两个或两个以上拟选场地时，应进行比较分析。

2. 初步勘察

初步勘察应符合初步设计要求，其目的在于对场地内各建筑地段的稳定性和地基的岩土技术条件做出岩土工程评价，为确定建筑总平面布置、选择建筑物地基基础设计方案和不良地质现象的防治对策进行论证。这一阶段的工作内容为：

1）收集拟建工程的有关文件、工程地质和岩土工程资料以及工程场地范围的地形图。

2）初步查明地质构造、地层结构、岩土工程特性、地下水埋藏条件。

3）查明场地不良地质作用的成因、分布、规模、发展趋势，并对场地稳定性做出评价。

4）对抗震设计烈度等于或大于 6 度的场地，应对场地和地基的地震效应做出初步评价。

5）季节性冻土区，应调查场地土的标准冻结深度。

6）初步判定水和土对建筑材料的腐蚀性。

7）高层建筑初步勘察时，应对可能采取的地基基础类型、基坑开挖和支护、工程降水方案进行初步评价。

3. 详细勘察

详细勘察应符合施工图设计要求。详细勘察应按单体建筑物或建筑群提出详细的岩土工程资料和设计、施工所需的岩土参数；对建筑物地基做出岩土工程评价，并对地基类型、基础形式、地基处理、基坑支护、工程降水和不良地质作用的防治等提出建议。主要进行下列工作：

1）收集附有坐标和地形的建筑总平面图，场区的地面整平标高，建筑物的性质、规模、荷载、结构特点，基础形式、埋置深度、地基允许变形等资料。

2）查明不良地质作用类型、成因、分布范围、发展趋势和危险程度，提出整治方案的建议。

3）查明建筑范围内岩（土）层类型、深度、分布、工程特性，分析和评价地基的稳定性、均匀性和承载力。

4）对需要进行沉降计算的建筑物，提供地基变形计算参数，预测建筑物的变形特征。

5）查明埋藏的河道、沟浜、墓穴、防空洞、孤石等对工程不利的埋藏物。

6）查明地下水埋藏条件，提供地下水位及其变化幅度。

7）在季节性冻土地区，提供场地土的标准冻结深度。

8）判定水和土对建筑材料的腐蚀性。

4. 施工勘察

施工阶段勘察的目的和任务就是配合设计、施工单位进行勘察，解决与施工有关的岩土工程问题，并提出相应的勘察资料。当遇下列情况之一时，需进行施工勘察：

1）基坑或基槽开挖后，岩土条件与原勘察资料不符。

2）深基础施工设计及施工中需进行有关地基监测工作。

3）地基处理、加固需进行检验工作。

4）地基中溶洞或土洞较发育，需进一步查明及处理。

5）在工程施工中或使用期间，当边坡体、地下水等发生未曾估计到的变化时，应进行检测，并对施工和环境的影响进行分析评价。

7.1.3 地基勘察方法

工业与民用建筑工程中岩土工程勘察所采用的勘探方法主要有钻探、坑探和触探。

1. 钻探

钻探是一种常用的勘探方法，采用机具在地层中钻孔或冲孔，以鉴别和划分土层及沿孔深采取原状土样，以供进行室内试验，确定土的物理力学性质。

岩土工程勘察中采用的钻探方法很多，根据其破碎岩土方法的不同，大致可分为回转钻探、冲击钻探、振动钻探与冲洗钻探等四大类。根据不同的土层类别和勘察要求，选择相应的钻进方式，见表7-1。

表 7-1 钻探方法的适用范围

钻探方法		钻进地层					勘察要求	
		黏性土	粉土	砂土	碎石土	岩石	直观鉴别、采取不扰动试样	直观鉴别、采取扰动试样
回转	螺旋钻探	++	+	+	−		++	++
	无岩心钻探	++	++	++	+		−	−
	岩心钻探	++	++	++			++	++
冲击	冲击钻探	−	+	++	++			
	锤击钻探	++	++	++	+		++	++
振动钻探		++	++	++	+			++
冲洗钻探		+	++	++	−			−

注：++ 表示适用 + 表示部分适用 − 表示不适用

在选用钻探方法时，应符合下列要求：

1）对要求鉴别地层岩性和取样的钻孔，均应采用回转方式钻进，遇到碎石土可以用振动回转方式钻进。

2）地下水位以上的地层应进行干钻，不得使用冲洗液，也不得向孔内注水，但可以用能隔离冲洗液的二重管或三重管钻进取样。

3）钻进岩层宜采用金刚石钻头，对软质岩石及风化破碎岩石应采用双层岩心管钻头钻进。需要测定岩石质量指标时，应采用外径为75mm的双层岩心管钻头。

4）在湿陷性黄土中，应采用螺旋钻头钻进，或采用薄壁钻头锤击钻进，操作时应符合"分段钻进，逐次缩减，坚持清孔"的原则。

在岩土工程勘察的钻探过程中，必须做好现场的钻探编录工作，把观察到的各种地质现象正确地、系统地用文字和图表表示出来。这既是工程技术人员的现场工作职责，也是保证达到钻探目的的重要环节和正确评价岩土工程问题的主要依据。

2. 坑探

坑探是指在地表或地下所挖掘的各种类型的坑道，以揭示第四纪覆盖层分布区基岩的工程地质特征，并了解第四纪地层情况的一种勘探方法。其主要特点是便于直接观察、采取原状岩土试样和进行现场原位测试。因此，它是区域地质（断裂）构造（或称区域稳定性）、不良地质作用（或场地稳定性）岩土工程勘察中使用较为广泛的勘探方法。

3. 触探

触探是间接的勘察方法，不取土样，不描述，只将一个特别探头装在钻杆底端，打入或压入地基土中，由探头所受阻力的大小探测土层的工程性质。其与钻探配合可提高勘察的质量和效率。根据探头的结构和入土方法的不同，可分为标准贯入试验、圆锥动力触探、静力触探三大类。

（1）标准贯入试验。

1）标准贯入试验设备。试验设备主要由贯入器（外径 51mm、内径 35mm、长度大于 500mm）、钻杆（直径 42mm）和穿心落锤（质量 63.5kg、落距 760mm）三部分组成。

2）操作要点。

① 先用钻具钻至试验层标高以上约 150mm 处，以避免下层土受到扰动。

② 贯入前应检查触探杆的接头，不得松脱。贯入时，穿心锤落距为 760mm，使其自由下落，将贯入器竖直打入土层中 150mm。随后打入土层 300mm 的锤击数，即为实测锤击数 N。

③ 拔出贯入器，取出贯入器中的土样进行鉴别描述。

④ 若需继续进行下一深度的贯入试验时，即重复上述操作步骤进行试验。

3）适用范围。标准贯入试验适用于砂土、粉土和一般黏性土。

4）标准贯入试验主要应用。

① 以贯入器采取扰动土样，鉴别和描述土类，按颗粒分析成果确定土类名称。

② 根据标准贯入试验锤击数和地区经验，判别黏性土的物理状态，评定砂土的密实度和相对密度。

③ 提供土的强度参数、变形参数和地基承载力。

④ 判定沉桩的可能性和估算单桩竖向承载力。

⑤ 判定地震作用饱和砂土、粉土液化的可能性及液化等级。

标准贯入试验

（2）圆锥动力触探试验。圆锥动力触探试验是用一定质量的重锤，一定高度的落距，将标准规格的圆锥形探头贯入土中，根据打入土中一定深度的锤击数，判定土的力学特性，其具有勘探和测试双重功能。圆锥动力触探试验的类型及适用的土类见表 7-2。

表 7-2　圆锥动力触探类型

类型		轻型	重型	超重型
落锤	质量/kg	10	63.5	120
	落距/cm	50	76	100
探头	直径/mm	40	74	74
	锥角/(°)	60	60	60
探杆直径/mm		25	42	50~60
指标		贯入 30cm 的读数 N_{10}	贯入 10cm 的读数 $N_{63.5}$	贯入 10cm 的读数 N_{120}
适用岩土		浅部的填土、砂土、粉土、黏性土	砂土、中密以下的碎石土、极软岩	密实和很密的碎石土、软岩、极软岩

（3）静力触探试验。

1）静力触探试验的设备。设备由加压系统、反力平衡系统和量测系统三部分组成。

2）试验原理。静力触探试验的原理是通过液压装置或机械装置，将一个贴有电阻应变片的标准规格的圆锥形金属触探头以匀速垂直地压入土中，土层对探头的阻力利用电阻应变仪来量测微应变数值，并换算成探头所受到的贯入阻力，利用贯入阻力与土的物理力学指标或载荷试验指标的相应关系，间接测定土的力学特性，其具有勘探和测试双重功能。

3）适用范围。静力触探试验适用于软土、一般黏性土、粉土、砂土和含少量碎石的土。

4）地质条件评价。结合地区经验和积累的静力触探试验资料，根据现场静力触探试验量测探头压入土中所受的阻力，绘制的试验曲线特征或数值变化幅度，可用于评价地质条件。

① 划分地层并确定其土类名称，了解地层的均匀性。

② 估算土的物理性质指标参数：稠度状态、密实程度。

③ 评定土的力学性质指标参数：土的强度、压缩性、地基承载力以及压缩模量。

④ 判定沉桩可能性、选择桩端持力层、估算单桩竖向极限承载力。

⑤ 判别地震作用饱和砂土、粉土的液化，估算土的固结系数和渗透系数。

7.2 岩土工程勘察报告的阅读

7.2.1 勘察报告的基本内容

1. 概念

岩土工程勘察结果是以报告书的形式提出的。岩土工程勘察报告是指在原始资料的基础上进行整理、归纳、统计、分析、评价，提出工程建议，形成系统的为工程建设服务的勘察技术文件。

2. 报告的内容

勘察报告由图表和文字阐述两部分组成，其中图表部分给出场地的地层分布、岩土原位测试和室内试验的数据；文字阐述部分给出分析、评价和建议。

岩土工程勘察报告是给设计单位和施工单位提供依据，其内容应以满足设计与施工要求为原则，根据任务要求、勘察阶段、工程特点和地质条件等具体情况编写，并应包括下列内容。

（1）文字阐述部分。

1）勘察的目的、任务要求和依据的技术标准。

2）拟建工程概况。

3）勘察方法和勘察工作布置。

4）场地地形、地貌、地层、地质构造、岩土性质及其均匀性。

5）各项岩土性质指标、岩土的强度参数、变形参数、地基承载力的建议值。

6）地下水埋藏情况、类型、水位及其变化。

7）土和水对建筑材料的腐蚀性。

8）对可能影响工程稳定的不良地质作用的描述和对工程危害的评价。

9）场地稳定性和适宜性的评价。

（2）图表部分。

1）勘探点平面布置图。在建筑场地的平面图上，先画出拟建工程的位置，再将钻孔、试坑、原位测试点等各类勘探点的位置用不同的图例标出，给以编号，注明各类勘探点的地面标高和探深，并且标明勘探剖面图的剖切位置。

2）工程地质柱状图。根据现场钻探或井探记录、原位测试和室内试验结果整理出来的，用一定比例尺、图例和符号绘制的某一勘探点地层的竖向分布图。图中自上而下对地层编号，标出各地层的土类名称、地质时代、成因类型、层面及层底深度、地下水位、取样位置。柱状图上可附有主要物理力学性质指标及某些试验曲线。

3）工程地质剖面图。根据勘察结果，用一定比例尺（水平方向和竖直方向可采用不同的比例尺）、图例和符号绘制的，某一勘探线的地层竖向剖面图，勘探线的布置应与主要地貌单元或地质构造相垂直，或与拟建工程轴线一致。

4）原位测试成果图表。由原位测试成果汇总列表，绘制原位测试曲线。

5）室内试验成果图表。各类工程均为室内试验测定土的分类指标和物理及力学指标，将试验结果汇总列表，并绘制试验曲线。

7.2.2 勘察报告的阅读和使用

1. 勘察报告的阅读

首先要细致地通读报告全文，读懂、读透，对建筑场地的工程地质和水文地质条件要有一个全面的认识，切记不要只注重土的承载力等个别数据和结论的作法。

1）根据工程设计阶段和工程特点，分析勘察工作特点及深度、勘察点布置、钻孔数量、钻探、取样、原位测试和室内试验是否符合《岩土工程勘察规范》（GB 50021—2001）（2009版）的规定；所提供的计算参数是否满足设计和施工要求；勘察结论与建议是否对拟建工程具有针对性和关键性；有质疑可与勘察单位沟通，必要时向建设单位（或业主）申请补充勘察。

2）注意场地内及附近地区有无潜在的不良地质现象，如地震、滑坡、泥石流、岩溶等。

3）注意场地的地形变化，如高低起伏、局部凹陷、地面坡度等。

4）相邻钻孔之间的土层分界是根据孔中采取的土样推测出来的，当土层分布比较复杂，钻孔间距又较大时，可能与实际不符，设计与施工的技术人员对此应有足够的估计。注意土层厚度是否比较均匀，每一土层的物理及力学指标差异是否悬殊；尖灭层的坡度，有无透镜体夹层等。

5）注意地下水的埋藏条件，水位、水质是否与附近的地表水有联系，同时要注意勘察时间是在丰水季节还是枯水季节，水位有无升降的可能及升降的幅度。

6）注意报告中的结论和建议对拟建工程的适用及正确程度。从地基的强度和变形两个方面，对持力层的选择、基础类型及与上部结构共同工作进行综合考虑。

2. 勘察报告的使用

建筑设计是以充分阅读和分析建筑场地的岩土工程勘察报告为前提的。建筑施工要实现建筑设计，一方面要深刻地理解设计意图；另一方面也必须充分阅读和分析勘察报告，正确应用勘察报告，针对工程项目的施工图纸，制定切实可行的建筑地基基础施工组织设计，对施工期间可能发生的岩土工程问题进行预测，提出监控、防范和解决问题的施工技术措施。

为了充分发挥勘察报告在设计和施工工作中的作用，必须重视对勘察报告的阅读和使用。熟悉勘察报告的主要内容，了解勘察结论和计算指标的可靠程度，从而判断报告中的建议对该项工程的适用性。

在设计和施工时，需要把场地、工程地质条件、拟建建筑物具体情况和要求联系起来进行综合分析，既要根据场地工程地质条件因地制宜，也要发挥主观能动性，充分地利用工程地质条件，采取效益较好的方案。

　　在阅读和使用勘察报告时，应该注意所提供的数据的可靠性。有时由于勘察的详细程度有限，以及勘探方法本身的局限性，勘察报告不可能充分或准确反映场地的主要特征，或者在测试工作中，由于现场取样、长途运输、试验操作等过程中出现误差或失误，所以应该注意分析发现问题，并对有疑问的关键问题设法进一步查清，以便不出差错，发掘地基潜力并确保工程质量。

　　（1）场地的稳定性评价。首先是根据勘察报告所提供的场地所在区域的地震烈度、场地按震害影响的类别、建筑地段按震害影响的类别，对饱和砂土和粉土地基的液化等级进行分析和评价；其次是根据勘察报告所提供的场地有无不良地质作用，例如岩溶、滑坡、危害崩塌、泥石流等潜在的地质灾害进行分析评价；对地震设防区域的建筑，必须按《建筑抗震设计规范》（GB 50011—2010）进行抗震设计，在施工中按施工图施工，保证工程质量；存在不良地质现象、对场地稳定性有直接或潜在危害的，必须在设计与施工中采取可靠措施，防患于未然。

　　（2）地基地层的均匀性评价。施工的难与易，地基承载力高低和压缩性大小对建筑地基基础设计的影响，远不及地基土层均匀性的影响。从工程实践分析可知，造成上部结构梁柱节点开裂、墙体裂缝的原因，主要是由于地基的不均匀变形所致。而地基不均匀变形的原因，就地基条件而言，即是地基土层的不均匀性。因此，当地基中存在杂填土、软弱夹层及尖灭层，或各天然土层的厚度在平面分布上差异较大时，在地基基础设计与施工中，必须注意不均匀沉降的问题。

　　（3）地基中地下水的评价。当地基中存在地下水，且基础埋深低于地下水位时，对地基基础的设计与施工十分不利。地下水位以下的土方开挖及浅基础施工要求干作业施工条件，为此要考虑人工降低水位。采用明排水要考虑是否产生流沙；大幅度降水会导致周边原有建筑附加沉降和地表沉陷，为此要考虑是否设置挡水帷幕或回灌等技术措施。同时，基础设计要考虑地下水是否有腐蚀性，整体性空腹基础要考虑防水和抗浮等设计与施工技术措施。

　　（4）地基持力层的选择。建筑地基持力层选择的主要影响因素，首先是建筑设计是否有地下室，然后是地基土层的承载力和压缩性。

　　在保证建筑安全稳定和满足建筑使用功能的前提下，天然地基上的浅基础设计，尤其是当地基中存在软弱下卧层的情况，持力层的选择宜使基础尽量浅埋。深基础持力层的选择主要是坚实的土层，不要过分在意该土层的深度，桩尖或地下连续墙底部以下应有 5 倍以上桩径或地下连续墙厚度的坚实土层；地基变形特征由设计计算控制，同时辅以加强基础及上部结构刚度。

　　（5）地基基础施工的环境效应影响。工程建设中大挖大填、卸载加载、排水蓄水等施工活动，在不同程度上干扰了建筑物场地原有的平衡状态，如果控制不力，对工程及其周边建筑产生危害。建筑地基基础施工直接或间接地要对周边环境产生影响，因此，在分析、研究建筑场地的岩土工程勘察报告和施工方案时，要论证、评价建筑地基基础施工方案的环境效应影响。

7.2.3　勘察报告实例

岩土工程勘察报告书

工程名称：东风街住宅	工程编号：2005-DH18
委托单位：某省广电局	勘察单位：某省勘察院

1. 勘察目的、任务要求和依据的技术标准

（1）勘察目的。为某省广电局东风街住宅工程的施工图设计和施工，提供建筑场地及地基的工程地质和水文地质条件。

（2）任务要求。按工程建设详细勘察阶段的要求，精心勘察，提供资料完整评价正确的岩土工程勘察报告书。

（3）依据的技术规范。《岩土工程勘察规范》（GB 50021—2001）；《建筑地基基础设计规范》（GB 50007—2002）；《建筑抗震设计规范》（GB 50011—2001）；《地基基础工程施工质量验收规范》（GB 50202—2002）等。

2. 工程概况

建筑物性质：住宅楼；

结构类型：砖混结构；

层数：地上6层、地下1层；

建筑面积：1930m^2。

3. 勘察日期、方法和工作量

勘察日期：2005年5月5日～8日。

勘察方法以 DPP-100 型钻机现场钻探。

钻孔：2个；总进尺：26m；取样：14筒；进行室内土工试验。

4. 场地的地形、地貌、地质条件

勘察地段地形平坦，钻孔地表高差仅为0.30m。地貌单元为松花江漫滩；地层沉积成因除表层复杂填土外，其余均为第四纪冲击土，土层由上至下分述如下：

第一层为杂填土：含有碎砖、炉渣等，厚度为1.20～1.50m，$\gamma = 17kN/m^3$。

第二层为粉质黏土：黑褐色～黄褐色；埋深1.20～1.50m，厚度为1.60～2.20m；物理及力学指标为 $\gamma = 18.1kN/m^3$，$w = 28.6\%$，$e = 0.806$，$I_L = 0.554$，$E_{s1-2} = 14.8MPa$，$f_{ak} = 150kPa$。

第三层为粉质黏土与粉砂交互层：灰黄色，以粉质黏土为主，含有粉砂薄层；埋深3.10～3.40m，厚度为2.80～3.00m；粉质黏土的物理及力学指标为 $\gamma = 19.1kN/m^3$，$w = 24.10\%$，$e = 0.700$，$I_L = 0.408$，$E_{s1-2} = 15.8MPa$，$f_{ak} = 150kPa$。

第四层为细砂：灰色，埋深6.10～6.20m，厚度为6.00～6.10m；中密饱和状态；$E_{s1-2} = 25.1MPa$，$f_{ak} = 165kPa$。

第五层为中砂：灰色，埋深12.00～12.10m；中密饱和状态；$E_{s1-2} = 35.0MPa$，$f_{ak} = 250kPa$。勘探期间见有地下水，地下水位距地表6.20m（海拔93.90m），埋藏类型为潜水，无侵蚀性。

5. 结论与建议

（1）本场地的抗震设防烈度为8度，地段划分为有利地段，第四层细砂为非液化。

（2）无影响场地稳定的不良地质现象。

（3）本拟建工程两侧近邻存在原有建筑，设计及施工应考虑对周边原有建筑及街路的影响。

（4）本拟建工程设有地下室，建议采用天然地基上的筏形基础。

6．勘察成果图表

（1）勘探点平面布置图（图7-1）。

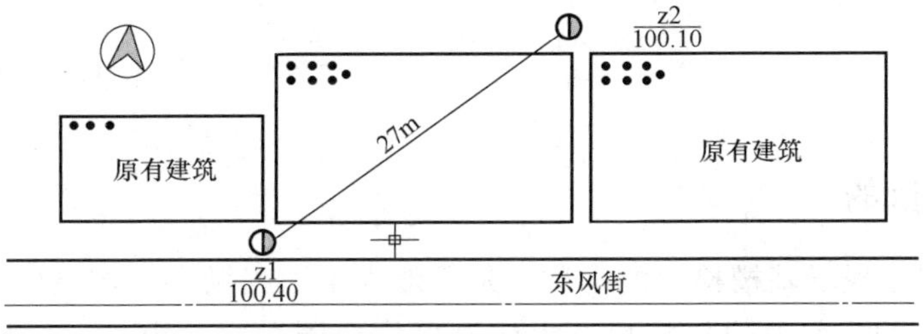

图7-1 勘探点平面布置图

（2）钻孔柱状图（图7-2）。

工程编号			2005—20					孔口			100.40M
工程名称			东风街住宅		钻孔柱状图						
钻孔编号			z1					钻孔日期			2005年5月6日
地质年代	地址编号	地质资料	地质名称	地层剖面	土层厚度/m	土层深度/m	各层标高/m	地下水位/m	稠度和密度	湿度	地层描述
第四纪(Q4)	1	冲击土Q4	杂填土		1.50	1.50	98.90				碎砖、炉渣等
	2		粉质黏土		1.60	3.10	97.30		可塑	稍湿	黄褐色、含氧化铁
	3		粉质黏土与粉砂		3.00	6.10	94.30		可塑软塑稍密	稍湿	灰黄色…粉质黏土含氧化铁质
	4		细砂		6.00	12.10	88.30	−6.10/94.30	稍密	饱和	灰色
	5		中砂		1.30	13.40	87.00		中密	饱和	灰色

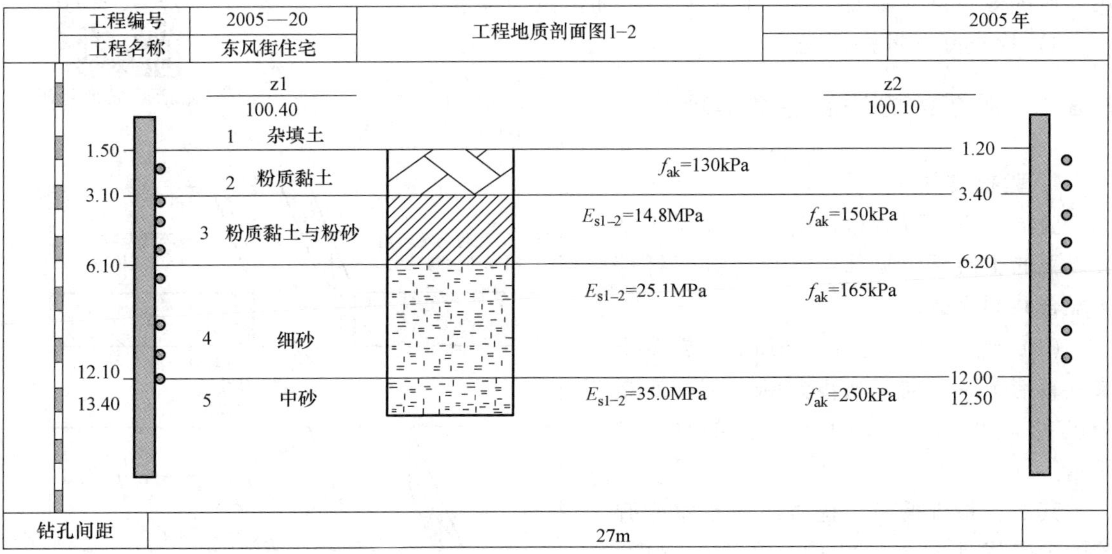

工程编号	2005—20	工程地质剖面图1-2	2005年
工程名称	东风街住宅		

钻孔间距　27m

图7-2 钻孔柱状图和工程地质剖面图

（3）工程地质剖面图（图 7-2）。

（4）室内土工试验成果表（略）。

7.3 验槽

7.3.1 验槽的目的

验槽为基础施工现场基槽检验的简称，是一般岩土工程勘察工作最后一个环节。当施工单位将基槽（坑）挖完并普遍钎探后，由建设单位会同勘察、设计、监理、施工单位技术负责人，共同到施工现场验槽。

验槽的目的主要有以下几点：

1）检验工程地质勘察成果及结论建议是否与基槽开挖后的实际情况一致，是否正确。

2）挖槽后地层的直接揭露，可为设计人员提供第一手的工程地质和水文地质资料，对出现的异常情况及时分析，提出处理意见。

3）当对勘察报告有疑问时，解决此遗留问题，必要时布置施工勘察，以便进一步完善设计，确保施工质量。

7.3.2 验槽的主要内容

验槽的主要内容如下：

1）校核基槽开挖的平面位置与基槽标高是否符合勘察、设计要求。

2）检验槽底持力层土质与勘察报告是否相同，参加验槽的五方代表要下到槽底，依次逐段检验，若发现可疑之处，应用铁铲铲出新鲜土面，用土的野外鉴别方法进行鉴定。

3）当发现基槽平面土质显著不均匀，或局部存在古井、菜窖、坟穴、河沟等不良地基时，可用钎探查明平面范围与深度。

4）检查基槽钎探情况。

基槽的局部处理

7.3.3 验槽的方法和注意事项

1. 验槽方法

验槽的方法以观察法为主，而对于基底以下的土层不可见部位，要先辅以钎探法配合共同完成。

（1）观察法。首先，根据槽断面土层分布情况及走向，初步判断全部基底是否已挖至设计要求的土层，如图 7-3 所示。

其次，检查槽底，检查时应观察刚开挖的未受扰动的土的结构、孔隙、湿度、含有物等，确定是否为原设计所提出的持力层土质。为了使检验工作具有代表性和

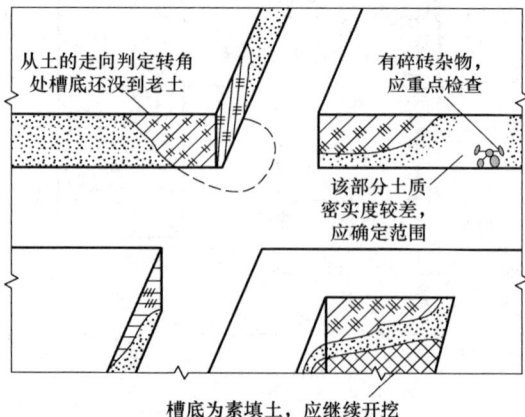

图 7-3 基槽土质变化情况

保证重点结构部位的地基土符合设计要求，验槽时应特别注意柱基、墙角、承重墙下或其他受力较大的部位。凡有异常现象的部位，都应该对其原因和范围调查清楚，以便为地基处理和变更设计提供详尽的资料。

验槽能比较直观地对槽底进行详细检查，但只能观察基槽表土，而对槽底以下主要受力层范围内土的变化和分布情况，以及局部特殊土质情况，还无法清楚地探明。为此，还应该采用钎探等方法进一步检查。

（2）钎探法。

1）钎探机具要求。采用直径 $\phi 22 \sim 25mm$ 钢筋制作的钢钎，如图7-4所示，使用人力（机械）使大锤（穿心锤）自由下落规定的高度 $500 \sim 700mm$ ，撞击钎杆垂直打入土层中，并记录每打入土层300mm（通常为一步）的锤击数。为设计承载力、地勘结果、地基土层的均匀度等质量指标提供验收依据，是在基坑底进行轻型动力触探的主要方法。

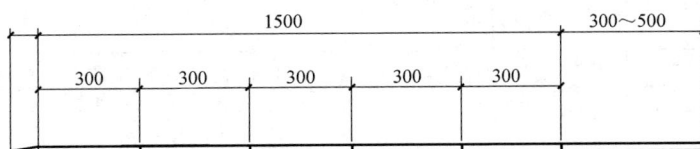

图7-4 钢钎规格

2）钎探孔布置。钎孔布置和深度应根据地基土质的复杂情况、基槽宽度、形状而定。对于土质情况简单的天然地基，钎孔间距和打入深度可参照表7-3选择，对于较软弱的新近沉积的黏性土和人工杂填土地基，钎孔间距不大于 $1.5m$ 。

表7-3 钎孔布置

槽宽	排列方式及图示		间距	钎探深度
小于0.8m	中心一排		1～2m	1.2m
0.8～2m	两排错开		1～2m	1.5m
大于2m	梅花形		1～2m	2.0m
桩基	梅花形		1～2m	>1.5m并不浅于短边宽度

3）钎探记录和结果分析。在钎探以前，需绘制基槽平面图，在图上根据要求确定钎探点的平面位置，并依次编号，绘成钎探平面图。钎探时，按钎探平面图标定的钎探点顺序进行，并同时记录钎探结果。

当一栋建筑物钎探完成后，要全面地从上到下，逐层分析研究钎探记录，然后逐点进行比较，将锤击数过多或过少的钎孔在钎探平面图上加以标注，以备现场检查。

某工程的钎探记录和钎探平面图见图7-5和表7-4。

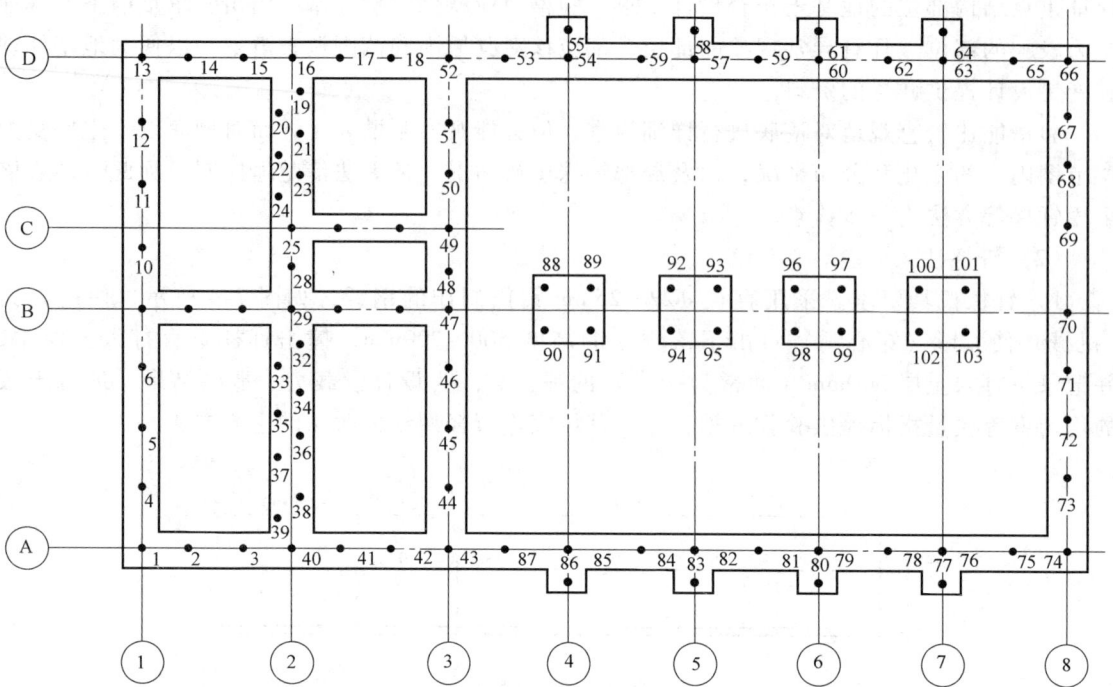

图 7-5 某工程钎探平面图

表 7-4 某工程钎探记录表

施工单位_____ 单位工程名称_____

钎探部位_____轴线 槽底标高_____

锤重_____10kg_____ 锤高度_____50_____cm 钎直径_____25mm_____

每步打入深度_____30_____cm

钎探日期_____年_____月_____日

顺序号	钎探步数					顺序号	钎探步数				
	第一步	第二步	第三步	第四步	第五步		第一步	第二步	第三步	第四步	第五步
1	10	14	24	26	26	52	12	18	28	28	31
2	9	15	27	28	31	53	9	17	21	29	28
3	9	13	23	25	29	54	10	14	21	24	29
4	8	16	20	28	27	(55)	7	8	8	11	26
5	11	11	20	22	30	(56)	7	9	8	15	29
(6)	5	7	7	9	7	(57)	8	6	7	19	29
7	10	15	22	23	24	53	12	13	23	29	32
8	11	17	27	27	30	…					
9	7	14	23	29	29	…					
10	9	13	23	25	26	95	10	14	22	29	32
11	12	14	25	29	32	96	12	13	21	28	35
12	10	13	22	30	30	97	12	15	29	30	36
(13)	9	4	6	6	27	98	11	16	24	26	32
14						(99)	4	13	25	25	30
15						(100)	3	17	26	29	29
…						101	12	19	22	26	29
…						102	13	18	27	29	31

施工负责人_____ 施工班_____ 记录人_____

2. 验槽的注意事项

验槽时应注意下列事项：

1）验槽前必须完成合格的钎探，并有详细的钎探记录，必要时进行抽样检查。

2）基坑土方开挖后，应立即组织验槽。

3）在特殊情况下，要采取相应措施，确保地基土的安全，不可形成隐患。

4）验槽时要认真仔细查看土质及分布情况，是否有杂填土、贝壳等，是否已挖到老土，从而判断是否需要加深处理。

5）槽底设计标高若位于地下水位以下较深时，必须做好基槽排水，保证槽底不泡水。

6）验槽结果应填写验槽记录，并由参加验槽的五方代表签字，作为施工处理的依据及长期存档保存的文件。

验槽过程

思　考　题

7-1　岩土工程勘察分哪几个阶段？每个阶段的任务是什么？

7-2　常用的勘探方法有哪些？

7-3　岩土工程勘察报告包括哪些内容？

7-4　验槽的目的是什么？如何进行验槽？

第八章

基础构造与识图

知识目标

（1）掌握无筋扩展基础构造要求及识图要点。

（2）掌握扩展基础构造要求及平法基本知识。

（3）掌握桩基础构造要求及平法基本知识。

能力目标

（1）能正确识读无筋扩展基础施工图。

（2）能正确识读扩展基础施工图。

（3）能正确识读桩基础施工图。

重点与难点

扩展基础构造要求及平法基本知识。

基础按埋深不同分为浅基础和深基础两大类。浅基础按结构形式分为：无筋扩展基础、扩展基础（指柱下钢筋混凝土独立基础和墙下钢筋混凝土条形基础）、柱下钢筋混凝土条形基础、柱下十字交叉基础、片筏基础、箱形基础。深基础类型包括：桩基础、大直径的桩墩基础、沉井基础、地下连续墙等。目前桩基础在建筑业中应用非常广泛。

本章主要介绍无筋扩展基础、扩展基础及桩基础的构造及识图。

基础的认知

8.1 无筋扩展基础的构造与识图

8.1.1 无筋扩展基础的类型

无筋扩展基础又称刚性基础，是指由砖、毛石、混凝土或毛石混凝土、灰土和三合土等材料组成的，不配置钢筋的墙下条形基础和柱下独立基础，适用于多层民用建筑和轻型厂房。

按材料分为：砖基础、毛石基础、混凝土或毛石混凝土基础、灰土基础、三合土基础。

按构造分为：独立基础和条形基础。独立基础是指整个或局部结构物下的单个基础；条形基础是指长度方向远远大于其宽度的一种基础形式。

8.1.2　无筋扩展基础的构造

1. 砖基础

砖基础是一种常见的基础形式，一般建在 100mm 厚 C10 素混凝土垫层上，其剖面为阶梯形，通常称大放脚。大放脚从垫层上开始砌筑，各部分的尺寸应符合砖的模数。大放脚一般为二一间隔收（两皮一收与一皮一收相间）或两皮一收，如图 8-1 所示。

为保证砖基础的耐久性，《砌体结构设计规范》（GB 50003—2011）规定了地面以下或防潮层以下的砌体，所用材料的最低强度等级应符合有关要求，见表 8-1。

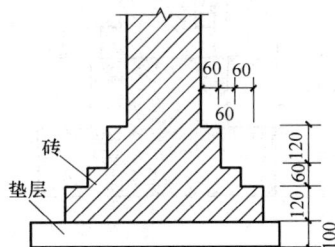

图 8-1　砖基础

表 8-1　地面以下或防潮层以下的砌体所用材料的最低强度等级

潮湿程度	烧结普通砖	混凝土普通砖、蒸压普通砖	混凝土砌块	石　材	水泥砂浆
稍潮湿的	MU15	MU20	MU7.5	MU30	M5
很潮湿的	MU20	MU20	MU10	MU30	M7.5
含水饱和的	MU20	MU25	MU15	MU40	M10

注：1. 在冻胀地区，地面以下或防潮层以下的砌体，不宜采用多孔砖，如采用时，其孔洞应用不低于 M10 的水泥砂浆预先灌实。当采用混凝土空心砌块时，其孔洞应采用强度等级不低于 Cb20 的混凝土灌实。
　　2. 对安全等级为一级或设计使用年限大于 50 年的房屋，表中材料强度等级宜至少提高一级。

在墙基础顶面应设置防潮层，防潮层宜用 1：2.5 水泥砂浆加适量的防水剂铺设，其厚度一般为 20mm，位于室内地坪下 60mm 处。

砖基础具有取材容易、价格便宜、施工简便等特点，因此广泛应用于 6 层及 6 层以下的民用建筑和砖墙承重厂房。

2. 毛石基础

毛石是指未经加工整平的石料。毛石基础是选用强度不低于 MU20 的硬质岩石，用水泥砂浆砌筑而成的基础。

为了保证砌筑质量，每层台阶宜用三排或三排以上的毛石，每一台阶伸出宽度不宜大于 200mm，高度不宜小于 400mm，石块应错缝搭砌，缝内砂浆应饱满，如图 8-2 所示。

毛石基础的抗冻性较好，在寒冷潮湿地区可用于 6 层以下建筑物的基础。

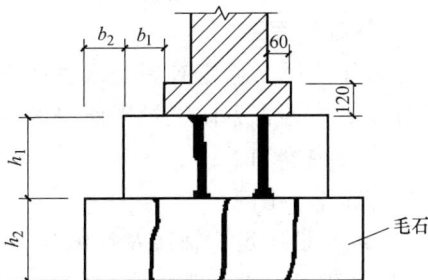

图 8-2　毛石基础

3. 混凝土和毛石混凝土基础

混凝土基础的强度、耐久性、抗冻性均较好，其强度等级一般可采用 C15 以上，常用于荷载大或基础位于地下水位以下的情况。

当基础体积较大时，为节省水泥用量，可在混凝土内掺入不超过 30% 体积的毛石做成毛石混凝土基础，如图 8-3 所示。掺入毛石的尺寸不宜大于 300mm，且应冲洗干净，其强度等级不应低于 MU20。

4. 灰土基础

为节约砖石材料，常在砖石基础大放脚下面做一层灰土垫层，如图 8-4 所示。

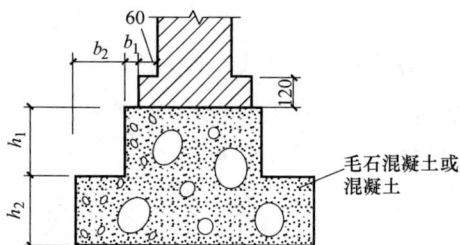

图 8-3　混凝土和毛石混凝土基础

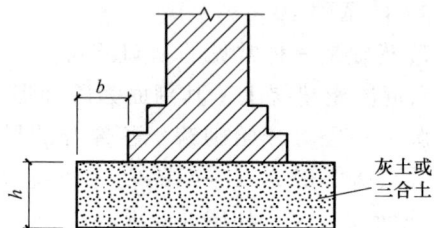

图 8-4　灰土、三合土基础

灰土是用熟化的石灰粉和黏性土按一定比例加适量水拌匀后分层夯实而成，体积配合比为 3:7 或 2:8，一般多采用 3:7，即 3 份石灰粉、7 份黏性土（体积比），通常称为三七灰土。压实后的灰土应满足设计对压实系数的质量要求。灰土施工时，每层虚铺 220～250mm，夯实至 150mm，称为一步灰土。一般可用 2 步或 3 步，即 300mm 或 450mm 厚。

灰土基础造价低，可节约水泥和砖石材料，多用于五层或五层以下的民用建筑。

5. 三合土基础

三合土是由石灰、砂和骨料（碎石、碎砖或矿渣等）按体积比 1:2:4 或 1:3:6，加适量水拌和均匀配置而成。一般每层虚铺 220mm 厚，夯实至 150mm。可用 2 步或 3 步，即 300mm 或 450mm 厚，然后在它上面砌大放脚，如图 8-4 所示。

三合土基础施工简单、造价低，强度也较低，故一般用于地下水位较低的 4 层及 4 层以下的民用建筑。

8.1.3　基础施工图识图基本知识

基础施工图表示建筑物室内地面以下基础部分的平面布置及详细构造，由基础平面图和基础详图组成。采用桩基时，还应包括桩位平面图，以及一些必要的设计说明。

1. 基础平面图

基础平面图是假定有一个水平面在建筑物的室内地坪以下水平剖切，移去上部房屋和基坑内泥土，按俯视方向正投影所得的水平剖面图，如图 8-5a 所示。

其主要内容如下：

1）图名、比例。

2）纵、横向定位轴线及其编号。

3）基础梁、柱、基础底面的尺寸及其与轴线的关系。

4）剖面图的剖切线及其编号。

2. 基础详图

基础详图是垂直剖切的断面图，如图 8-5b 所示。

其主要内容如下：

1）图名、比例。

a)

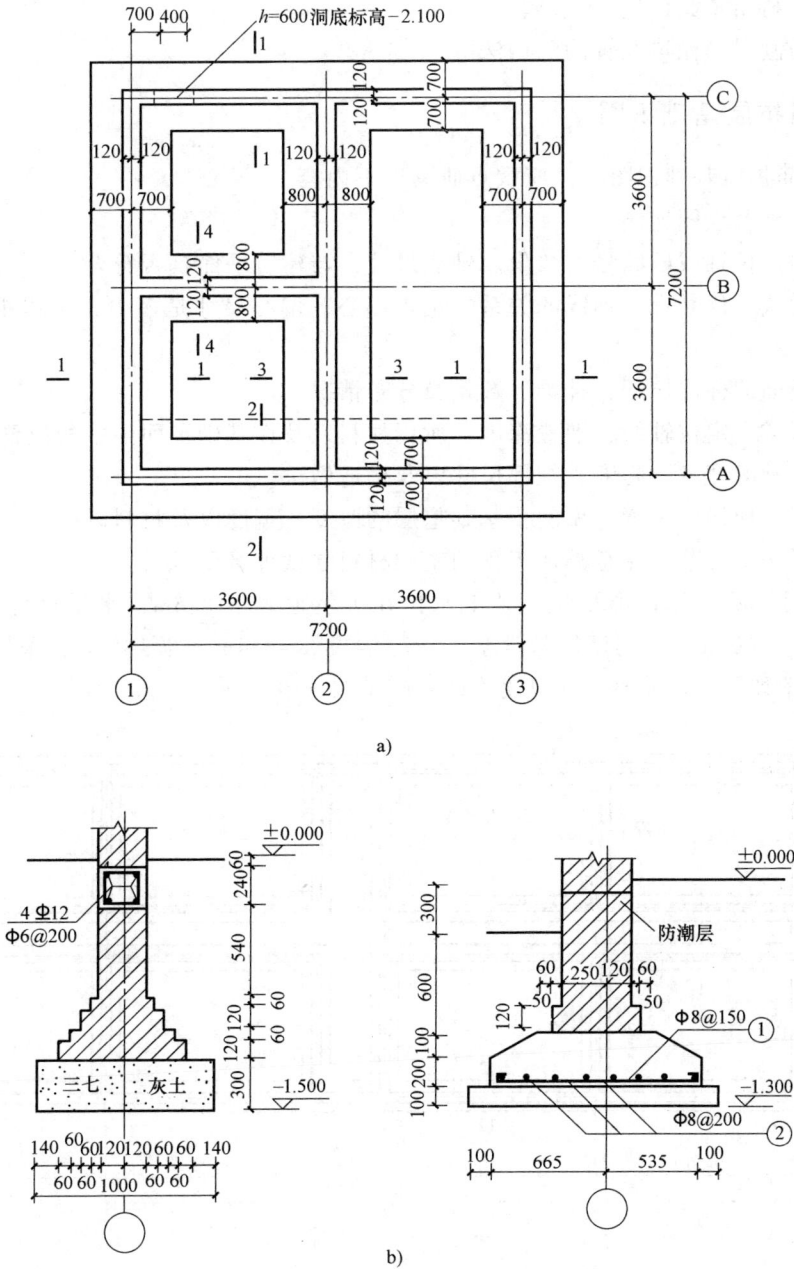

b)

图 8-5 基础施工图

a）基础平面图 b）条形基础详图

2）基础剖面图中轴线及其编号，通常剖面图的轴线圆圈内可不编号。

3）室内地面及基础底面的标高。

4）基础底板及基础梁内受力钢筋及分布钢筋的直径、间距及钢筋编号等。此外，现浇基础还应标注插筋直径、数量，位置，以及钢筋搭接长度与位置及箍筋加密等；对桩基础应表示出承台细部尺寸、配筋及桩的埋深等。

5）垫层的材料及其做法。

6）基础防潮层的做法及管沟的做法等。

8.1.4 无筋扩展基础识图

在进行无筋扩展基础识图时，应重点研读以下内容：

1）工程名称及绘图比例。

2）纵横向定位轴线的编号、数量、轴线尺寸，与建筑平面是否符合。

3）基础形式、代号及与轴线的关系，是否偏心，偏心尺寸是多少，可以根据基础代号统计列表。

4）基础断面的标注位置、种类、数量及分布情况。

5）基础形式、定位轴线、埋置深度、所用材料以及在基础平面图中的位置。

6）刚性基础的宽度、高度、细部尺寸以及构造做法。

7）防潮层和地沟的位置、做法；基础垫层的厚度、宽度以及材料。

8）施工说明中尤其要注意具体工程的基础材料强度等级要求。

【例题 8-1】 某场地地形平坦，地下水位在天然地表下 8.5m，水质良好，无腐蚀性，室外设计地面−0.600m，拟建四层教学楼，该教学楼长 43.4m，宽 14.1m，采用无筋扩展基础，基础施工图如图 8-6 所示，试识读该基础施工图。

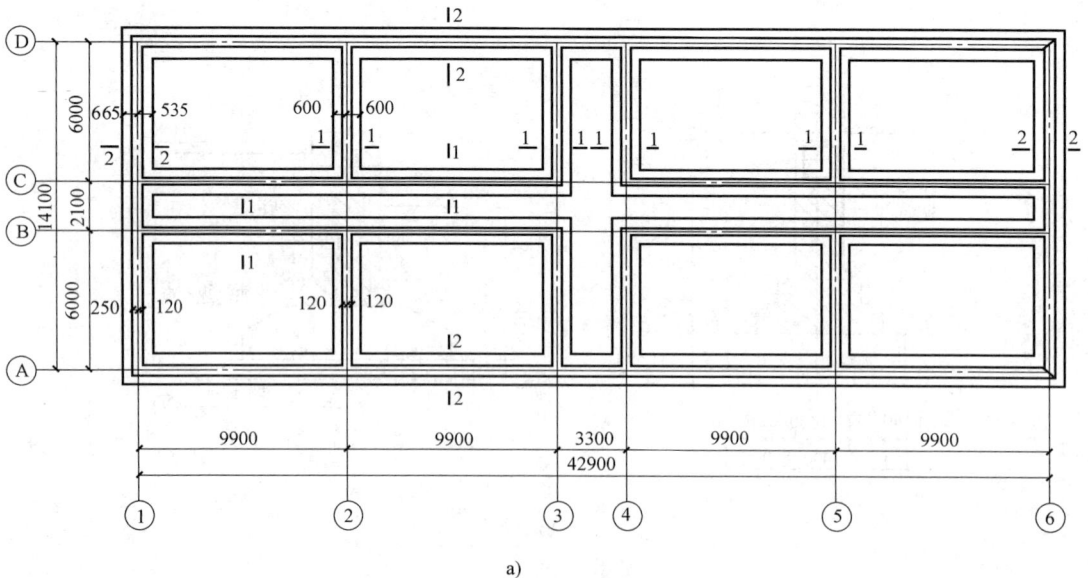

a）

图 8-6 无筋扩展基础施工图

a）基础平面图 1∶100

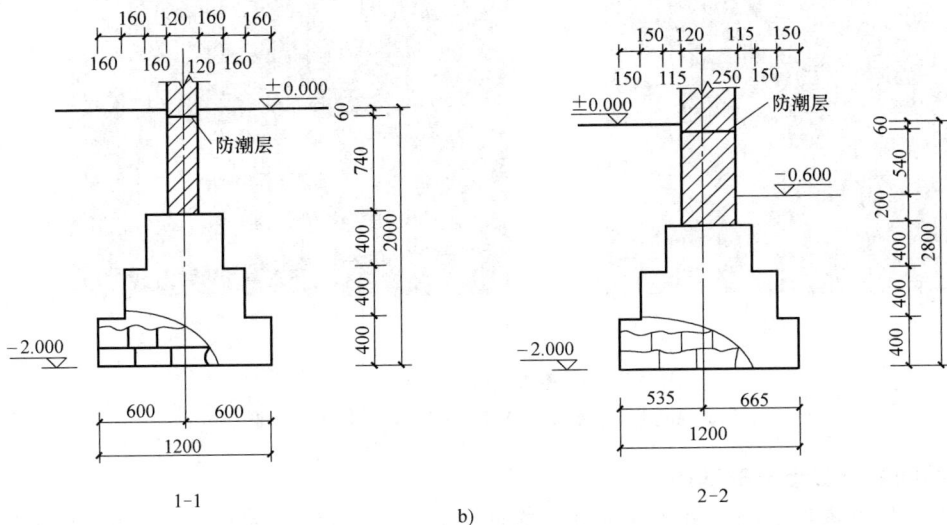

图 8-6　无筋扩展基础施工图（续）

b）基础详图 1∶30

解：识读要点如下：

（1）某教学楼无筋扩展基础平面图，比例 1∶100，详图比例 1∶30。

（2）纵向定位轴线由Ⓐ到Ⓓ，轴线间的距离分别为 6000mm、2100mm、6000mm；横向定位轴线由①到⑥，轴线间的距离依次分别为 9900mm、9900mm、3300mm、9900mm、9900mm。

（3）所有外墙和内墙都采用毛石条形基础。

（4）所有内墙基础都一样，详见断面 1—1，所有外墙基础都一样，详见断面 2—2。

（5）以断面 1—1 为例，毛石基础，基底标高 −2.000，基础高度 1200mm，三阶台阶，每阶高 400mm，宽 160mm，基底宽 1200mm，轴线居中，内墙为 24 墙。

（6）以断面 2—2 为例，毛石基础，基底标高 −2.000，基础高度 1200mm，三阶台阶，每阶高 400mm，自下而上，台阶的宽度分别为 150mm、150mm、115mm，基底宽 1200mm，外墙为 37 墙。

（7）防潮层在 ±0.000 以下 60mm 处。

8.2　扩展基础构造与识图

8.2.1　扩展基础的类型

当基础高度不能满足规定的台阶宽高比限制时，可采用扩展基础。扩展基础是指墙下的钢筋混凝土条形基础和柱下钢筋混凝土独立基础。这种基础的整体性、耐久性、抗冻性较好，抗弯、抗剪强度大，适用于上部结构荷载大、地基较软弱、基础底面大而又需浅埋（即"宽基浅埋"）的基础，在基础设计中被广泛采用，图 8-7 所示为扩展基础施工现场。

图 8-7 扩展基础施工现场
a) 墙下钢筋混凝土条形基础　b) 柱下钢筋混凝土独立基础

1. 墙下的钢筋混凝土条形基础

墙下钢筋混凝土条形基础可分为无肋式和有肋式两种，如图 8-8 所示。当地基土分布不均匀时，常常用有肋式来调整基础的不均匀沉降，增加基础的整体性。

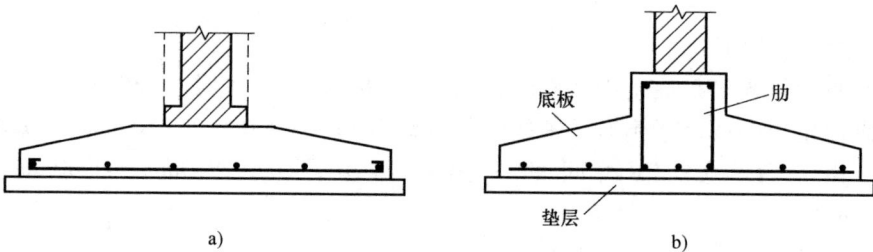

图 8-8 墙下钢筋混凝土条形基础
a) 无肋式　b) 有肋式

2. 柱下钢筋混凝土独立基础

柱下钢筋混凝土独立基础有阶梯形、锥形和杯口三种形式，如图 8-9 所示。现浇柱下基础常采用锥形或阶梯形，预制柱的基础一般为杯口形。

8.2.2　扩展基础的构造

1. 一般构造要求

1）锥形基础的边缘高度，不宜小于 200mm，且两个方向的坡度不宜大于 1：3；阶梯形基础的每阶高度，宜为 300~500mm，如图 8-10 所示。

2）扩展基础下通常设素混凝土垫层，垫层厚度不宜小于 70mm，垫层混凝土强度等级应为 C10。垫层两边各伸出基础底板不小于 50mm，一般为 100mm。

3）扩展基础受力钢筋最小配筋率不应小于 0.15%。底板受力钢筋的最小直径不应小于 10mm；间距不应大于 200mm，也不应小于 100mm。墙下钢筋混凝土条形基础纵向分布钢筋的直径不应小于 8mm；间距不应大于 300mm。每延米分布钢筋的面积不应小于受力钢筋面

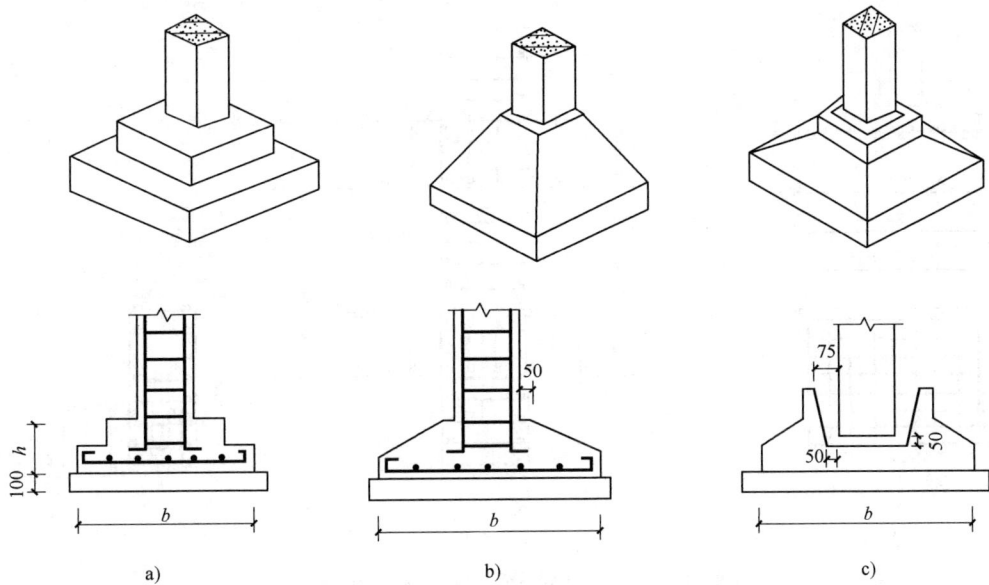

图 8-9 柱下钢筋混凝土独立基础

a）阶梯形基础 b）锥形基础 c）杯口基础

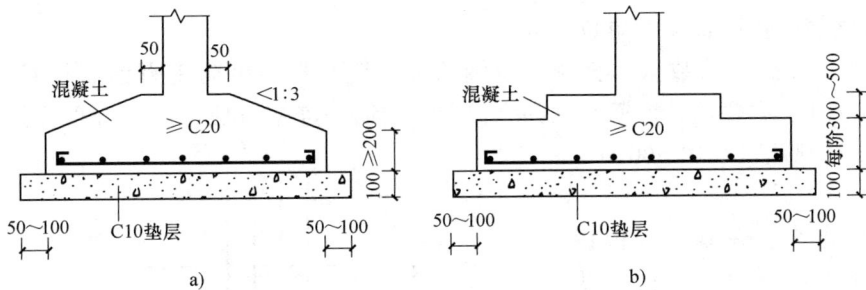

图 8-10 扩展基础一般构造要求

a）锥形基础 b）阶梯形基础

独立基础施工工艺

积的 15%。当有垫层时，钢筋保护层的厚度不应小于 40mm；无垫层时不应小于 70mm。

4）混凝土强度等级不应低于 C20。

5）当柱下钢筋混凝土独立基础的边长和墙下钢筋混凝土条形基础的宽度大于或等于 2.5m 时，底板受力钢筋的长度可取边长或宽度的 0.9 倍，并宜交错布置，如图 8-11a 所示。

6）钢筋混凝土条形基础底板在 T 形及十字形交接处，底板横向受力钢筋仅沿一个主要受力方向通长布置，另一方向的横向受力钢筋可布置到主要受力方向底板宽度 1/4 处，如图 8-11b 所示。在拐角处底板横向受力钢筋应沿两个方向布置如图 8-11c 所示。

2. 现浇柱基础

（1）钢筋混凝土柱和剪力墙纵向受力钢筋在基础内的锚固长度 l_a 应根据现行国家标准《混凝土结构设计规范》（GB 50010—2010）的相关规定确定。

105

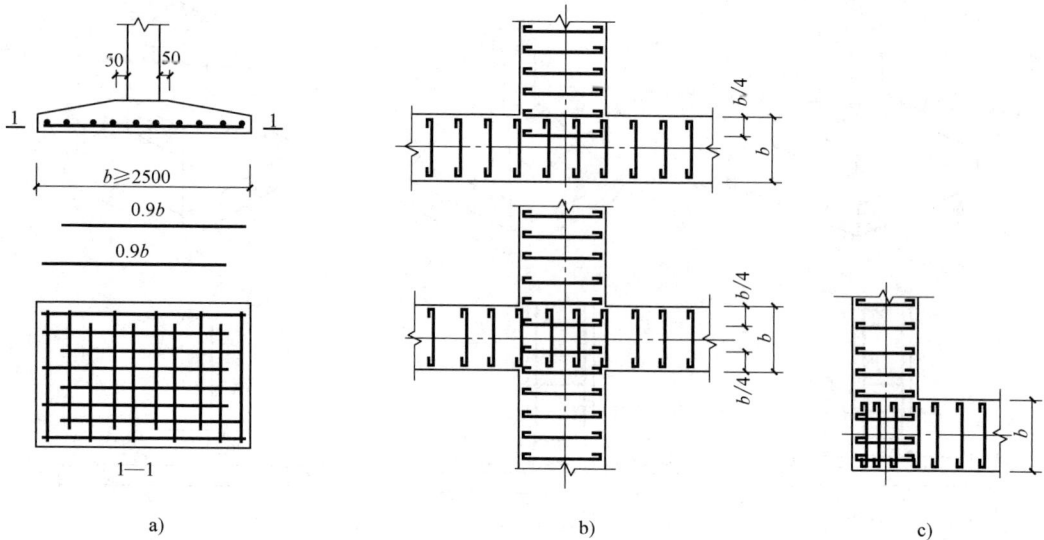

图 8-11 扩展基础底板受力钢筋布置示意图

有抗震设防要求时，纵向受力钢筋的最小锚固长度 l_{aE} 应按下式计算：

一、二级抗震等级 $\qquad\qquad l_{aE} = 1.15l_a \qquad\qquad$ (8-1)

三级抗震等级 $\qquad\qquad l_{aE} = 1.05l_a \qquad\qquad$ (8-2)

四级抗震等级 $\qquad\qquad l_{aE} = l_a \qquad\qquad$ (8-3)

式中 $\quad l_a$——纵向受拉钢筋的锚固长度，单位为 m。

（2）现浇柱的基础，其插筋的数量、直径以及钢筋种类应与柱内纵向受力钢筋相同。插筋的锚固长度应满足（1）中要求，插筋与柱的纵向受力钢筋的连接方法，应符合现行国家标准《混凝土结构设计规范》（GB 50010—2010）的规定。

插筋的下端宜做成直钩放在基础底板钢筋网上。当符合下列条件之一时，可仅将四角的插筋伸至底板钢筋网上，其余插筋锚固在基础顶面下 l_a 或 l_{aE}（有抗震设防要求时）处，如图 8-12 所示。

1）柱为轴心受压或小偏心受压，基础高度大于等于 1200mm。

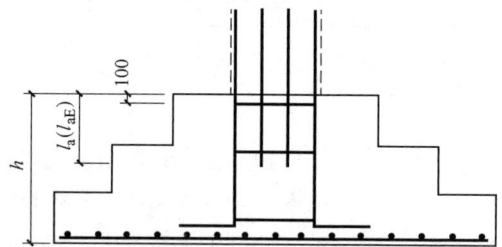

图 8-12 现浇柱的基础插筋构造示意图

2）柱为大偏心受压，基础高度大于或等于 1400mm。

3. 预制柱基础

（1）连接要求。预制钢筋混凝土柱与杯口基础的连接要求，如图 8-13 所示。

（2）柱的插入深度。柱的插入深度除应满足上述钢筋锚固长度的要求及吊装时柱的稳定性外，还应符合下列要求，见表 8-2。

（3）基础的杯底厚度和杯壁厚度。基础的杯底厚度和杯壁厚度应符合有关要求，见表 8-3。

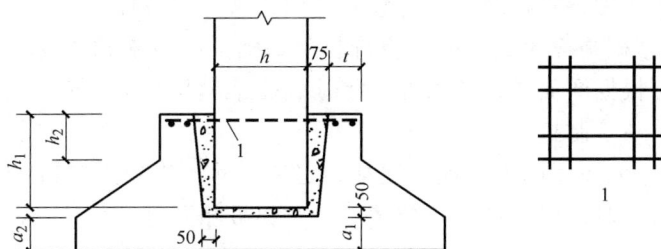

图 8-13　预制钢筋混凝土柱与杯口基础的连接示意

1—焊接网

注：$a_2 \geqslant a_1$

表 8-2　柱的插入深度 h_1　　　　　　　　　　　（单位：mm）

矩形或工字形柱				双肢柱
$h < 500$	$500 \leqslant h < 800$	$800 \leqslant h < 1000$	$h > 1000$	
$h \sim 1.2h$	h	$0.9h$ 且 $\geqslant 800$	$0.8h$ 且 $\geqslant 1000$	$(1/3 \sim 2/3)h_a$ $(1.5 \sim 1.8)h_b$

注：1. h 为柱截面长边尺寸；h_a 为双肢柱全截面长边尺寸；h_b 为双肢柱全截面短边尺寸。
　　2. 柱轴心受压或小偏心受压时，h_1 可适当减小，偏心矩大于 $2h$ 时，h_1 应适当加大。

表 8-3　基础的杯底厚度和杯壁厚度　　　　　　　（单位：mm）

柱截面长边尺寸 h	杯底厚度 a_1	杯壁厚度 t
$h < 500$	$\geqslant 150$	$150 \sim 200$
$500 \leqslant h < 800$	$\geqslant 200$	$\geqslant 200$
$800 \leqslant h < 1000$	$\geqslant 200$	$\geqslant 300$
$1000 \leqslant h < 1500$	$\geqslant 250$	$\geqslant 350$
$1500 \leqslant h < 2000$	$\geqslant 300$	$\geqslant 400$

注：1. 双肢柱的杯底厚度值，可适当加大。
　　2. 当有基础梁，基础梁下的杯壁厚度，应满足其支承宽度的要求。
　　3. 柱子插入杯口部分的表面应凿毛，柱子与杯口之间的空隙，应用比基础混凝土强度等级高一级的细石混凝土充填密实，当达到材料设计强度的 70% 以上时，方能进行上部吊装。

（4）杯壁的配筋。

1）当柱为轴心受压或小偏心受压，且 $t/h_2 \geqslant 0.65$ 时，或大偏心受压，且 $t/h_2 \geqslant 0.75$ 时，杯壁可不配筋。

2）当柱为轴心受压或小偏心受压，且 $0.5 \leqslant t/h_2 < 0.65$ 时，杯壁的构造配筋见表 8-4。

3）其他情况下，应按计算配筋。

表 8-4　杯壁构造配筋　　　　　　　　　　　（单位：mm）

柱截面长边尺寸	$h < 1000$	$1000 \leqslant h < 1500$	$1500 \leqslant h \leqslant 2000$
钢筋直径	$8 \sim 10$	$10 \sim 12$	$12 \sim 16$

注：表中钢筋置于杯口顶部，每边两根。

8.2.3　独立基础平面整体表示方法介绍

1. 独立基础平法施工图的表示方法

1）独立基础平法施工图，有平面注写与截面注写两种表达方式，设计者可根据具体工程情况选择一种，或两种方式相结合进行独立基础的施工图设计。

2）在绘制独立基础平面布置图时，应将独立基础平面与基础所支承的柱一起绘制。如设置基础联系梁，可根据图面的疏密情况，将基础联系梁与基础平面布置图一起绘制，或将基础联系梁布置图单独绘制。

3）在独立基础平面布置图上，应标注基础定位尺寸；当独立基础的柱中心线或杯口中心线与建筑轴线不重合时，应标注其定位尺寸。对编号相同且定位尺寸相同的基础，可仅选择一个进行标注。

2. 独立基础编号

各种独立基础编号见表 8-5。

表 8-5　独立基础编号

类型	基础底板截面形状	代号	序号	说明
普通独立基础	阶形	DJ_J	××	单阶截面即为平板独立基础 坡形截面基础底板可为四坡、三坡、双坡及单坡
普通独立基础	坡形	DJ_P	××	
杯口独立基础	阶形	BJ_J	××	
杯口独立基础	坡形	BJ_P	××	

3. 独立基础的平面注写方式

独立基础的平面注写方式，分为集中标注和原位标注两部分内容。

（1）集中标注。在基础平面图上集中引注内容包括必注内容和选注内容。必注内容为基础编号、截面竖向尺寸、配筋三项；选注内容为基础底面标高（与基础底面基准标高不同时）和必要的文字注解两项。

1）基础编号（必注内容）。独立基础底板的截面形状通常有两种：

阶形截面编号加下标"J"，如 DJ_J××、BJ_J××。

坡形截面编号加下标"P"，如 DJ_P××、BJ_P××。

2）截面竖向尺寸（必注内容）。以普通独立基础为例进行说明。

注写 $h_1/h_2/\cdots$，各阶尺寸自下而上用"/"分隔顺写。具体标注为：

① 当基础为阶形截面时，如图 8-14 所示，普通独立基础 DJ_J××竖向尺寸注写为 400/300/300 时，表示 $h_1 = 400mm$，$h_2 = 300mm$，$h_3 = 300mm$，基础底板总厚度为 1000mm。

② 当基础为单阶时，其竖向尺寸仅为一个，且为基础总厚度。

③ 当基础为坡形截面时，注写为 h_1/h_2，如图 8-15 所示，如普通独立基础 DJ_P××的竖向尺寸注写为 350/300 时，表示 $h_1 = 350mm$，$h_2 = 300mm$，基础底板总厚度为 650mm。

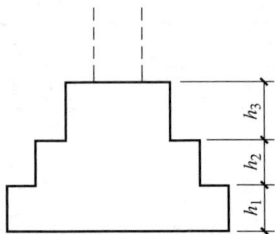

图 8-14　阶形截面普通独立基础竖向尺寸　　　　图 8-15　坡形截面普通独立基础竖向尺寸

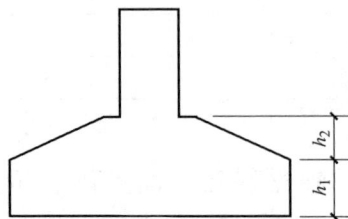

3）配筋（必注内容）。普通独立基础底部双向配筋注写：以 B 代表各种独立基础底板的底部配筋；X 向配筋以 X 打头，Y 向配筋以 Y 打头注写；如果两向配筋相同时，则以 $X\&Y$ 打头注写。

例如，当矩形独立基础底板配筋标注为：B：$X\Phi16@150$，$Y\Phi16@200$，表示基础底板底部配置 HRB335 级钢筋，X 向钢筋直径为 16mm，间距为 150mm；Y 向钢筋直径为 16mm，间距为 200mm，如图 8-16 所示。

4）基础底面标高（选注内容）。当独立基础的底面标高与基础底面基准标高不同时，应将独立基础底面标高直接注写在"（）"内。

5）必要的文字注解（选注内容）。当独立基础的设计有特殊要求时，宜增加必要的文字注解。例如，基础底板配筋长度是否采用减短方式等，可在该项内注明。

（2）原位标注。独立基础的原位标注，是在基础平面布置图上标注独立基础的平面尺寸。对相同编号的基础，可选择一个进行原位标注；当平面图形较小时，可将所选定进行原位标注的基础按比例适当放大；其他相同编号者仅注编号。

图 8-16　独立基础底板底部
双向配筋示意图

下面以普通矩形独立基础为例来讲述原位标注的表达形式。

原位注写 x、y、x_c、y_c、x_i、y_i，$i=1$，2，3…，其中，x，y 为普通独立基础两向边长，x_c，y_c 为柱截面尺寸，x_i、y_i 为阶宽或坡形平面尺寸。

对称阶形截面普通独立基础的原位标注如图 8-17 所示。

非对称阶形截面普通独立基础的原位标注如图 8-18 所示。

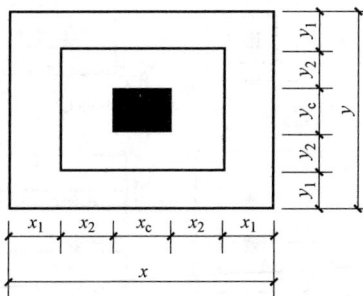

图 8-17　对称阶形截面普通独立基础原位标注

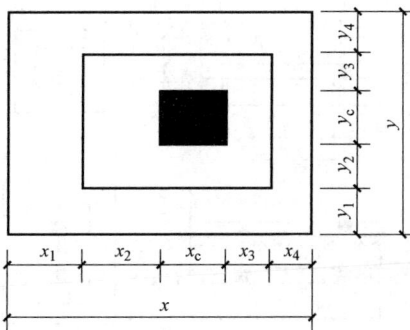

图 8-18　非对称阶形截面普通独立基础原位标注

对称坡形截面普通独立基础的原位标注如图 8-19 所示。

非对称坡形截面普通独立基础的原位标注如图 8-20 所示。

（3）独立基础的平面注写方式示意。普通独立基础采用平面注写方式的集中标注和原位标注综合表达，如图 8-21 所示。

独立基础平法施工图平面注写方式示例如图 8-22 所示。

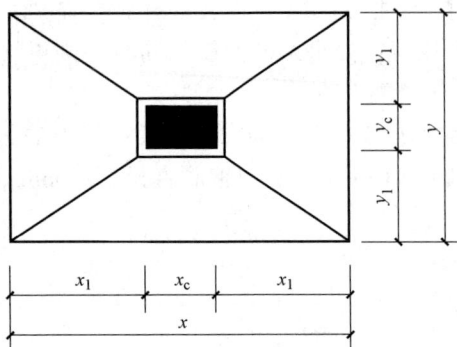

图 8-19　对称坡形截面普通独立基础原位标注

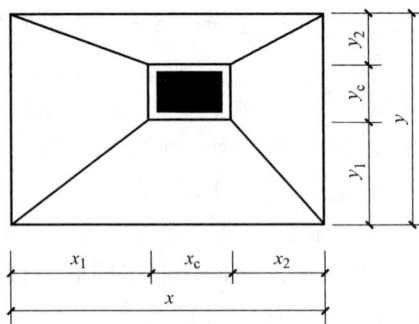

图 8-20　非对称坡形截面普通独立基础原位标注

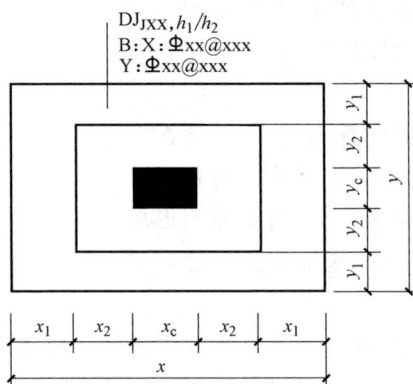

图 8-21　普通独立基础平面注写方式设计表达示意

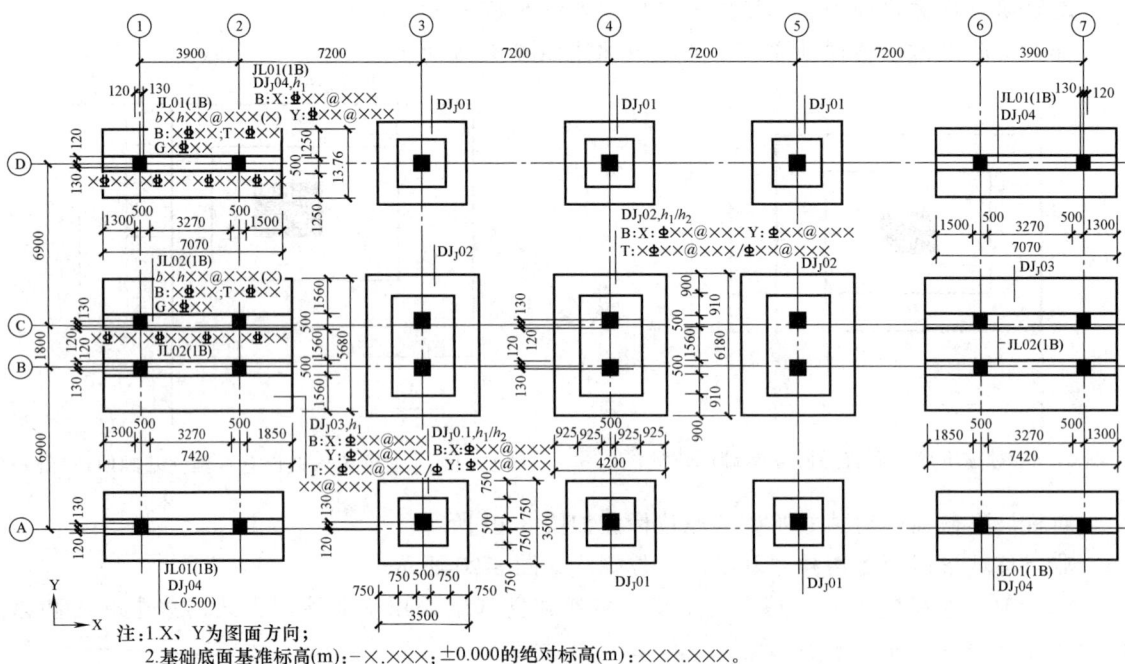

注：1. X、Y 为图面方向；
　　2. 基础底面基准标高(m)：-×.×××；±0.000 的绝对标高(m)：×××.×××。

图 8-22　独立基础平法施工图平面注写方式示例

4. 独立基础截面注写方式

独立基础的截面注写方式可分为截面标注和列表注写两种表达方式。

对单个基础进行截面标注的内容和形式，与传统的表达方式相同。对多个同类基础，可采用列表注写的方式进行集中表达。具体表达内容可参考图集《混凝土结构施工图平面整体表示方法制图规则和构造详图》（16G101—3）（独立基础、条形基础、筏形基础、桩基础）。

【例题 8-2】 某柱下钢筋混凝土独立基础施工图如图 8-23 所示，试识读该图，并将其转化成独立基础平法施工图。

解： 识读要点：

（1）基础平面图。纵向定位轴线有Ⓐ、Ⓑ、Ⓒ、Ⓓ四根，其间距分别为 6900mm、8000mm、3600mm。横向定位轴线有①、②、③、④、⑤、⑥六根，其间距分别为 8000mm、8000mm、8000mm、8000mm、7700mm。

（2）图中基础的类型为柱下独立基础（阶形基础），其中大正方形表示垫层的外轮廓线。最里面小的正方形表示钢筋混凝土柱的断面，其他正方形代表基础台阶的轮廓线。基础沿定位轴线布置，其代号及编号为 J-1、J-2、J-3、J-4、J-5、J-6、J-7，从平面图中可以看出与轴线的关系。

（3）基础详图。列举了独立基础 J-1、J-2，除了画出垂直剖视图外还画出了平面图，垂直剖视图清晰地反映了基础柱、基础及垫层三部分，平面图采用局部剖面方式表示基础的网状配筋。识图时要平面图和详图一起识读。

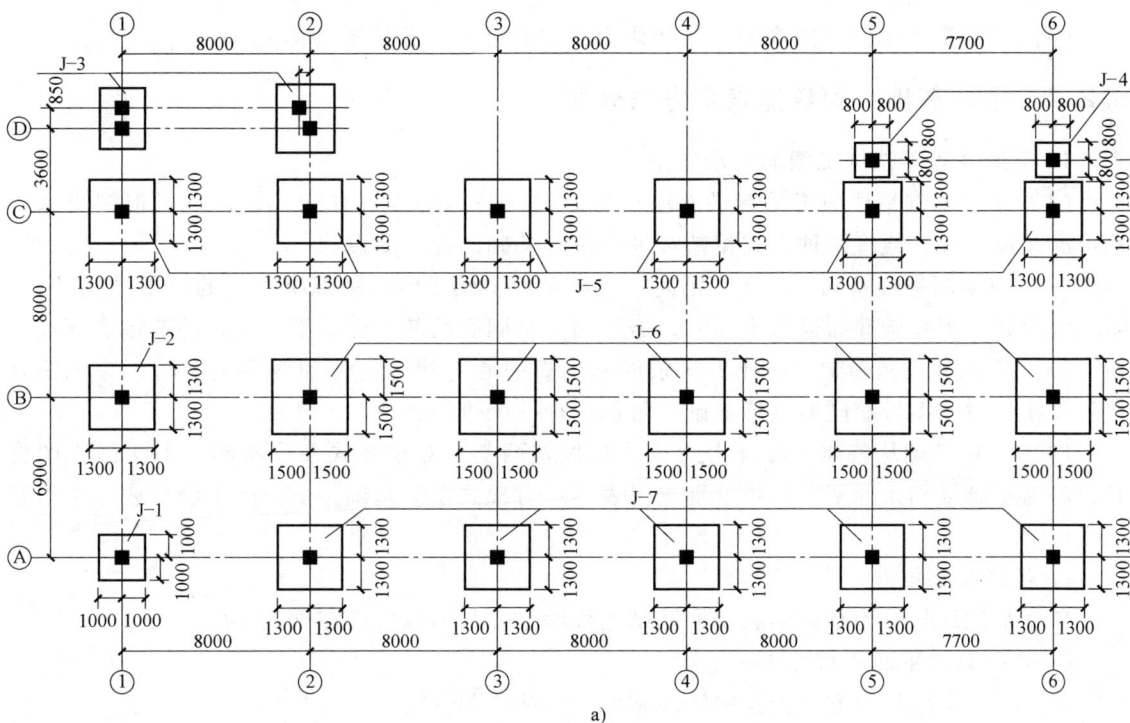

图 8-23 某柱下独立基础施工图

a）基础平面图 1∶100

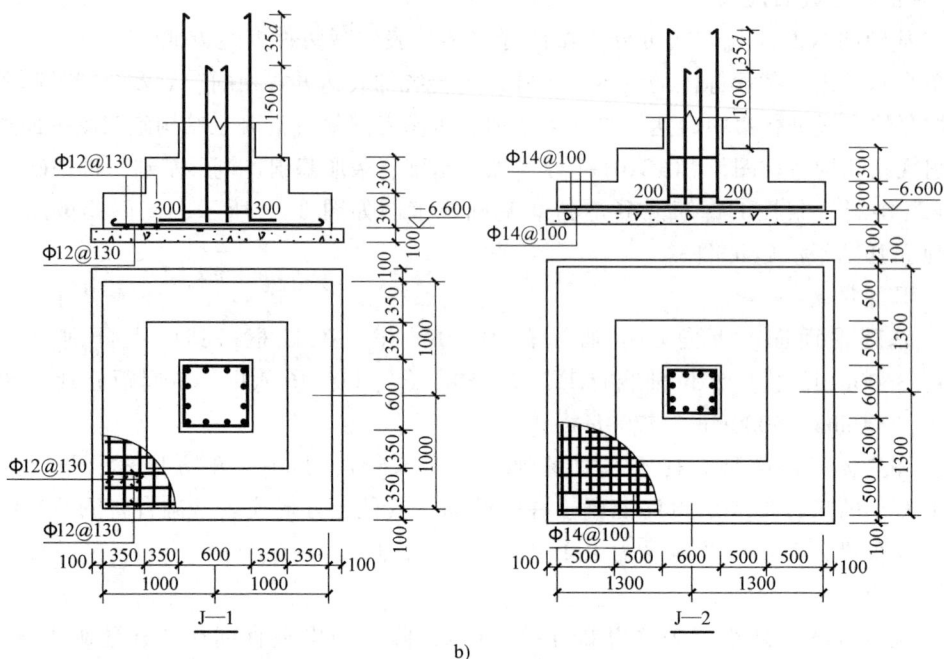

b)

图 8-23 某柱下独立基础施工图（续）

b）基础详图 1：30

（4）按平法施工图制图规则将其转化为独立基础平法施工图（略）。

8.2.4 条形基础平面整体表示方法介绍

1. 条形基础平法施工图的表示方法

（1）条形基础平法施工图有平面注写与截面注写两种表达方式，设计时可根据具体工程情况选择一种，或将两种方式相结合进行条形基础的施工图设计。

（2）当绘制条形基础平面布置图时，应将条形基础平面与基础所支承的上部结构的柱、墙一起绘制。当基础底面标高不同时，需注明与基础底面基准标高不同之处的范围和标高。

（3）当梁板式基础梁中心或板式条形基础板中心与建筑定位轴线不重合时，应标注其定位尺寸；对于编号相同的条形基础，可仅选择一个进行标注。

（4）条形基础从整体上可分为梁板式和板式两类。对梁板式条形基础，平法施工图将其分解为基础梁和条形基础底板分别进行表达。对板式条形基础，平法施工图仅表达条形基础底板。

2. 条形基础编号

条形基础编号分为基础梁和条形基础底板编号，具体编号规定见表 8-6。

3. 基础梁的平面注写方式

基础梁的平面注写方式分集中标注和原位标注两部分内容。

（1）集中标注。集中标注包含必注内容和选注内容，必注内容为基础梁编号、截面尺寸、配筋三项，选注内容为基础梁底面标高（与基础底面基准标高不同时）和必要的文字注解两项。具体规定如下：

表 8-6　条形基础梁及底板编号

类型	代号		序号	跨数及有无外伸
基础梁	JL		××	（××）端部无外伸
条形基础底板	坡形	TJB_P	××	（××A）一端有外伸
	阶形	TJB_J	××	（××B）两端有外伸

注：条形基础通常采用坡形截面或单阶形截面。

1）基础梁编号（必注内容），基础梁按表 8-6 的规定编号。

2）基础梁截面尺寸（必注内容），注写 $b×h$，表示梁截面宽度与高度。当为加腋梁时，用 $b×hYc_1×c_2$ 表示，其中 c_1 为腋长，c_2 为腋高。

3）基础梁配筋（必注内容）。

① 基础梁箍筋。

a. 当具体设计仅采用一种箍筋间距时，注写钢筋级别、直径、间距与肢数（箍筋肢数写在括号内，下同）。

b. 当具体设计采用两种或多种箍筋间距时，用"/"分隔不同箍筋的间距及肢数，按照从基础梁两端向跨中的顺序注写。先注写第 1 段箍筋（在前面加注箍筋道数），在斜线后再注写第 2 段箍筋（不再加注箍筋道数）。

例如，12Φ16@150/250（4）表示配置两种 HPB300 级箍筋，直径均为 16，从梁两端起向跨内按间距 150mm 设置 12 道，梁其余部分的间距为 250mm，均为 4 肢箍。

例如，11Φ16@100/9Φ16@150/Φ16@200（6）表示配置三种 HRB400 级钢筋，直径为 16mm，从梁两端起向跨内按间距 100mm 设置 11 道，再按间距 150mm 设置 9 道，梁其余部位的间距为 200mm，均为 6 肢箍。

② 基础梁底部、顶部及侧面纵向钢筋。

a. 以 B 打头，注写梁底部贯通纵筋（不应少于梁底部受力钢筋总截面面积的 1/3）。当跨中所注根数少于箍筋肢数时，需要在跨中增设梁底部架立筋以固定箍筋，采用"+"将贯通纵筋与架立筋相联，架立筋注写在加号后面的括号内。

b. 以 T 打头注写梁顶部贯通纵筋。注写时用分号";"将底部与顶部贯通纵筋分隔开。

c. 当梁底部或顶部贯通纵筋多于一排时，用"/"将各排纵筋自上而下分开。

例如，B：3Φ28；T：12Φ28　6/6 表示梁底部配置贯通纵筋为 3Φ28，梁顶部配置贯通纵筋上一排为 6Φ28，下一排为 6Φ28，共 12Φ28。

d. 以大写字母 G 打头注写梁两侧面对称设置的纵向构造钢筋的总配筋值（当梁腹板高度 h_w≥450mm 时，根据需要配置）。

例如，G4Φ14 表示梁每个侧面配置纵向构造钢筋 2Φ14，共配置 4Φ14。

4）基础梁底面标高（选注内容）。当条形基础的底面标高与基础底面基准标高不同时，将条形基础底面标高注写在"（）"内。

5）必要的文字注解（选注内容）。当基础梁的设计有特殊要求时，宜增加必要的文字注解。

（2）基础梁的原位标注。

1）基础梁支座的底部纵筋（包含贯通纵筋与非贯通纵筋在内的所有纵筋）。

① 当底部纵筋多于一排时，用"/"将各排纵筋自上而下分开。

② 当同排纵筋有两种直径时，用"+"将两种直径的纵筋相联。

③ 当梁支座两边的底部纵筋配置不同时，需在支座两边分别标注；当梁支座两边的底部纵筋相同时，可仅在支座的一边标注。

④ 当梁支座底部全部纵筋与集中注写过的底部贯通纵筋相同时，可不再重做原位标注。

⑤ 竖向加腋梁加腋部位钢筋，需在设置加腋的支座处以"Y"打头注写在括号内。

设计时如果对底部一平（梁底部在同一平面上）的梁支座两边的底部非贯通纵筋采用不同配筋值时，应先按较小一边的配筋值选配相同直径的纵筋贯穿支座，再将较大一边的配筋差值选配适当直径的钢筋锚入支座，避免造成支座两边大部分直径不相同的不合理配置结果。

2）基础梁的附加箍筋或（反扣）吊筋。当两向基础梁十字交叉，但交叉位置无柱时，应根据抗力需要设置附加箍筋或（反扣）吊筋。

将附加箍筋或（反扣）吊筋直接画在平面图中的条形基础主梁上，原位直接引注总配筋值（附加箍筋的肢数注在括号内）。当多数附加箍筋或（反扣）吊筋相同时，可在条形基础平法施工图上统一注明，少数与统一注明值不同时，可在原位直接引注。

3）基础梁外伸部位的变截面高度尺寸。当基础梁外伸部位采用变截面高度时，在该部位原位注写 $b \times h_1/h_2$，h_1 为根部截面高度，h_2 为尽端截面高度。

4）修正内容。当在基础梁上集中标注的某项内容（如截面尺寸、箍筋、底部与顶部贯通纵筋或架立筋、梁侧面纵向构造钢筋、梁底面标高等）不适用于某跨或某外伸部位时，将其修正内容原位标注在该跨或该外伸部位，施工时原位标注取值优先。

4. 条形基础底板的平面注写方式

条形基础底板的平面注写方式分集中标注和原位标注两部分内容。

（1）集中标注。必注内容包括条形基础底板编号、截面竖向尺寸、配筋三项；选注内容包括条形基础底板底面标高（与基础底面基准标高不同时）和必要的文字注解两项。

1）条形基础底板编号（必注内容）。按表 8-6 的规定编号。

条形基础底板向两侧的截面形状通常有两种：

① 阶形截面，编号加下标"J"，如 $TJB_J \times \times$（$\times \times$）。

② 坡形截面，编号加下标"P"，如 $TJB_P \times \times$（$\times \times$）。

2）条形基础底板截面竖向尺寸（必注内容）。

① 当条形基础底板为坡形截面时，注写为 h_1/h_2，如图 8-24 所示。

例如，当条形基础底板为坡形截面 $TJB_P \times \times$，其竖向截面尺寸注写为 350/250 时，表示 $h_1 = 350$mm，$h_2 = 250$mm，基础底板总厚度为 600mm。

② 当条形基础底板为阶形截面时，如图 8-25 所示。例如，当条形基础底板为阶形截面 $TJB_J \times \times$，其截面竖向尺寸注写为 300 时，表示 $h_1 = 300$mm，且为基础底板总厚度。当为多阶条形基础时，各阶尺寸自下而上以"/"分隔顺写。

3）条形基础底板底部及顶部配筋（必注内容）。条形基础底板底部的横向受力钢筋以 B 打头，底板顶部的横向受力钢筋以 T 打头，在注写时用"/"分隔条形基础底板的横向受

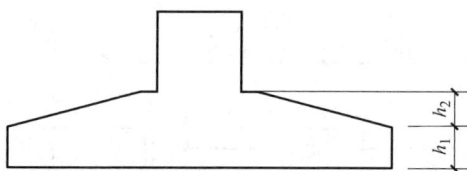

图 8-24 条形基础底板坡形截面竖向尺寸

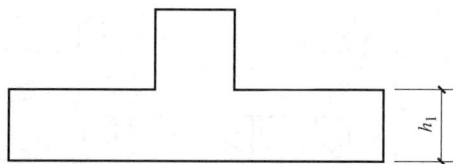

图 8-25 条形基础底板截面竖向尺寸

力钢筋与纵向分布配筋。

例如，B：Φ14@150/Φ8@250 表示条形基础底板底部配置 HRB335 级横向受力钢筋，直径为 14mm，间距 150mm；配置 HPB300 级纵向分布钢筋，直径为 8mm，间距 250mm，如图8-26 所示。

4）条形基础底板底面标高（选注内容）。当条形基础底板的底面标高与条形基础底面基准标高不同时，应将条形基础底板底面标高注写在"（ ）"内。

5）必要的文字注解（选注内容）。当条形基础底板有特殊要求时，应增加必要的文字注解。

（2）条形基础底板原位标注。

1）条形基础底板的平面尺寸。原位标注 b，b_i，$i=1$，2，……，其中，b 为基础底板总宽度，b_i 为基础底板台阶的宽度。当基础底板采用对称于基础梁的坡形截面或单阶形截面时，b_i 可不注，如图 8-27 所示。

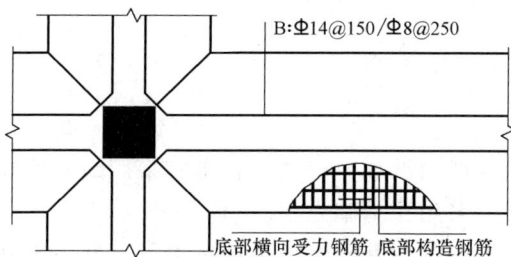

图 8-26 条形基础底板底部配筋示意图

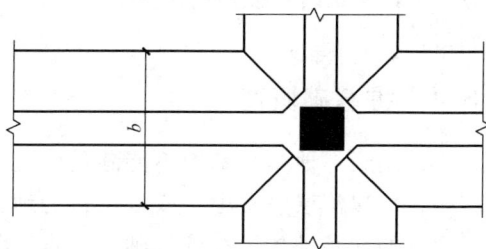

图 8-27 条形基础底板平面尺寸原位标注

对于相同编号的条形基础底板，可仅选择一个进行标注。

梁板式条形基础存在双梁共用同一基础底板、墙下条形基础也存在双墙共用同一基础底板的情况，当为双梁或为双墙且梁或墙荷载差别较大时，条形基础两侧可取不同的宽度，实际宽度以原位标注的基础底板两侧非对称的不同台阶宽度 b_i 进行表达。

2）修正内容。当在条形基础底板上集中标注的某项内容，如底板截面竖向尺寸、底板配筋、底板底面标高等，不适用于条形基础底板的某跨或某外伸部分时，可将其修正内容原位标注在该跨或该外伸部位，施工时原位标注取值优先。

条形基础平法施工图平面注写方式示例如图 8-28 所示。

5．条形基础的截面注写方式

条形基础的截面注写方式可分为截面标注和列表注写（结合截面示意图）两种表达方式。截面标注的内容与形式与传统方法基本相同。对多个条形基础可采用列表注写的方式进行集中表达。

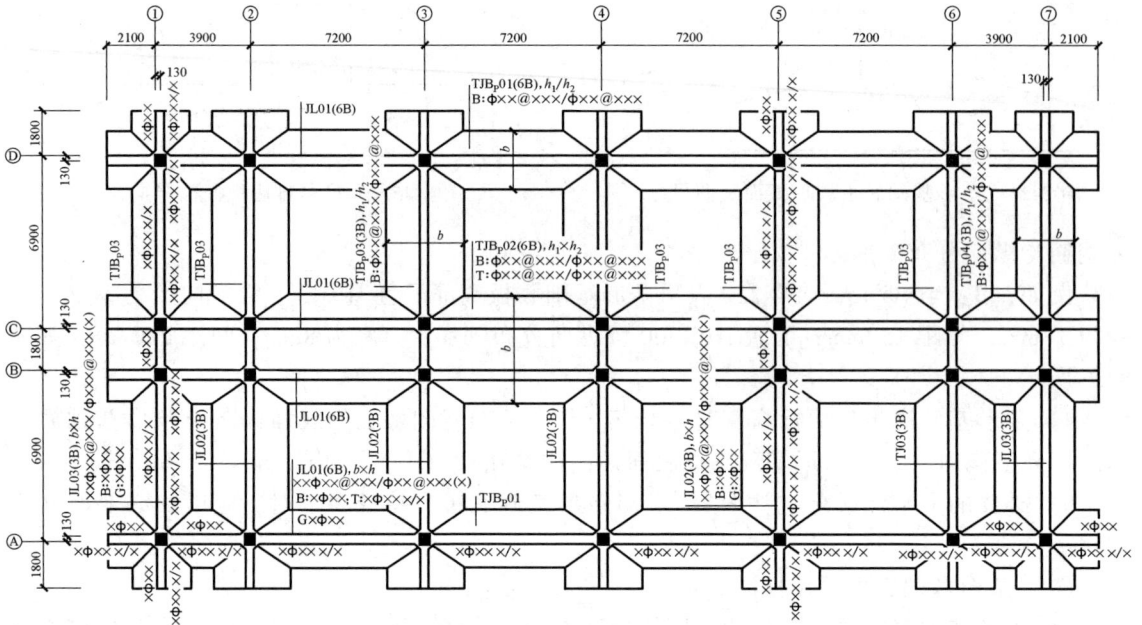

图 8-28　条形基础平法施工图平面注写方式示例

8.3　桩基础构造与识图

8.3.1　桩基础概述

当采用天然地基浅基础不能满足建筑物对地基变形和承载力要求，且不宜采用地基处理措施时，可以深层坚实土层或岩层作为地基持力层，采用深基础方案。

常见的深基础主要有桩基础、大直径的桩墩基础、沉井基础、地下连续墙等，其中桩基在建筑业中应用最为广泛，如图 8-29 所示。

1. 桩基概念

桩基础由基桩和连接于桩顶的承台共同组成。承台将桩群联结成一个整体，并把建筑物的荷载传至桩上，再将荷载传给深层土和桩侧土体。

按照承台的位置高低，可将桩基础分为低承台桩基和高承台桩基。若桩身全部埋于土中，承台底面与土体接触，则称为低承台桩基，如图 8-30a 所示；若桩身上部露出地面而承台底位于地面以上，则称为高承台桩基，如图 8-30b 所示。建筑桩基通常为低承台桩基，而高承台桩基础多用于桥梁和港口工程。

2. 桩基特点

桩基具有承载力高、沉降量小、稳定性好、便于机械化施工、适应性强的优点，但造价高、施工复杂。

3. 适用范围

下列情况考虑采用桩基础：

图 8-29 深基础

a）桩基础　b）大直径的桩墩基础　c）沉井基础　d）地下连续墙

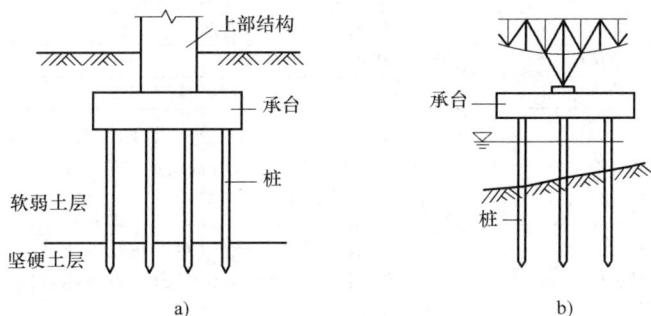

图 8-30 桩基础

a）低承台桩基　b）高承台桩基

1）地基的上层土质太差而下层土质较好；或地基软硬不均或荷载不均，不能满足上部结构对不均匀变形的要求。

2）地基软弱，采用地基加固措施不合适；或地基土性特殊，如存在可液化土层、自重湿陷性黄土、膨胀土及季节性冻土等。

3）除承受较大垂直荷载外，尚有较大偏心荷载、水平荷载、动力或周期性荷载作用。

4）上部结构对基础的不均匀沉降相当敏感；或建筑物受到大面积地面超载的影响。

5）地下水位很高，采用其他基础形式施工困难；或位于水中的构筑物基础，如桥梁、码头、钻采平台等。

6）用于大型或精密机械设备的基础，或用于动力机械基础以降低基础振幅等。

8.3.2 桩的类型

桩的类型

桩基中的桩可根据其承载性状、施工方法、桩身材料及桩的挤土效应等进行分类，见表8-7。

表8-7 桩的类型

依据	大类	亚类	分类标准
按承载性状分	摩擦型桩（图8-31）	摩擦桩	在极限承载力状态下，桩顶荷载由桩侧阻力承担
		端承摩擦桩	在极限承载力状态下，桩顶荷载由桩侧阻力和桩端阻力共同承担，但桩侧阻力分担荷载较大
	端承型桩（图8-31）	端承桩	在极限承载力状态下，桩顶荷载由桩侧阻力和桩端阻力共同承担，但桩端阻力分担荷载较大
		摩擦端承桩	在极限承载力状态下，桩顶荷载由桩端阻力承担，桩侧阻力忽略不计
按桩身材料分	混凝土桩		主要承受竖向受压荷载，或做为基坑临时护坡桩，荷载不大
	钢筋混凝土桩		横截面有方、圆等多种形状，可做成实心或空心，用于承压、抗拔、抗弯等
	钢桩		常见的有钢管桩和H型钢桩
	组合材料桩		用两种材料组合的桩
按桩的使用功能分	竖向抗压桩		主要承受上部结构传来的竖向荷载
	竖向抗拔桩		主要承受竖向上拔荷载
	水平受荷桩		主要承受水平荷载
	复合受荷桩		指承受竖向、水平荷载均较大的桩
按施工方法分	预制桩		是在施工现场或工厂预先制作，然后以锤击、振动、静压或旋入等方式将桩设置就位。工程中应用最广泛的是钢筋混凝土桩
	灌注桩		是指在设计桩位成孔，然后在孔内放置钢筋笼（也有直接插筋或省去钢筋的），再浇灌混凝土成桩的桩型
按成桩方法和挤土效应分	非挤土桩		是指在成桩时，采用干作业法、泥浆护壁法、套管护壁法等，先将孔中土体取出，对桩周土不产生挤土作用的桩，如人工挖孔灌注桩、钻孔灌注桩等
	部分挤土桩		是指在成桩时孔中部分或小部分土体先取出，对桩周土有部分挤土作用的桩，如部分挤土灌注桩、预钻孔打入式预制桩、打入式敞口桩
	挤土桩		是指在成桩时孔中土未取出，完全是挤入土中的桩，如挤土灌注桩、挤土预制桩（打入或静压）等
按桩径分	小直径桩		桩径 $d \leqslant 250mm$
	中等直径桩		桩径 $250mm < d < 800mm$
	大直径桩		桩径 $d \geqslant 800mm$

灌注桩施工工艺流程

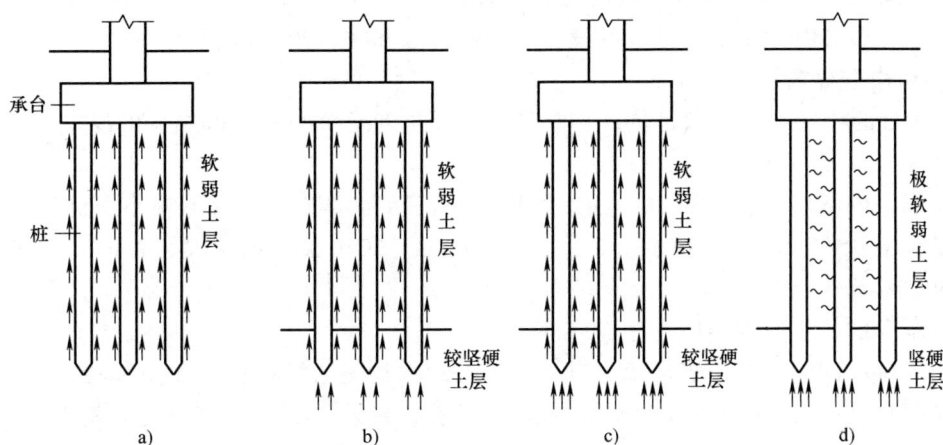

图 8-31　按承载性状分

a）摩擦桩　b）端承摩擦桩　c）摩擦端承桩　d）端承桩

8.3.3　桩基础构造

1. 桩和桩基构造要求

（1）摩擦型桩的中心距不宜小于桩身直径的 3 倍；扩底灌注桩的中心距不宜小于扩底直径的 1.5 倍，当扩底直径大于 2m 时，桩端净距不宜小于 1m。在确定桩距时尚应考虑施工工艺中挤土等效应对邻近桩的影响。

（2）扩底灌注桩的扩底直径，不应大于桩身直径的 3 倍。

（3）桩底进入持力层的深度，宜为桩身直径的 1~3 倍。嵌岩灌注桩周边嵌入完整和较完整的未风化、微风化、中风化硬质岩体的最小深度，不宜小于 0.5m。

（4）布置桩位时宜使桩基承载力合力点与竖向永久荷载合力作用点重合。

（5）预制桩的混凝土强度等级不应低于 C30；灌注桩不应低于 C25；预应力桩不应低于 C40。

（6）灌注桩主筋的混凝土保护层厚度，不应小于 50mm；预制桩不应小于 45mm；预应力管桩不应小于 35mm；腐蚀环境中的灌注桩不应小于 55mm。

（7）桩的主筋应经计算确定。预制桩的最小配筋率不宜小于 0.8%（锤击沉桩）、0.6%（静压沉桩）；预应力桩不宜小于 0.5%；灌注桩最小配筋率不宜小于 0.2%~0.65%（小直径桩取大值）。桩顶以下 3~5 倍桩身直径范围内，箍筋宜适当加强加密。

（8）桩身纵筋配筋长度。

1）受水平荷载和弯矩较大的桩，配筋长度应通过计算确定。

2）桩基承台下存在淤泥、淤泥质土或液化土层时，配筋长度应穿过淤泥、淤泥质土层或液化土层。

3）坡地岸边的桩、8 度及 8 度以上地震区的桩、抗拔桩、嵌岩端承桩应通长配筋。

4）钻孔灌注桩构造钢筋的长度不宜小于桩长的 2/3；桩施工在基坑开挖前完成时，其钢筋长度不宜小于基坑深度的 1.5 倍。

（9）桩顶嵌入承台内的长度不宜小于 50mm。主筋伸入承台内的锚固长度不宜小于钢筋直径（HPB300 级钢）的 30 倍和钢筋直径（HRB335 级和 HRB400 级钢）的 35 倍。对于大直径灌注桩，当采用一柱一桩时，可设置承台或将桩和柱直接连接。

2. 承台构造要求

桩基承台的构造，除应满足抗冲切、抗剪切、抗弯承载力和上部结构的要求外，尚应符合下列要求：

（1）承台的宽度不应小于 500mm。边桩中心至承台边缘的距离不宜小于桩的直径或边长，且桩的外边缘至承台边缘的距离不小于 150mm。对于条形承台梁，桩的外边缘至承台梁边缘的距离不小于 75mm。

（2）承台的最小厚度不应小于 300mm。

（3）承台的配筋，对于矩形承台其钢筋应按双向均匀通长布置，如图 8-32a 所示，钢筋直径不宜小于 10mm，间距不宜大于 200mm；对于三桩承台，钢筋应按三向板带均匀布置，且最里面的三根钢筋围成的三角形应在柱截面范围内，如图 8-32b 所示。承台梁的主筋除满足计算要求外，尚应符合现行国家标准《混凝土结构设计规范》（GB 50010—2010）（2015 年版）关于最小配筋率的规定，主筋直径不宜小于 12mm，架立筋不宜小于 10mm，箍筋直径不宜小于 6mm，如图 8-32c 所示。

（4）承台混凝土强度等级不应低于 C20，纵向钢筋的混凝土保护层厚度不应小于 70mm，当有混凝土垫层时，不应小于 50mm，且不应小于桩头嵌入承台内的长度。

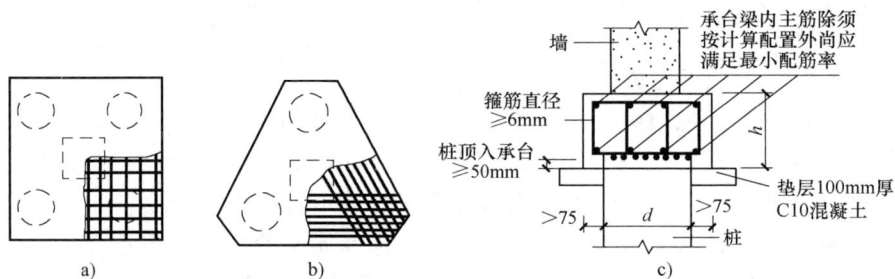

图 8-32　承台配筋

8.3.4　桩基础平面整体表示方法介绍

1. 桩基承台平法施工图的表示方法

1）桩基承台平法施工图，有平面注写与截面注写两种表达式，可根据具体工程情况选择一种，或将两种方式相结合进行桩基承台施工图设计。

2）当绘制桩基承台平面布置图时，应将承台下的桩位和承台所支承的柱、墙一起绘制。当设置基础联系梁时，可根据图面的疏密情况，将基础联系梁与基础平面布置图一起绘制，或将基础联系梁布置图单独绘制。

3）当桩基承台的柱中线或墙中心线与建筑定位轴线不重合时，应标注其定位尺寸；对于编号相同的桩基承台，可仅选择一个进行标注。

2. 桩基承台编号

桩基承台分独立承台和承台梁，编号分别见表 8-8 和表 8-9。

3. 独立承台的平面注写方式

独立承台的平面注写方式，分为集中标注和原位标注两部分内容。

（1）集中标注。必注内容包括独立承台编号、截面竖向尺寸、配筋三项；选注内容包括承台板底面标高（与承台底面基准标高不同时）和必要的文字注解两项。选注内容要求同独立基础，不再赘述。

表 8-8　独立承台编号

类型	独立承台截面形状	代号	序号	说明
独立承台	阶形	CT_J	××	单阶截面即为平板式独立承台
	坡形	CT_P	××	

注：杯口独立承台代号可为 BCT_J 和 BCT_P，设计注写方式可参照杯口独立基础，施工详图应由设计者提供。

表 8-9　承台梁编号

类型	代号	序号	跨数及有无外伸
承台梁	CTL	××	（××）端部无外伸 （××A）一端有外伸 （××B）两端有外伸

（2）独立承台编号（必注内容）。承台编号见表 8-8。

（3）独立承台截面竖向尺寸（必注内容）。

1）当独立承台为阶形截面时，如图 8-33 和图 8-34 所示，如为多阶（图 8-33 为两阶），则各阶尺寸自下而上用"/"分隔顺写，如 h_1/h_2……；如为单阶，则截面竖向尺寸仅为一个，且为独立承台总厚度，如图 8-34 所示。

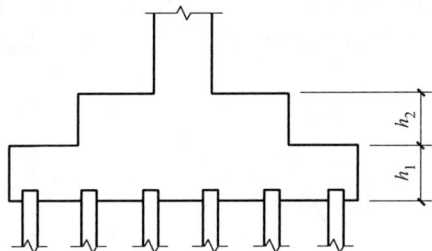

图 8-33　阶形截面独立承台竖向尺寸

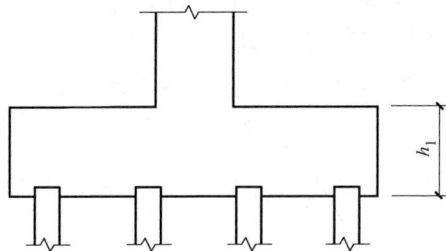

图 8-34　单阶截面独立承台竖向尺寸

2）当独立承台为坡形截面时，截面竖向尺寸注写为 h_1/h_2，如图 8-35 所示。

3）独立承台配筋（必注内容）。底部与顶部双向配筋应分别注写，顶部配筋仅用于双柱或四柱等独立承台。当独立承台顶部无配筋时则不注顶部。注写规定如下：

① 以 B 打头注写底部配筋，以 T 打头注写顶部配筋。

② 矩形承台 X 向配筋以 X 打头，Y 向配筋以 Y 打头；当两向配筋相同时，则以 $X\&Y$ 打头。

③ 当为等边三桩承台时，以"△"打头，

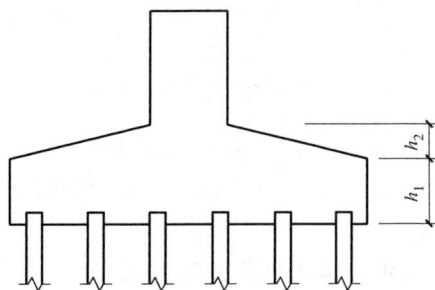

图 8-35　坡形截面独立承台竖向尺寸

注写三角布置的各边受力钢筋（注明根数并在配筋值后注写"×3"），在"/"后注写分布钢筋，如△××Φ××@ ××××3/Φ××@ ×××。

④ 当为等腰三桩承台时，以"△"打头注写等腰三角形底边的受力钢筋+两对称斜边的受力钢筋（注明根数并在两对称配筋值后注写"×2"），在"/"后注写分布钢筋，如△××Φ××@ ×××+××Φ××@ ××××2/Φ××@ ×××。

⑤ 当为多边形（五边形或六边形）承台或异形独立平台，且采用 X 向和 Y 向正交配筋时，注写方式与矩形独立承台相同。

⑥ 两桩承台可按承台梁进行标注。

（4）独立承台的原位标注。独立承台的原位标注系在桩基承台平面布置图上标注独立承台的平面尺寸，相同编号的独立承台，可仅选择一个进行标注，其他仅注编号。

1）矩形独立承台。原位标注 x、y、x_c、y_c（或圆柱直径 d_c），x_i、y_i，a_i、b_i，$i=1$，2，3，……。其中，x、y 为独立承台两向边长，x_c、y_c 为柱截面尺寸，x_i、y_i 为阶宽或坡形平面尺寸，a_i、b_i 为桩的中心距及边距（a_i、b_i 根据具体情况可不注），如图 8-36 所示。

2）三桩承台。结合 X、Y 双向定位，原位标注 x 或 y，x_c、y_c（或圆柱直径 d_c），x_i、y_i，$i=1$，2，3，…，a。其中，x 或 y 为三桩独立承台平面垂直于底边的高度，x_c、y_c 为柱截面尺寸，x_i、y_i 为承台分尺寸和定位尺寸，a 为桩中心距切角边缘的距离。等边三桩独立承台平面原位标注如图 8-37 所示。等腰三桩独立承台平面原位标注如图 8-38 所示。

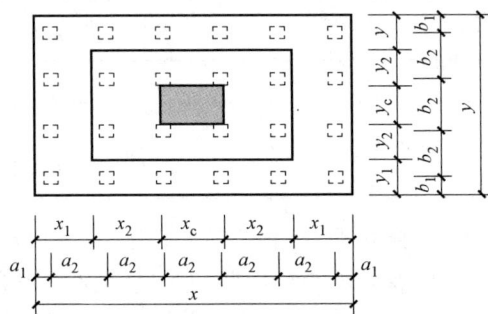

图 8-36　矩形独立承台平面原位标注

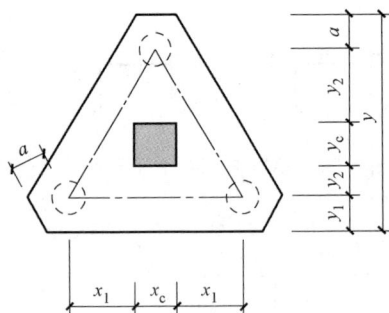

图 8-37　等边三桩独立承台平面原位标注

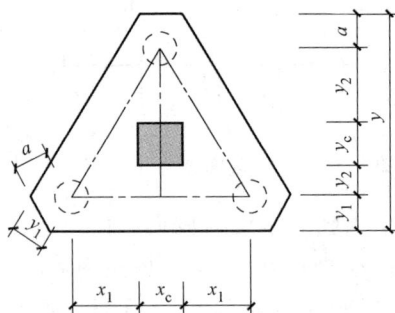

图 8-38　等腰三桩独立承台平面原位标注

3）多边形独立承台。结合 X、Y 双向定位，原位标注 x 或 y，x_c、y_c（或圆柱直径 d_c），x_i、y_i，a_i，$i=1$，2，3，……。具体设计时，可参照矩形独立承台或三桩独立承台的原位标注规定。

4. 承台梁的平面注写方式

承台梁的平面注写方式分集中标注和原位标注两部分内容。

（1）承台梁的集中标注。必注内容包括承台梁编号、截面尺寸、配筋三项；选注内容包括承台梁底面标高（与承台底面基准标高不同时）和必要的文字注解两项。选注内容要求同独立基础，不再赘述。

1）承台梁编号（必注内容）：承台梁编号见表8-9。

2）承台梁截面尺寸（必注内容）：注写 $b×h$，表示梁截面宽度与高度。

3）承台梁配筋（必注内容）：

① 承台梁箍筋。承台梁箍筋的注写要求同基础梁箍筋的注写要求。施工时应注意，在两向承台梁相交位置，应有一向截面较高的承台梁箍筋贯通设置；当两向承台梁等高时，可任选一向承台梁的箍筋贯通设置。

② 承台梁底部、顶部及侧面纵向钢筋。底部贯通纵筋以 B 打头注写；顶部贯通纵筋以 T 打头注写；当梁底部或顶部贯通纵筋多于一排时，用"/"将各排纵筋自上而下分开。例如，B：4Φ25；T：6Φ25，表示承台梁底部配置贯通纵筋4Φ25，梁顶部配置贯通纵筋6Φ25。

以大写字母 G 打头注写承台梁侧面对称设置的纵向构造钢筋的总配筋值（当梁腹板高度 $h_w≥450mm$ 时，根据需要配置）。例如，G4Φ14 表示梁每个侧面配置纵向构造钢筋2Φ14，共配置4Φ14。

（2）承台梁的原位标注。

1）承台梁的附加箍筋或（反扣）吊筋。当需要设置附加箍筋或（反扣）吊筋时，将附加箍筋或（反扣）吊筋直接画在平面图中的承台梁上，原位直接引注总配筋值（附加箍筋的肢数注在括号内）。当多数梁的附加箍筋或（反扣）吊筋相同时，可在桩基承台平法施工图上统一注明，少数与统一注明值不同时，可在原位直接引注。

2）承台梁外伸部位的变截面高度尺寸。当承台梁外伸部位采用变截面高度时，在该部位原位注写 $b×h_1/h_2$，h_1 为根部截面高度，h_2 为尽端截面高度。

3）修正内容。当在承台梁上集中标注的某项内容不适用于某跨或某外伸部位时，将其修正内容原位标注在该跨或该外伸部位，施工时原位标注取值优先。

5. 桩基承台的截面注写方式

桩基承台的截面注写方式，可分为截面标注和列表注写（结合截面示意图）两种表达方式，可参照独立基础及条形基础的截面注写方式，进行设计施工图的表达。

6. 灌注桩平法施工图的表示方法

灌注桩平法施工图是在灌注桩平面布置图上采用列表注写方式或平面注写方式进行表达。

（1）列表注写方式。是指在灌注桩平面布置图上，分别标注定位尺寸，在桩表中注写桩编号、桩尺寸、桩纵筋、桩螺旋箍筋、桩顶标高、单桩竖向承载力特征值，桩表见表8-10。

表8-10　灌注桩表

桩编号	桩径 $D(mm)×$ 桩长 $L(m)$	通长等截面配筋全部纵筋	箍筋	桩顶标高 /m	单桩竖向承载力特征值/kN

1）桩编号。桩编号由类型和序号组成。GHZ 代表灌注桩，GZH_k 代表扩底灌注桩。

2）桩尺寸。包括桩径 $D \times$ 桩长 L，当为扩底灌注桩时，还应包括扩底端尺寸 $D_0/h_b/h_c$ 或 $D_0/h_b/h_{c1}h_{c2}$，如图 8-39 所示。

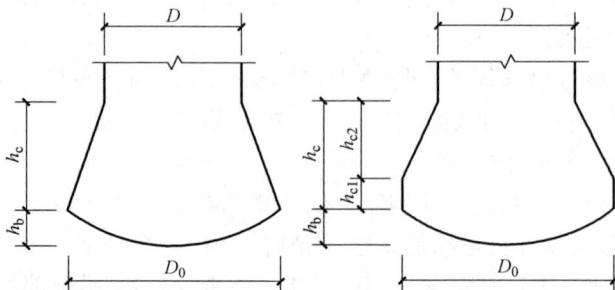

图 8-39   扩底灌注桩扩底端示意

D_0——扩底端直径；h_b——扩底端锅底形矢高；h_c——扩底端高度。

3）桩纵筋。包括桩周均布的纵筋根数、钢筋强度级别、从桩顶起算的纵筋配置长度。

① 通长等截面配筋：注写全部纵筋，如 ××Φ××。

② 部分长度配筋：注写桩纵筋，如 ××Φ××/L1，其中 L1 表示从桩顶起算的入桩长度。

③ 通长变截面配筋：注写桩纵筋包括通长纵筋 ××Φ××，非通长纵筋 ××Φ××/L1。通长纵筋与非通长纵筋沿桩周间隔均匀布置。

4）桩螺旋箍筋。以大写字母 L 打头，注写桩螺旋箍筋，包括钢筋强度级别、直径与间距。

① 用斜线 "/" 区分桩顶箍筋加密区与桩身箍筋非加密区长度范围内箍筋的间距。

② 当桩身位于液化土层范围内时，箍筋加密区长度应由设计者根据具体工程情况注明，或者箍筋全长加密。

（2）平面注写方式。平面注写方式的规则同列表注写方式，将表格中内容除单桩竖向承载力特征值以外集中标注在灌柱桩上，如图 8-40 所示。

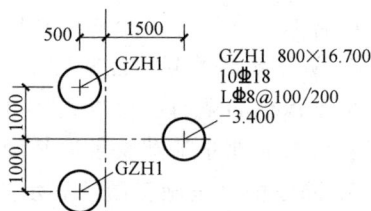

图 8-40   灌柱桩平面注写方式

8.3.5   桩基础识图

在进行桩基识图时，应重点研读以下内容：

1）工程名称及绘图比例。

2）纵横向定位轴线及其编号。

3）桩类型、平面位置、桩长、桩径、材料等。

4）桩的间距、配筋等。

5）承台尺寸、配筋，基础梁的配筋等。

思　考　题

8-1   什么是基础施工图？它包含哪些内容？

8-2 在进行无筋扩展基础识读时，应重点研读哪些内容？

8-3 对于普通独立基础的集中标注，在基础平面图上应集中引注哪些内容？

8-4 独立基础的原位标注，应包括哪些内容？

8-5 独立基础的截面注写方式分为哪几类？

8-6 $DJ_p \times \times$ 表示什么基础？其竖向尺寸为300/280，又包含了什么信息？

8-7 基础梁的平面注写方式应包括哪些内容？

8-8 基础梁的集中标注应包含哪些内容？

8-9 条形基础底板的平面注写方式应包括哪些内容？

8-10 当绘制桩基承台平面布置图时，应将哪些内容一同绘制在平面布置图上？

8-11 独立承台的集中标注应包含哪些内容？

8-12 独立承台的原位标注应包含哪些内容？

8-13 承台梁的集中标注和原位标注应包含哪些内容？

8-14 灌注桩的列表注写方式应包括哪些内容？

8-15 灌注桩的平面注写方式应包括哪些内容？

8-16 进行桩基识图时，应重点研读哪些内容？

第九章

基 础 设 计

　　基础设计必须根据建筑物的用途、平面布置、上部结构类型、地基基础设计等级，并充分考虑建筑场地和岩土条件，结合当地施工条件以及工期、造价等各方面要求，合理选择地基基础方案，精心设计，以保证建筑物的安全和正常使用。

　　本章主要介绍基础设计的基本知识、浅基础和桩基础的设计方法等内容。

9.1　基础设计基本知识

9.1.1　地基基础设计等级

　　《建筑地基基础设计规范》（GB 50007—2011）根据地基复杂程度、建筑物规模和功能特征以及由于地基问题可能造成建筑物破坏或影响正常使用的程度，将地基基础设计分为甲级、乙级、丙级三个等级，设计时应根据具体情况，按表 9-1 选用。

表 9-1　地基基础设计等级

设计等级	建筑和地基类型
甲级	重要的工业与民用建筑物 30 层以上的高层建筑 体型复杂，层数相差超过 10 层的高低层连成一体的建筑物 大面积的多层地下建筑物（如地下车库、商场、运动场等） 对地基变形有特殊要求的建筑物 复杂地质条件下的坡上建筑物（包括高边坡） 对原有工程影响较大的新建建筑物 场地和地基条件复杂的一般建筑物 位于复杂地质条件及软土地区的二层及二层以上地下室的基坑工程 开挖深度大于 15m 的基坑工程 周边环境条件复杂、环境保护要求高的基坑工程
乙级	除甲级、丙级以外的工业与民用建筑物 除甲级、丙级以外的基坑工程
丙级	场地和地基条件简单、荷载分布均匀的七层及七层以下民用建筑及一般工业建筑物；次要的轻型建筑物 非软土地区且场地地质条件简单、基坑周边环境条件简单、环境保护要求不高且开挖深度小于 5.0 的基坑工程

9.1.2　地基基础设计规定

根据建筑物地基基础设计等级及长期荷载作用下地基变形对上部的影响程度，《建筑地基基础设计规范》（GB 50007—2011）规定，地基基础设计应符合下列规定：

（1）所有建筑物的地基计算均应满足承载力的有关规定。

（2）设计等级为甲级、乙级的建筑物，均应按地基变形设计。

（3）设计等级为丙级的建筑物，有下列情况之一时，应作变形验算：

1）地基承载力特征值小于 130kPa，且体型复杂的建筑物。

2）在基础上及其附近有地面堆载或相邻基础荷载差异较大，可能引起地基产生过大的不均匀沉降时。

3）软弱地基上的建筑物存在偏心荷载时。

4）相邻建筑距离过近，可能发生倾斜时。

5）地基内有厚度较大或厚薄不均的填土，其自重固结未完成时。

（4）对经常受水平荷载作用的高层建筑、高耸结构和挡土墙等，以及建造在斜坡上或边坡附近的建筑物和构筑物，尚应验算其稳定性。

（5）基坑工程应进行稳定性验算。

（6）建筑地下室或地下构筑物存在上浮问题时，尚应进行抗浮验算。

（7）如表 9-2 所示范围内设计等级为丙级的建筑物可不作变形验算。

9.1.3　地基基础设计荷载取值

《建筑地基基础设计规范》（GB 50007—2011）规定：地基基础设计时，所采用的作用效应与相应的抗力限值应按下列规定：

（1）按地基承载力确定基础底面积及埋深或按单桩承载力确定桩数时，传至基础或承

表 9-2　可不作地基变形验算的设计等级为丙级的建筑物范围

地基主要受力层情况	地基承载力特征值 f_{ak}/kPa			$80 \leqslant f_{ak}$ <100	$100 \leqslant f_{ak} < 130$	$130 \leqslant f_{ak}$ <160	$160 \leqslant f_{ak}$ <200	$200 \leqslant f_{ak} < 300$
	各土层坡度/%			$\leqslant 5$	$\leqslant 10$	$\leqslant 10$	$\leqslant 10$	$\leqslant 10$
建筑类型	砌体承重结构、框架结构(层数)			$\leqslant 5$	$\leqslant 5$	$\leqslant 6$	$\leqslant 6$	$\leqslant 7$
	单层排架结构(6m柱距)	单跨	吊车额定起重量/t	$10 \sim 15$	$15 \sim 20$	$20 \sim 30$	$30 \sim 50$	$50 \sim 100$
			厂房跨度/m	$\leqslant 18$	$\leqslant 24$	$\leqslant 30$	$\leqslant 30$	$\leqslant 30$
		多跨	吊车额定起重量/t	$5 \sim 10$	$10 \sim 15$	$15 \sim 30$	$20 \sim 30$	$30 \sim 75$
			厂房跨度/m	$\leqslant 18$	$\leqslant 24$	$\leqslant 30$	$\leqslant 30$	$\leqslant 30$
	烟囱		高度/m	$\leqslant 40$	$\leqslant 50$	$\leqslant 75$		$\leqslant 100$
	水塔		高度/m	$\leqslant 20$	$\leqslant 30$	$\leqslant 30$		$\leqslant 30$
			容积/m³	$50 \sim 100$	$100 \sim 200$	$200 \sim 300$	$300 \sim 500$	$500 \sim 1000$

注：1. 地基主要受力层系指条形基础底面下深度为 3b（b 为基础底面宽度），独立基础下为 1.5b，且厚度均不小于 5m 的范围（二层以下一般的民用建筑除外）。

2. 地基主要受力层中如有承载力特征值小于 130kPa 的土层时，表中砌体承重结构的设计应符合有关要求。

3. 表中砌体承重结构和框架结构均指民用建筑，对于工业建筑可按厂房高度、荷载情况折合成与其相当的民用建筑层数。

4. 表中吊车额定起重量、烟囱高度和水塔容积的数值是指最大值。

台底面上的作用效应按正常使用极限状态下作用的标准组合；相应的抗力应采用地基承载力特征值或单桩承载力特征值。

（2）计算地基变形时，传至基础底面上的作用效应应按正常使用极限状态下作用的准永久组合，不应计入风荷载和地震作用；相应的限值应为地基变形允许值。

（3）计算挡土墙、地基或滑坡稳定及基础抗浮稳定时，作用效应应按承载能力极限状态下作用的基本组合，但其分项系数均为 1.0。

（4）在确定基础或桩基承台高度、支挡结构截面、计算基础或支挡结构内力、确定配筋和验算材料强度时，上部结构传来的作用效应和相应的基底反力、挡土墙土压力以及滑坡推力，应按承载能力极限状态下作用的基本组合，采用相应的分项系数；当需要验算基础裂缝宽度时，应按正常使用极限状态下作用的标准组合。

（5）基础设计安全等级、结构设计使用年限、结构重要性系数应按有关规范的规定采用，但结构重要性系数 γ_0 不应小于 1.0。

9.1.4　基础设计所需的资料

一般情况下，在进行地基基础设计时，应收集以下资料：

1）建筑场地的地形图。

2）建筑场地的岩土工程勘察报告。

3）建筑物的平面图、立面图、剖面图及使用要求，作用于基础上的荷载及各种设备管道的布置与标高。

4）建筑场地环境、邻近建筑物基础类型与埋深、地下管线分布。

　　5）工程总投资与当地建筑材料供应情况。

　　6）施工队伍技术力量与工程的要求。

9.1.5　地基基础方案选择

　　基础设计的第一步，是选择基础方案，应根据地质条件和各方面的具体要求选择基础方案。

1. 天然地基上的浅基础

　　不需处理可直接利用的地基称为天然地基。做在天然地基上，埋置深度小于 5m 的一般基础（柱基或墙基）以及埋置深度虽超过 5m，但小于基础宽度的大尺寸基础（如箱形基础），在计算中基础的侧面摩擦力不必考虑，统称为天然地基上的浅基础。

2. 人工地基上的浅基础

　　经过人工加固上部土层达到设计要求的地基，称为人工地基。在人工地基上设计浅基础，适用于一般多层建筑。

3. 深基础

　　把基础做在地基深处承载力较高的土层上，埋置深度大于 5m 或大于基础宽度，在计算基础时应该考虑基础侧壁摩擦力的影响，这类基础叫作深基础。深基础一般采用特殊结构和专门的施工方法，需专门施工设备，承载力高、技术复杂、造价高，工期长。

4. 桩基础

　　桩基础作为一种深基础，适应于建造在软弱地基上的各类建筑物。

9.2　浅基础设计基本知识

9.2.1　浅基础设计内容及步骤

　　1）根据上部结构形式、荷载大小、工程地质及水文地质条件等选择基础的结构形式、材料并进行平面布置。

　　2）确定基础的埋置深度。

　　3）确定地基承载力。

　　4）根据基础顶面荷载值及持力层的地基承载力，初步计算基础底面尺寸。

　　5）若地基持力层下部存在软弱土层时，需验算软弱下卧层的承载力。

　　6）甲级、乙级建筑物及部分丙级建筑物，尚应在承载力计算的基础上进行变形验算。

　　7）基础剖面及结构设计。

　　8）绘制施工图，编制施工技术说明书。

9.2.2　基础埋置深度的确定

　　基础埋置深度是指从室外设计地面至基础底面的距离。

　　基础埋置深度的大小，对建筑物的安全和正常使用、基础施工技术措施、施工工期和工程造价等影响很大。设计时必须综合考虑建筑物自身条件（如使用条件、结构形式、荷载的大小和性质等）以及所处的环境（如地质条件、气候条件、邻近建筑的影响等），选择技术可靠、经济合理的基础埋置深度。

在满足地基稳定和变形要求的前提下，基础宜浅埋。考虑地面动植物活动、耕土层等因素对基础的影响，除岩石基础外，基础埋深不宜小于 0.5m。

确定基础埋置深度时，应综合考虑以下因素：

1. 建筑物用途及基础形式和构造

确定基础埋深，应考虑建筑物的使用要求和特殊用途。例如设置地下室或设备层的建筑物、使用箱形基础的高层或重型建筑、具有地下部分的设备基础等，其基础埋置深度应根据建筑物地下部分的设计标高、设备基础底面标高来确定，原则上基础底面应低于设备的底面，否则，基础埋深需局部或整体加深。

不同基础的构造高度也不相同，基础埋深自然不同；为了保护基础不露出地面，构造要求基础顶面至少应低于室外设计地面 0.1m。

2. 作用在地基上的荷载大小和性质

荷载大小和性质不同，对地基承载力的要求也就不同。

1) 当上部结构荷载较大时，要求基础置于较好的土层上。

2) 对承受较大的水平荷载的基础，必须加大埋深以获得土的侧向抗力，保证结构的稳定性。例如在抗震设防区，高层建筑筏形和箱形基础的埋置深度，除岩石地基外，采用天然地基时一般不宜小于建筑物高度的 1/15；桩箱或桩筏基础的埋置深度（不计桩长）不宜小于建筑物高度的 1/18。

3) 对承受上拔力的基础，需有较大的埋深以提供足够的抗拔阻力。

4) 对承受振动荷载的基础，则不宜建在液化的土层上。

3. 工程地质和水文地质条件

工程地质条件对基础的设计往往起着决定性的作用，为了保证建筑物的安全，必须根据荷载的大小和性质为基础选择可靠的持力层。

1) 一般当上层土的承载力能满足要求时，应选择作为持力层，若其下有软弱土层时，则应验算其承载力是否满足要求。

2) 当上层土软弱而下层土承载力较高时，则应根据软弱土的厚度决定基础坐在下层土上还是采用人工地基或桩基础。

3) 如遇到地下水，基础应尽量埋置于地下水位以上，以避免地下水对基坑开挖、基础施工和使用的影响。

4) 如必须将基础埋在地下水位以下时，则应采取施工排水措施，保护地基土不受扰动。

5) 对承压水，则应考虑承压水上部隔水层最小厚度问题，以避免承压水冲破隔水层，浸泡基槽。

6) 对河岸边的基础，其埋深应在流水冲刷作用深度以下。基础埋置在易风化的岩层上，施工时应在基坑开挖后立即铺筑垫层。

4. 相邻建筑物的基础埋深

1) 当存在相邻建筑物时，新建建筑物的基础埋深不宜大于原有建筑基础。

2) 当埋深大于原有建筑物时，两基础间应保持一定净距，其数值应根据原有建筑荷载大小、基础形式和土质情况确定，一般应不小于两基础底面高差的 1~2 倍，如图 9-1 所示。

3）当上述要求不能满足时，应采取分段施工，设临时加固支撑，打板桩，地下连续墙等施工措施，或加固原有建筑物地基，以免开挖新基槽时危及原有基础的安全稳定性。

5. 地基土冻胀和融陷的影响

土体冻结发生体积膨胀和地面隆起的现象称为冻胀。若冻胀产生的上抬力大于基础荷重，基础就有可能被上抬；土层解冻时，土体软化、强度降低、地面沉陷的现象称为融陷。地基土的冻胀与融陷是不均匀的，往往会造成建筑物的开裂破坏。

季节性冻土地区基础埋置深度宜大于场地冻结深度。对深厚季节冻土地区，当建筑基础底面土层为不冻胀、弱冻胀、冻胀土时，基础埋置深度可以小于场地冻结深度，基础底面下允许冻土层最大厚度应根据当地经验确定。

图 9-1　相邻建筑物基础埋深

基础埋置深度的确定

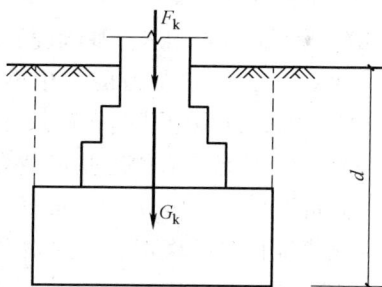

9.2.3　基础底面尺寸的确定

在初步选择基础类型和埋置深度后，就可以根据地基承载力特征值计算基础底面的尺寸。如果持力层较薄，且其下存在承载力显著低于持力层的下卧层（软弱下卧层）时，尚需对其进行承载力验算。

1. 按持力层承载力确定基底尺寸

（1）轴心荷载作用下基础底面尺寸的确定。如图9-2所示，在轴心荷载作用下，假定基底压力均匀分布，要求作用在基础底面的基底压力不大于修正后的地基承载力特征值，即

$$p_k \leqslant f_a \qquad (9\text{-}1)$$

其中，

$$p_k = \frac{F_k + G_k}{A} \qquad (9\text{-}2)$$

图 9-2　轴心荷载作用下的基础

式中　p_k——相应于荷载效应标准组合时，基础底面处的平均压力值，单位为 kPa；

F_k——相应于荷载效应标准组合时，上部结构传至基础顶面的竖向力值，单位为 kN；

G_k——基础自重和基础上的土重，单位为 kN；按式 $G_k = \gamma_G A \bar{d}$ 计算，其中 γ_G 为基础及其台阶上回填土的平均重度，一般取20kN/m³，但在地下水位以下部位应取有效重度，$\bar{d}$ 为基础平均埋深，单位为 m；

A——基础底面面积，单位为 m²。

将式（9-2）代入式（9-1）得

$$A \geqslant \frac{F_k}{f_a - \gamma_G \bar{d}} \qquad (9\text{-}3)$$

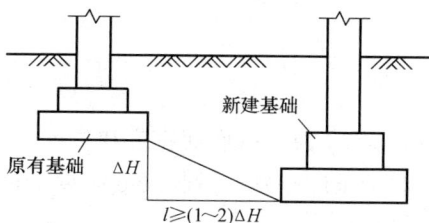

对于矩形基础

$$bl \geqslant \frac{F_k}{\overline{f_a - \gamma_G d}} \qquad (9\text{-}4)$$

式中，b 和 l 为基础底面宽度和长度。

对于条形基础，沿长度方向取 1m 作为计算单元，即 $l = 1m$，代入式（9-4）得基底宽度为

$$b \geqslant \frac{F_k}{\overline{f_a - \gamma_G d}} \qquad (9\text{-}5)$$

式中 F_k——单位长度基础上相应于荷载效应标准组合时上部结构传至基础顶面的竖向力值，单位为 kN/m。

在上面的计算中，需要先确定修正后的地基承载力特征值 f_a，但 f_a 与基础底面宽度 b 有关，即式中 b 和 f_a 都是未知数，需通过试算才能确定。步骤如下：

1）假定基础宽度 $b \leqslant 3m$，只对地基承载力特征值进行深度修正，计算 f_a 值，然后计算出 b 和 l。

2）若 $b \leqslant 3m$，表示假定成立，计算结束。

3）若 $b > 3m$，表示假定错误，需按上一轮计算所得值 b 进行地基承载力特征值宽度修正，用深宽修正后新的 f_a 值，重新计算 b 和 l。试算的轮数越多，结果就越接近精确值。

轴心荷载作用下基底尺寸的确定

【例题 9-1】 某柱下方形独立基础，剖面如图 9-3 所示，上部结构传来的荷载值 $F_k = 470kN$，基础埋置埋深 1.8m，室内外高差 0.6m，埋置深度范围内土的重度为 19 kN/m³，地基持力层为中砂，地基承载力特征值为 $f_{ak} = 170kPa$，试确定基础底面尺寸。

解：（1）修正后的地基承载力特征值

假定 $b \leqslant 3m$，因 $d = 1.8m > 0.5m$，故只需对地基承载力特征值进行深度修正。已知地基持力层为中砂，查表得 $\eta_d = 4.4$，则

$$f_a = f_{ak} + \eta_d \gamma_m (d - 0.5)$$
$$= 170 + 4.4 \times 19 \times (1.8 - 0.5) = 278.7kPa$$

（2）确定基础底面尺寸

因室内外高差为 0.6m，基础的平均埋深为 $1.8 + 0.6/2 = 2.1m$

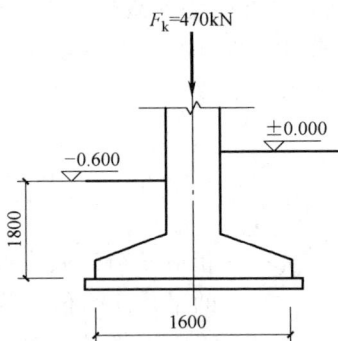

图 9-3 例题 9-1 图

$$lb = A \geqslant \frac{F_k}{\overline{f_a - \gamma_G d}} = \frac{470}{278.7 - 20 \times 2.1} = 1.9856 m^2$$

取 $l/b = 1$，则

$$l = b = \sqrt{1.9856} = 1.41m < 3m$$

假设成立，故可取 $l = b = 1.6m$。

（2）偏心荷载作用下基础底面尺寸的确定。如图 9-4 所示，偏心荷载作用下，基础除满

足式（9-1）外，尚应符合下式的要求

$$p_{k\max} \leqslant 1.2f_a \tag{9-6}$$

式中 $p_{k\max}$——相应于荷载效应标准组合时，基础底面边缘的最大压力值，单位为 kPa。

在计算偏心荷载作用下的基础底面尺寸时，通常可按下述试算法进行：

1）先按轴心荷载作用下的公式（9-3），计算基础底面积 A_0，即满足公式（9-1）。

2）根据荷载偏心距的大小将 A_0 增大 10%~40%，使 $A = (1.1~1.4) A_0$。

3）计算偏心荷载作用下的 $p_{k\max}$，验算是否满足式（9-6）。如不合适（太大或太小），可调整基底尺寸再验算，如此反复，直至满意。

【例题 9-2】 某柱下独立基础，土层与基础所受荷载情况如图 9-5 所示，基础埋深 1.5m，$F_k = 300$kN，$M'_k = 50$kN·m，$V_k = 300$kN。试根据持力层地基承载力确定基础底面尺寸。

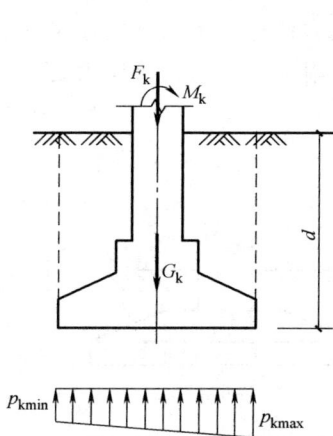

图 9-4 单向偏心荷载作用下的基础

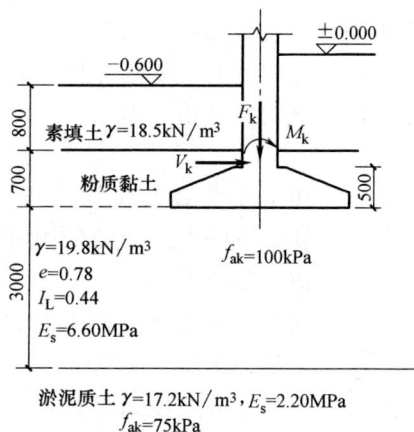

图 9-5 例题 9-2 图

解：（1）修正后的地基承载力特征值

假定 $b < 3$m，仅进行深度修正。由粉质黏土 $e = 0.78$，$I_L = 0.44$，查表得 $\eta_d = 1.6$。

$$\gamma_m = \frac{1}{1.5} \times (18.5 \times 0.8 + 19.8 \times 0.7) = 19.1 \text{kN/m}^3$$

$$f_a = f_{ak} + \eta_d \gamma_m (d - 0.5) = 100 + 1.6 \times 19.1 \times (1.5 - 0.5) = 130.56 \text{kPa}$$

（2）按轴心荷载作用估算基底面积

$$A_0 \geqslant \frac{F_k}{f_a - \gamma_G \overline{d}} = \frac{300}{130.56 - 20 \times (1.5 + 0.5 \times 0.6)} = 3.173 \text{m}^2$$

（3）根据荷载偏心距大小增大基础底面积 30%，即 $A = 1.3 \times 3.173 = 4.125 \text{m}^2$

取 $b = 1.5$m，$l = 2.8$m，则 $A = 4.2 \text{ m}^2$。由于 $b < 3$m，故不用再对 f_a 进行宽度修正。

（4）持力层地基承载力验算

基础及回填土重

$$G_k = \gamma_G \overline{d} A = 20 \times 1.8 \times 4.2 = 151.2 \text{kN}$$

基础底面的总力矩

$$M_k = M'_k + 0.5V_k = 50 + 0.5 \times 30 = 65\text{kN} \cdot \text{m}$$

偏心距

$$e = \frac{M_k}{F_k + G_k} = \frac{65}{300 + 151.2} = 0.144\text{m} < \frac{l}{6} = \frac{2.8}{6} = 0.467\text{m}$$

基底边缘最大压力

$$p_{kmax} = \frac{F_k + G_k}{A}\left(1 + \frac{6e}{l}\right) = \frac{300 + 151.2}{4.2} \times \left(1 + \frac{6 \times 0.144}{2.8}\right)$$

$$= 140.6\text{kPa} < 1.2f_a = 156.7\text{kPa}$$

满足要求。

故基础底面尺寸为 $b = 1.5\text{m}$，$l = 2.8\text{m}$。

2. 软弱下卧层承载力验算

当地基受力层范围内有软弱下卧层时，按持力层承载力计算得出基础底面尺寸后，还应对软弱下卧层进行验算。要求作用在软弱下卧层顶面处的附加压力与自重压力之和不超过它的修正后的承载力特征值，即

$$p_z + p_{cz} \leqslant f_{az} \tag{9-7}$$

式中 p_z——相应于荷载效应标准组合时，软弱下卧层顶面处的附加压力值，单位为 kPa；

p_{cz}——软弱下卧层顶面处土的自重压力值，单位为 kPa；

f_{az}——软弱下卧层顶面处经深度修正后地基承载力特征值，单位为 kPa。

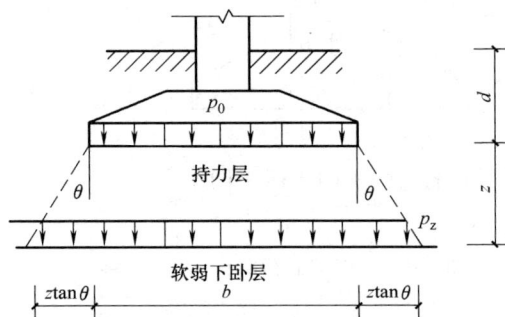

图 9-6 软弱下卧层承载力验算

对条形和矩形基础，当持力层与软弱下卧土层的压缩模量比值大于或等于 3 时，可采用压力扩散角方法计算 p_z 值。如图 9-6 所示，假设基底处的附加压力 p_0 向下传递时按某一角度 θ 向外扩散，根据基底与软弱下卧层顶面处扩散面积上的附加压力总值相等的条件，可得：

条形基础

$$p_z = \frac{bp_0}{b + 2z\tan\theta} \tag{9-8}$$

矩形基础

$$p_z = \frac{lbp_0}{(b + 2z\tan\theta)(l + 2z\tan\theta)} \tag{9-9}$$

式中 b——矩形基础或条形基础底边的宽度，单位为 m；

l——矩形基础底边的长度，单位为 m；

p_0——基底附加压力，单位为 kPa；

z——基础底面至软弱下卧层顶面的距离，单位为 m。

θ——地基压力扩散线与垂直线的夹角，可按表 9-3 采用。

表 9-3　地基压力扩散角 θ

E_{s1}/E_{s2}	z/b	
	0.25	0.50
3	6°	23°
5	10°	25°
10	20°	30°

注：1. E_{s1} 为上层土压缩模量；E_{s2} 为下层土压缩模量。
　　2. $z/b<0.25$ 时取 $\theta=0°$，必要时，宜由试验确定；$z/b>0.50$ 时 θ 值不变。

如果验算软弱下卧层承载力不满足要求，需要重新调整基础尺寸，增大基底面积以减小基底压力。如果承载力仍不满足要求，且增加基底尺寸受到限制时，可采用深基础，或进行地基处理来提高软弱下卧层的承载力。

【例题 9-3】　验算例题 9-2 中软弱下卧层强度是否满足要求。

解：（1）基底处土的自重压力
$$p_c = 18.5 \times 0.8 + 19.8 \times 0.7 = 28.66 \text{kPa}$$

（2）软弱下卧层顶面处土的自重压力
$$p_{cz} = 18.5 \times 0.8 + 19.8 \times 3.7 = 88.06 \text{kPa}$$

（3）基础底面平均压力
$$p_k = \frac{F_k + G_k}{A} = \frac{300 + 151.2}{1.5 \times 2.8} = 107.4 \text{kPa}$$

（4）基础底面附加压力
$$p_0 = p_k - p_c = 107.4 - 28.66 = 78.74 \text{kPa}$$

（5）软弱下卧层顶面以上土的加权平均重度
$$\gamma_m = \frac{p_{cz}}{4.5} = \frac{88.06}{4.5} = 19.57 \text{kN/m}^3$$

（6）软弱下卧层顶面处经深度修正后地基承载力特征值
由淤泥质土查表 5-2，得 $\eta_d = 1.0$
$$f_{az} = f_{ak} + \eta_d \gamma_m (d-0.5) = 75 + 1.0 \times 19.57 \times (0.7 + 0.8 + 3 - 0.5) = 133.71 \text{kPa}$$

又 $\dfrac{E_{s1}}{E_{s2}} = \dfrac{6.6}{2.2} = 3$，$\dfrac{z}{b} = \dfrac{3.0}{1.5} = 2 > 0.5$，查表 9-3，得 $\theta = 23°$。

（7）软弱下卧层顶面处的附加压力
$$p_z = \frac{lbp_0}{(b+2z\tan\theta)(l+2z\tan\theta)}$$
$$= \frac{2.8 \times 1.5 \times 78.74}{(1.5 + 2 \times 3.0 \times \tan 23°)(2.8 + 2 \times 3.0 \times \tan 23°)}$$
$$= 15.28 \text{kPa}$$

（8）验算
$$p_z + p_{cz} = 15.28 + 88.06 = 103.34 \text{kPa} < f_{az} = 133.7 \text{kPa}$$
故软弱下卧层强度满足要求。

9.3　无筋扩展基础

由于无筋扩展基础的材料都是刚性的，基础底面尺寸的确定除了满足承载力要求外，还应保证基础内的拉应力不超过材料的抗拉强度。通常的做法是：控制基础的外伸宽度 b_2 和基础高度 H_0 的比值（称为无筋扩展基础台阶的宽高比）不超过规定的允许比值，如图 9-7 所示，则基础高度

$$H_0 \geqslant \frac{b - b_0}{2\tan\alpha} \tag{9-10}$$

式中　H_0——基础高度；

　　　b——基础底面宽度；

　　　b_0——基础顶面的墙体宽度或柱脚宽度；

　　　$\tan\alpha$——基础台阶允许宽高比，其值可查表 9-4，α 称为刚性角。

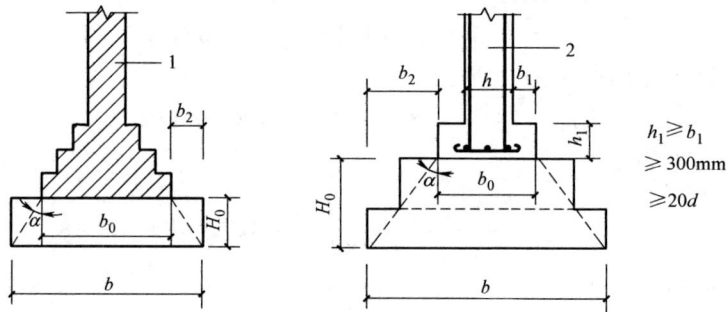

图 9-7　无筋扩展基础构造示意图

1—承重墙　2—钢筋混凝土柱

表 9-4　无筋扩展基础台阶宽高比允许值

基础材料	质量要求	台阶宽高比的允许值		
		$p_k \leqslant 100$	$100 < p_k \leqslant 200$	$200 < p_k \leqslant 300$
混凝土基础	C15 混凝土	1:1.00	1:1.00	1:1.25
毛石混凝土基础	C15 混凝土	1:1.00	1:1.25	1:1.50
砖基础	砖不低于 MU10、砂浆不低于 M5	1:1.50	1:1.50	1:1.50
毛石基础	砂浆不低于 M5	1:1.25	1:1.50	—
灰土基础	体积比为 3:7 或 2:8 的灰土，其最小干密度： 粉土 1550kg/m³ 粉质黏土 1500kg/m³ 黏土 1450kg/m³	1:1.25	1:1.50	—
三合土基础	体积比 1:2:4~1:3:6 (石灰:砂:骨料)，每层约虚铺220mm，夯至150mm	1:1.50	1:2.00	—

注：1. p_k 为作用效应标准组合时基础底面处的平均压力值（kPa）。
　　2. 阶梯形毛石基础的每阶伸出宽度，不宜大于 200mm。
　　3. 当基础由不同材料叠合组成时，应对接触部分作抗压验算。
　　4. 混凝土基础单侧扩展范围内基础底面处的平均压力值超过 300kPa 时，尚应进行抗剪验算；对基底反力集中于立柱附近的岩石地基，应进行局部受压承载力验算。

采用无筋扩展基础的钢筋混凝土柱，其柱脚高度 h_1 不得小于 b_1（图 9-7），并不应小于 300mm，且不小于 $20d$（d 为柱中的纵向受力钢筋的最大直径）。当柱纵向钢筋在柱脚内的

竖向锚固长度不满足锚固要求时，可沿水平方向弯折，弯折后的水平锚固长度不应小于 $10d$，也不应大于 $20d$。

【例题 9-4】 某砖混结构内墙基础拟采用毛石基础，墙厚 240mm，室内外高差 0.6m，基底处平均压力 $p_k =$ 120kPa，设计基础埋深 1.4m，基础宽度 1.2m，试设计该基础的剖面尺寸。

解：（1）台阶宽度
采用 3 层毛石，则每层台阶宽度为

$$b_2 = \left(\frac{1.2}{2} - \frac{0.24}{2}\right) \times \frac{1}{3} = 0.16\text{m}，符合构造要求。$$

（2）台阶高度
查表 9-4 得，$[b_2/H_0] = 1/1.5$，则每层台阶的高度

$$H_0 \geqslant \frac{b_2}{[b_2/H_0]} = \frac{0.16}{1/1.5} = 0.24\text{m}$$

综合构造要求，取 $H_0 = 0.4\text{m}$。

（3）最上一层台阶顶面距室外设计地坪的距离 $1.4 - 0.4 \times 3 = 0.2\text{m} > 0.1\text{m}$，符合构造要求。
基础剖面如图 9-8 所示。

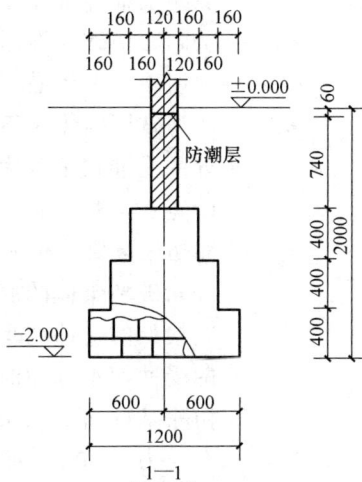

图 9-8 例题 9-4 图

9.4 扩展基础

9.4.1 柱下钢筋混凝土独立基础

钢筋混凝土独立基础的计算主要包括确定基础底面尺寸、柱与基础交接处以及基础变阶处基础高度和基础底板配筋。其中，基础底面尺寸按 9.2.3 节方法计算即可。

1. 基础高度确定

当基础承受柱子传来的荷载，若柱子周边处基础的高度不够，就会发生如图 9-9 所示的冲切破坏，即从柱子周边起，沿 45°斜面拉裂，形成冲切角锥体。在基础变阶处也可能发生同样的破坏。破坏的原因是冲切破坏面上的主拉应力超过了基础混凝土的抗拉强度，因此，柱下钢筋混凝土独立基础的高度由抗冲切验算确定。

为保证基础不发生冲切破坏，在基础冲切锥体以外的地基净反力引起的冲切力 F_l 不大于基础冲切面处混凝土的抗冲切能力。

对矩形截面柱的矩形基础，在柱与基础交接处以及基础变阶处的受冲切承载力，应按下列公式验算：

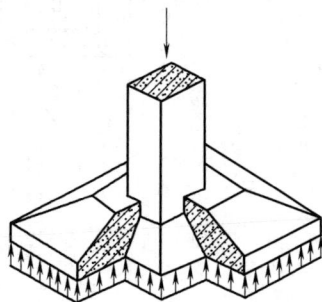

图 9-9 基础冲切破坏

$$F_l \leqslant 0.7\beta_{hp}f_t a_m h_0 \tag{9-11}$$
$$a_m = (a_t + a_b)/2 \tag{9-12}$$
$$F_l = p_j A_l \tag{9-13}$$

式中 β_{hp}——受冲切承载力截面高度影响系数，当 $h \leqslant 800\text{mm}$ 时，β_{hp} 取 1.0；当 $h \geqslant 2000\text{mm}$ 时，β_{hp} 取 0.9，其间按线性内插法取用；

f_t——混凝土轴心抗拉强度设计值，单位为 kPa；

h_0——基础冲切破坏锥体的有效高度，单位为 m；

a_m——冲切破坏锥体最不利一侧计算长度，单位为 m；

a_t——冲切破坏锥体最不利一侧斜截面的上边长，单位为 m，当计算柱与基础交接处的受冲切承载力时，取柱宽；当计算基础变阶处的受冲切承载力时，取上阶宽；

a_b——冲切破坏锥体最不利一侧斜截面在基础底面范围内的下边长，单位为 m，当冲切破坏锥体的底面落在基础底面以内，如图 9-10a、b 所示，计算柱与基础交接处的受冲切承载力时，取柱宽加两倍基础有效高度；当计算基础变阶处的受冲切承载力时，取上阶宽加两倍该处的基础有效高度。

p_j——扣除基础自重及其上土重后相应于荷载效应基本组合时的地基土单位面积净反力，kPa，对偏心受压基础可取基础边缘处最大地基土单位面积净反力；

A_l——冲切验算时取用的部分基底面积（图 9-10a 中的阴影面积 ABCDEF）；

F_l——相应于荷载效应基本组合时作用在 A_l 上的地基土净反力设计值，单位为 kPa。

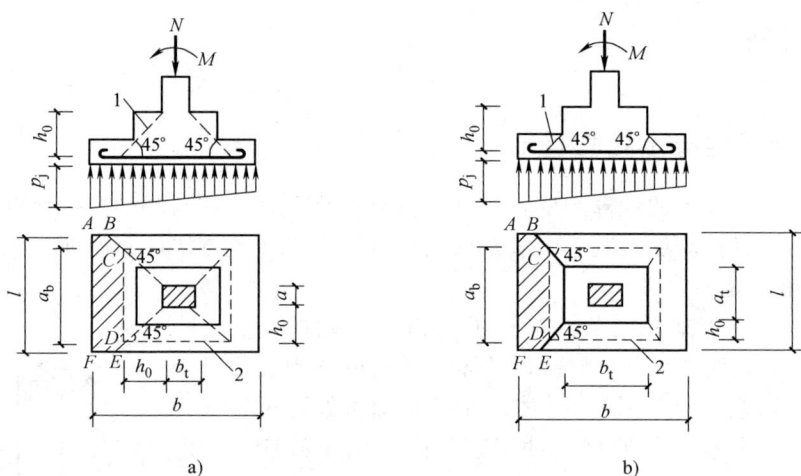

图 9-10 基础冲切计算简图

1—冲切破坏锥体最不利一侧的斜截面 2—冲切破坏锥体的底面线

a）柱与基础交接处 b）基础变阶处

当 $l > a_t + 2h_0$ 时，冲切破坏角锥体的底面积部分落在基底面积以内：

$$A_l = \left(\frac{b}{2} - \frac{b_t}{2} - h_0 \right) l - \left(\frac{l}{2} - \frac{a_t}{2} - h_0 \right)^2 \qquad (9\text{-}14)$$

当基础底面短边尺寸小于等于柱宽加两倍基础有效高度时，应按下式验算柱与基础交接处截面受剪承载力。

$$V_s \leqslant 0.7\beta_{hs} f_t A_0 \qquad (9\text{-}15)$$

式中　V_s——相应于荷载效应基本组合时，柱与基础交接处的剪力设计值，单位为 kN；

　　　β_{hs}——受剪承载力截面高度影响系数，$\beta_{hs} = (800/h_0)^{1/4}$，当 $h_0 < 800$mm 时，取 $h_0 = 800$mm；当 $h_0 > 2000$mm 时，取 $h_0 = 2000$mm；

　　　A_0——验算截面处基础的有效截面面积，按《建筑地基基础设计规范》（GB 50007—2011）附录 U 计算，单位为 m²。

注意：对于阶梯形基础，需验算变阶处的抗冲切承载力，阶底周边视为柱周边，用台阶的平面尺寸代替柱截面尺寸。当基础底面边缘在冲切破坏的 45°开裂线以内时，可不进行基础高度的抗冲切验算。

2. 基础弯矩的计算

柱下钢筋混凝土独立基础在地基净反力作用下，底板在两个方向均发生弯曲，故两个方向均需配置受力钢筋。分析时将基底面积分别沿柱与基础交接处以及基础变阶处划分成四个梯形面积，分别计算柱与基础交接处以及基础变阶处沿基础长宽两个方向的弯矩，并进行截面抗弯验算。

当矩形基础在轴心荷载或单向偏心荷载作用下，台阶的宽高比小于或等于 2.5，且偏心距小于或等于 1/6 基础宽度时，任意截面的弯矩，如图 9-11 所示，可按下式计算：

$$M_{\text{I}} = \frac{1}{12}a_1^2\left[(2l+a')\left(p_{\max}+p-\frac{2G}{A}\right)+(p_{\max}-p)l\right] \tag{9-16}$$

$$M_{\text{II}} = \frac{1}{48}(l-a')^2(2b+b')\left(p_{\max}+p_{\min}-\frac{2G}{A}\right) \tag{9-17}$$

式中　M_{I}、M_{II}——分别为任意截面 I-I、II-II 处相应于荷载效应基本组合时的弯矩设计值，单位为 kN·m；

　　　l，b——基础底面的边长，单位为 m；

　　　$p_{\max}$、$p_{\min}$——相应于荷载效应基本组合时的基础底面边缘最大和最小地基反力设计值，单位为 kPa；

　　　p——相应于荷载效应基本组合时在任意截面 I-I 处基础底面地基反力设计值，单位为 kPa；

　　　a_1——任意截面 I-I 至基底边缘最大反力处的距离，单位为 m；

　　　G——考虑荷载分项系数的基础自重及其上的土自重，单位为 kN；当组合值由永久荷载控制时，$G = 1.35G_k$，G_k 为基础及其上土的标准自重。

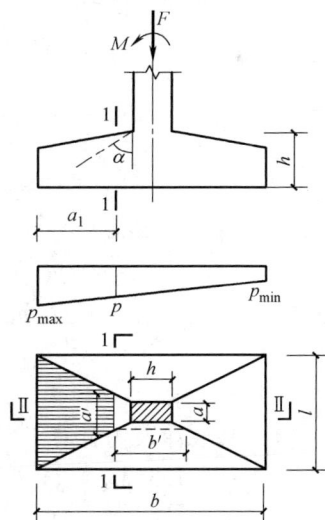

图 9-11　矩形基础底板的计算示意图

3. 基础底板配筋计算

基础底板内的受力筋面积可按下式计算：

$$A_s = \frac{M}{0.9h_0f_y} \tag{9-18}$$

式中 f_y——钢筋抗拉强度设计值，单位为N/mm^2；

h_0——基础的有效高度，单位为 mm。

【例题 9-5】 某教学楼，采用框架结构，边柱截面尺寸为 300mm×400mm，经计算，作用于该柱基础顶面的竖向荷载标准组合值 $F_k = 710kN$，$M_k = 85kN \cdot m$。地基土为黏性土，天然重度 $\gamma = 17.5 \, kN/m^3$，孔隙比 $e = 0.72$，液性指数 $I_L = 0.75$，地基承载力特征值 $f_{ak} = 230kPa$，室内外高差 0.3m，拟采用柱下钢筋混凝土独立基础，混凝土强度等级为 C20（$f_t = 1.1 \, N/mm^2$），钢筋为 HPB300 级钢筋（$f_y = 270 \, N/mm^2$），试设计该柱下基础。

解：（1）计算地基承载力特征值 f_a

由黏性土 $e = 0.72$，$I_L = 0.75$，查表 5-2，得 $\eta_b = 0.3$，$\eta_d = 1.6$。先不考虑基础宽度的修正，取基础埋深 $d = 1.0$（从室外设计地坪起算）。

$$f_a = f_{ak} + \eta_d \gamma_m (d - 0.5)$$
$$= 230 + 1.6 \times 17.5 \times (1 - 0.5) = 244kPa$$

（2）初选基础底面尺寸

$$A_0 \geqslant \frac{F_k}{f_a - \overline{\gamma}_G d} = \frac{710}{244 - 20 \times (1 + 0.3/2)} = 3.21m^2$$

考虑偏心影响，将基础面积扩大 20%，则

$$A = 1.2A_0 = 1.2 \times 3.21 = 3.85m^2$$

取 $b = 2.4m$，$l = 1.6m$，则 $A = 2.4 \times 1.6 = 3.84m^2$

（3）验算地基承载力

$$G_k = \gamma_G A \overline{d} = 20 \times 3.84 \times 1.15 = 92.74kN$$

$$e_0 = \frac{M_k}{F_k + G_k} = \frac{85}{710 + 92.74} = 0.106m < \frac{b}{6} = 0.4m$$

$$\begin{array}{l} p_{kmax} \\ p_{kmin} \end{array} = \frac{F_k + G_k}{A} \left(1 \pm \frac{6e_0}{b} \right) = \frac{710 + 92.74}{3.84} \left(1 \pm \frac{6 \times 0.106}{2.4} \right) = \begin{array}{l} 264.4kPa \\ 153.65kPa \end{array}$$

$$p_{kmax} = 264.4kPa < 1.2f_a = 1.2 \times 244 = 292.8kPa$$

$$\overline{p}_k = \frac{p_{kmax} + p_{kmin}}{2} = \frac{264.4 + 153.65}{2} = 209.03kPa < f_a$$

故满足要求。

（4）基底净反力计算

$$e_{oj} = \frac{1.35M_k}{1.35F_k} = \frac{85}{710} = 0.12m$$

$$\begin{array}{l} p_{jmax} \\ p_{jmin} \end{array} = \frac{1.35F_k}{A} \left(1 \pm \frac{6e_{oj}}{b} \right) = \frac{1.35 \times 710}{3.84} \left(1 \pm \frac{6 \times 0.12}{2.4} \right)$$

$$= \begin{array}{l} 324.3kPa \\ 174.7kPa \end{array}$$

（5）基础高度的确定

拟采用阶梯形基础，剖面尺寸如图 9-12 所示。

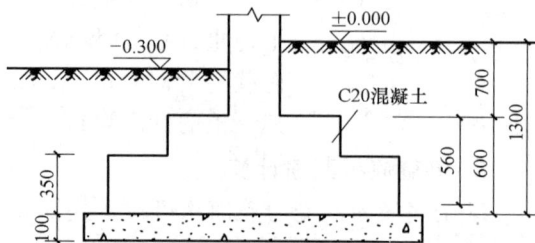

图 9-12 基础剖面图

初选基础高度 $h = 600\text{mm}$，下层台阶高 350mm，上层台阶高 250mm，设 100mm 厚 C10 素混凝土垫层，混凝土保护层取 40mm，$h_0 = 560\text{mm}$。

1）柱边基础截面抗冲切验算

其细部尺寸如图 9-12 所示。

$$b = 2.4\text{m}, l = 1.6\text{m}, a_t = a_c = 0.3\text{m}, b_t = b_c = 0.4\text{m}$$

因 $a_t + 2h_0 = 0.3 + 2\times0.56 = 1.42\text{m} < l = 1.6\text{m}$，取 $a_b = 1.42\text{m}$

$$a_m = \frac{a_t + a_b}{2} = \frac{0.3 + 1.42}{2} = 0.86\text{m}$$

$$A_l = \left(\frac{b}{2} - \frac{b_t}{2} - h_0\right)l - \left(\frac{l}{2} - \frac{a_t}{2} - h_0\right)^2$$

$$= \left(\frac{2.4}{2} - \frac{0.4}{2} - 0.56\right)\times1.6 - \left(\frac{1.6}{2} - \frac{0.3}{2} - 0.56\right)^2 = 0.696\text{m}^2$$

冲切力为

$$F_l = p_{jmax}A_l = 324.3\times0.696 = 225.71\text{kN}$$

抗冲切力为

$$0.7\beta_{hp}f_t a_m h_0 = 0.7\times1.0\times1.1\times860\times560$$
$$= 370.8\times10^3\text{N} = 370.8\text{kN} > F_l = 225.71\text{kN}$$

故柱边基础高度满足要求。

2）变阶处抗冲切验算

$$a_t = 0.8\text{m}, b_t = 1.2\text{m}, h_{01} = 310\text{mm}$$

因 $a_t + 2h_0 = 0.8 + 2\times0.31 = 1.42\text{m} < l = 1.6\text{m}$，取 $a_b = 1.42\text{m}$

$$a_m = \frac{a_t + a_b}{2} = \frac{0.8 + 1.42}{2} = 1.11\text{m}$$

$$A_l = \left(\frac{b}{2} - \frac{b_t}{2} - h_0\right)l - \left(\frac{l}{2} - \frac{a_t}{2} - h_0\right)^2$$

$$= \left(\frac{2.4}{2} - \frac{1.2}{2} - 0.31\right)\times1.6 - \left(\frac{1.6}{2} - \frac{0.8}{2} - 0.31\right)^2 = 0.446\text{m}^2$$

冲切力为

$$F_l = p_{jmax}A_l = 324.3\times0.446 = 144.64\text{kN}$$

抗冲切力为

$$0.7\beta_{hp}f_t a_m h_0 = 0.7\times1.0\times1.1\times1110\times310$$
$$= 264.96\times10^3\text{N} = 264.96\text{kN} > F_l = 225.71\text{kN}$$

故变阶处基础高度也满足要求。

（6）配筋计算

1）基础长边方向

Ⅰ-Ⅰ柱边截面

$$p_{j\,Ⅰ} = p_{jmin} + \frac{b + b_c}{2b}(p_{jmax} - p_{jmin})$$

$$= 174.7 + \frac{2.4 + 0.4}{2 \times 2.4}(324.3 - 174.7) = 262\text{kPa}$$

因 $p_{jmax} = p_{max} - \dfrac{G}{A}$

$$M_{\mathrm{I}} = \frac{1}{12}a_1^2 \left[(2l+a')\left(p_{max}+p-\frac{2G}{A}\right) + (p_{max}-p)l \right]$$

$$= \frac{1}{12}a_1^2 \left[(2l+a')(p_{jmax}+p_{j\mathrm{I}}) + (p_{jmax}-p_{j\mathrm{I}})l \right]$$

$$= \frac{1}{12} \times 1^2 \times \left[(2 \times 1.6 + 0.3) \times (324.3 + 262) + (324.3 - 262) \times 1.6 \right]$$

$$= 179.3\text{kN} \cdot \text{m}$$

$$A_{s\mathrm{I}} = \frac{M_{\mathrm{I}}}{0.9h_0 f_y} = \frac{171 \times 10^6}{0.9 \times 560 \times 270} = 1257\text{mm}^2$$

II - II 变阶截面

$$p_{j\mathrm{II}} = 174.7 + \frac{2.4 + 1.2}{2 \times 2.4}(324.3 - 174.7) = 286.9\text{kPa}$$

$$M_{\mathrm{II}} = \frac{1}{12}a_1^2 \left[(2l+a')\left(p_{max}+p-\frac{2G}{A}\right) + (p_{max}-p)l \right]$$

$$= \frac{1}{12}0.6^2 \times \left[(2 \times 1.6 + 0.8) \times (324.3 + 286.9) + (324.3 - 286.9) \times 1.6 \right]$$

$$= 75.14\text{kN} \cdot \text{m}$$

$$A_{s\mathrm{II}} = \frac{M_{\mathrm{II}}}{0.9h_{01} f_y} = \frac{75.14 \times 10^6}{0.9 \times 310 \times 270} = 998\text{mm}^2$$

经比较应按 $A_{s\mathrm{I}}$ 进行配筋，实际配筋 9Φ14，$A_s = 1385\text{mm}^2 \geqslant 1257\text{mm}^2$，满足要求。

2）基础短边方向

III - III 柱边截面

$$M_{\mathrm{III}} = \frac{1}{48}(l-a')^2(2b+b')\left(p_{max}+p_{min}-\frac{2G}{A}\right)$$

$$= \frac{1}{48}(l-a')^2(2b+b')(p_{jmax}+p_{jmin})$$

$$= \frac{1}{48}(1.6-0.3)^2 \times (2 \times 2.4 + 0.4) \times (324.3 + 174.7)$$

$$= 91.31\text{kN} \cdot \text{m}$$

$$A_{s\mathrm{III}} = \frac{M_{\mathrm{III}}}{0.9h_0 f_y} = \frac{91.36 \times 10^6}{0.9 \times 560 \times 270} = 671\text{mm}^2$$

IV - IV 变阶截面

$$M_{\mathrm{IV}} = \frac{1}{48}(l-a')^2(2b+b')\left(p_{max}+p_{min}-\frac{2G}{A}\right)$$

$$= \frac{1}{48}(l-a')^2(2b+b')(p_{jmax}+p_{jmin})$$

$$= \frac{1}{48}(1.6-0.8)^2 \times (2\times2.4+1.2)\times(324.3+174.7)$$

$$= 39.92\text{kN} \cdot \text{m}$$

$$A_{s\text{IV}} = \frac{M_{\text{IV}}}{0.9h_{01}f_y} = \frac{39.92\times10^6}{0.9\times310\times270} = 530\text{mm}^2$$

经比较应按 $A_{s\text{III}}$ 进行配筋，但不符合构造要求，实际按构造配筋，Φ10@200（13Φ10），$A_s = 1020.5\text{ mm}^2$。基础配筋图如图 9-13 所示。

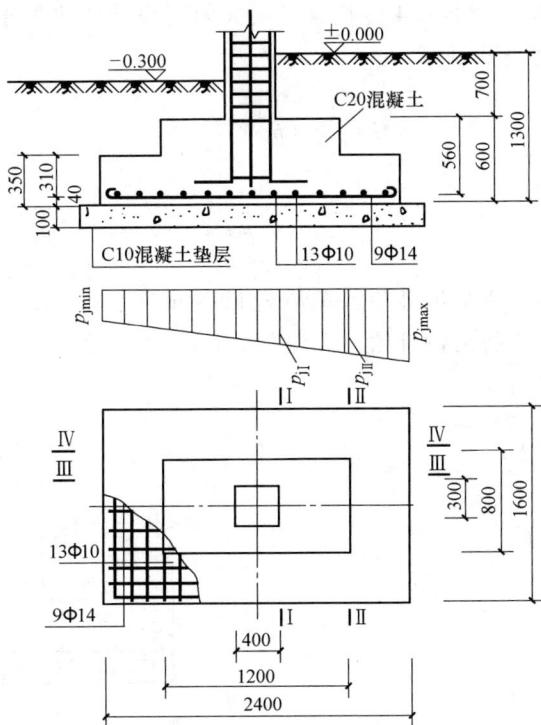

图 9-13　基础配筋图

9.4.2　墙下钢筋混凝土条形基础

墙下钢筋混凝土条形基础的设计计算主要包括确定基础宽度、基础底板高度和基础底板配筋。

1.基础宽度

墙下钢筋混凝土条形基础宽度由承载力确定，具体可按 9.2.3 节方法计算即可。

2.基础底板受力分析

（1）轴心受压基础。墙下钢筋混凝土条形基础底板厚度由抗剪强度确定，基础底板如同倒置的悬臂板，计算基础内力时，通常沿条形基础长度方向取 1m 进行计算。在地基净反力作用下，基础的最大内力实际发生在悬臂板的根部（墙外边缘垂直截面处）。

1）地基净反力计算。墙下钢筋混凝土条形基础的地基净反力计算公式为

$$p_{\mathrm{j}} = \frac{F}{b} \qquad (9\text{-}19)$$

式中　F——相应于荷载效应基本组合时作用在基础顶面上的荷载值，单位为 kN/m；

　　　b——基础宽度，单位为 m。

2）内力设计值的计算。如图 9-14 所示，基础任意截面 I-I 处的弯矩 M 和剪力 V 为

$$M = \frac{1}{2} p_{\mathrm{j}} a_1^2 \qquad (9\text{-}20)$$

$$V = p_{\mathrm{j}} a_1 \qquad (9\text{-}21)$$

当墙体材料为混凝土时，式（9-20）、（9-21）中取 $a_1 = b_1$。

当墙体为砖墙且大放角不大于 1/4 砖长时，最大内力设计值应位于墙边截面，如图 9-15 所示，截面的内力值按下列公式计算

$$M = \frac{1}{8} p_{\mathrm{j}} (b-a)^2 \qquad (9\text{-}22)$$

$$V = \frac{1}{2} p_{\mathrm{j}} (b-a) \qquad (9\text{-}23)$$

式中　M——基础底板支座的弯矩设计值，单位为 kN·m/m；

　　　V——基础底板支座的剪力设计值，单位为 kN/m；

　　　a——砖墙厚，单位为 m。

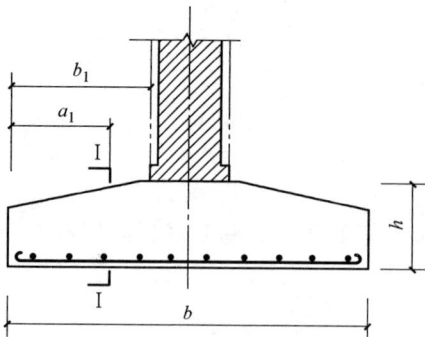

图 9-14　墙下条形基础计算示意图

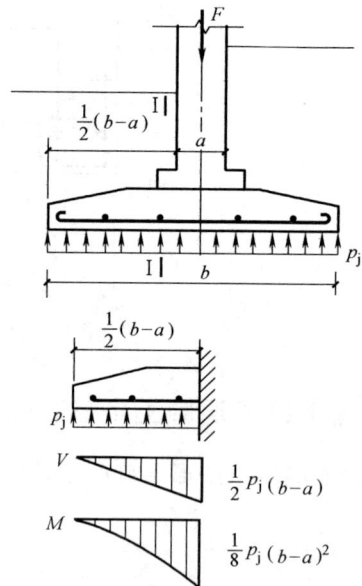

图 9-15　墙边截面计算内力示意图

（2）偏心受压基础。基础在偏心荷载作用下，基底净反力一般呈梯形分布，如图 9-16 所示，地基净反力应取基底净反力 $p_{\mathrm{j}1}$ 与最大净反力 p_{jmax} 的平均值。

3. 基础底板高度

为防止因剪力作用使基础底板发生剪切破坏，要求底板应有足够的高度。一般基础底板

内不配置箍筋和弯筋，因此基础底板应满足下式要求

$$h_0 \geq \frac{V}{0.07\beta_{hs}f_t l} \qquad (9-24)$$

式中　l——条形基础沿基础长边方向的长度，取 $l =$
1m；

　　h_0——基础底板有效高度，当有垫层时，$h_0 = h -$
40，当无垫层时，$h_0 = h-70$。

4. 基础底板配筋

基础底板受力钢筋可按式（9-18）计算。注意，此时的 M 是指条形基础底板每延米最大弯矩值，A_s 是指条形基础每延米基础底板受力钢筋截面面积。

【例题 9-6】　某教学楼外墙厚370mm，室内外高差 0.9m，传至基础顶面的竖向荷载的标准组合值 $F_k =$ 300kN/m，基本组合值 $F = 350$kN/m，基础埋深 1.3m，修正后地基承载力特征值 $f_a = 142$kPa，底板采用 HPB300 级钢筋（$f_y = 270$ N/mm^2），试设计该墙下钢筋混凝土条形基础。

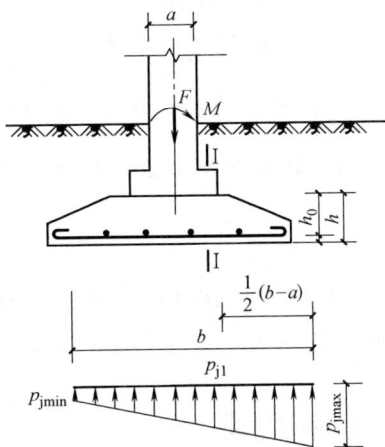

图 9-16　偏心荷载作用下条件基础内力示意图

解：（1）基础底面宽度

$$b \geq \frac{F_k}{f_a - \gamma_G \bar{d}} = \frac{300}{142 - 20 \times (1.3 + 0.9/2)} = 2.8m$$

取基础底面宽度 $b = 2.8$m。

（2）确定基础底板高度

初选基础混凝土强度等级为 C20（$f_t = 1.1$N/mm^2），基础下设 C10 素混凝土垫层 100mm 厚。

因 $\dfrac{b}{8} = \dfrac{2800}{8} = 350$mm，初选基础高度 $h = 350$mm，则 $h_0 = 310$mm。根据墙下钢筋混凝土条形基础构造要求，初步确定基础剖面尺寸，如图 9-17 所示。

地基净反力设计值

$$p_j = \frac{F}{b} = \frac{350}{2.8} = 125kPa$$

Ⅰ-Ⅰ 截面的剪力设计值

$$V_1 = \frac{1}{2}p_j(b-a) = \frac{1}{2} \times 125 \times (2.8 - 0.37)$$

$$= 151.9kN/m$$

截面有效高度

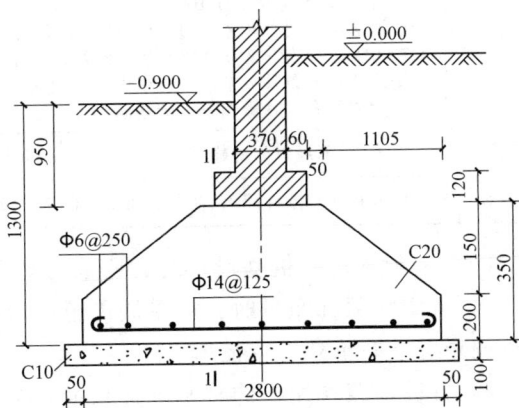

图 9-17　基础剖面及配筋图

$$h_0 \geq \frac{V}{0.07\beta_{hs}f_t l} = \frac{151.9 \times 10^3}{0.07 \times 1 \times 1.1 \times 10^3 \times 1000} = 197.3mm$$

基础实际有效高度 $h_0 = 310$mm>197.3mm，满足要求。

（3）底板配筋计算

Ⅰ-Ⅰ截面处弯矩设计值

$$M_{\mathrm{I}} = \frac{1}{8} p_j \left(b - a\right)^2 = \frac{1}{8} \times 125 \times \left(2.8 - 0.37\right)^2 = 92.3 \mathrm{kN \cdot m/m}$$

沿基础宽度方向受力钢筋的面积为

$$A_{s1} = \frac{M_{\mathrm{I}}}{0.9 f_y h_0} = \frac{92.3 \times 10^6}{0.9 \times 270 \times 310} = 1225 \mathrm{mm}^2$$

实际选用φ14@125（实配 $A_s = 1232 \mathrm{mm}^2 > 1225 \mathrm{mm}^2$），分布钢筋选用φ6@250，基础配筋如图 9-17 所示。

9.5 桩基础

9.5.1 桩基础设计原则、内容和步骤

1. 桩基设计原则

（1）设计等级。《建筑桩基技术规范》（JGJ 94—2008）规定：建筑桩基础设计与建筑结构设计一样，应采用以概率理论为基础的极限状态设计方法，以可靠度指标来度量桩基的可靠度，采用分项系数的表达式进行计算。

根据桩基破坏造成建筑物的破坏后果的严重性，桩基设计时应按表 9-5 确定设计等级。

表 9-5 建筑桩基设计等级

设计等级	建 筑 类 型
甲级	重要的建筑 30 层以上或高度超过 100m 的高层建筑 体型复杂且层数相差超过 10 层的高低层（含纯地下室）连体建筑 20 层以上框架-核心筒结构及其他差异沉降有特殊要求的建筑 场地和地基条件复杂的 7 层以上的一般建筑及坡地、岸边建筑 对相邻既有工程影响较大的建筑
乙级	除甲级、丙级以外的建筑
丙级	场地和地基条件简单、荷载分布均匀的 7 层及 7 层以下的一般建筑

（2）一般规定。桩基设计时，所采用的作用效应组合与相应的抗力应符合下列规定：

1）确定桩数和布桩时，应采用传至承台底面的荷载效应标准组合；相应的抗力应采用基桩或复合基桩承载力特征值。

2）计算荷载作用下的桩基沉降和水平位移时，应采用荷载效应准永久组合；计算水平地震作用、风载作用下的基桩水平位移时，应采用水平地震作用、风载效应标准组合。

3）验算坡地、岸边建筑桩基的整体稳定性时，应采用荷载效应标准组合。

4）在计算桩基结构承载力、确定尺寸和配筋时，应采用传至承台顶面的荷载效应基本组合。

5）桩基结构安全等级、结构设计使用年限和结构重要性系数 γ_0 应按现行有关建筑结

构规范的规定采用，除临时性建筑外，重要性系数 γ_0 应不小于 1.0。

2. 设计内容和步骤

一般桩基础设计按下列步骤进行：

1）调查研究、收集相关的资料。

2）根据岩土工程勘察资料、荷载、上部结构的条件要求等确定桩基持力层。

3）选定桩材、桩型、尺寸，确定基本构造。

4）计算确定单桩承载力。

5）根据上部结构及荷载情况，初拟桩的平面布置和数量。

6）根据桩的平面布置拟定承台尺寸和底面高程。

7）桩基础验算：桩身、承台结构设计。

8）绘制桩基（桩和承台）的结构施工图。

9.5.2　桩基础类型的选择

爆扩成孔桩　　　锤击沉管灌注桩　　　螺旋桩　　　冲孔桩施工　　　静压桩施工

确定桩基础类型一般应经过以下三个步骤：

1）根据上部结构的荷载水平与场地土层分布列出可用的桩型。

2）根据设备条件和环境因素决定许用的桩型。

3）根据经济比较决定采用的桩型。

上述步骤 1）可根据文献资料和实践经验进行选择；步骤 2）则必须通过调查和实地考察做出结论；步骤 3）一般应通过计算做出结论，其中工期长短应作为参与经济比较的一项重要因素。

9.5.3　桩的规格选择

1. 桩长的选择

桩长主要取决于桩端持力层的选择。持力层确定后，桩长也就能初步确定下来。同时桩长的选择与桩的材料、施工工艺等因素有关。

1）桩端持力层应选择较硬土层。原则上桩端最好进入坚硬土层或岩层，采用嵌岩桩或端承桩；但坚硬土层埋藏很深时，则宜采用摩擦桩基，桩端应尽量达到低压缩土、中等压缩强度的土层上。

2）桩端进入持力层的深度，对黏土、粉土不宜小于 $2d$，砂土不宜小于 $1.5d$，碎石类土不宜小于 d。当存在软弱下卧层时，桩基以下硬持力层厚度不宜小于 $3d$。

3）同一建筑物应尽可能采用相同桩型的桩。

2. 桩的截面尺寸

桩型及桩长初步确定后，可根据混凝土桩截面边长不应小于 200mm，预应力混凝土预制桩截面边长不宜小于 350mm，定出桩的截面尺寸，并初步确定承台底面标高。

3. 承台埋深的选择

一般情况下，承台埋深的选择主要从结构要求和冻胀要求考虑，并不得小于 600mm。季节性冻土、膨胀土地区，承台应埋设在冰冻线、大气影响线以下。但当冰冻线、大气影响线不小于 1m，且承台高度较小时，承台的埋深不可能取太大，此时则根据土的冻胀性、膨胀性等级，采取相应的防冻害、防膨胀措施后，可将承台埋深埋设在冰冻线、大气影响线以上。

9.5.4 单桩承载力确定

1. 单桩竖向承载力

单桩竖向承载力特征值是指单桩竖向极限承载力标准值除以安全系数后的承载力值。即

$$R_a = \frac{1}{K} Q_{uk} \tag{9-25}$$

式中　Q_{uk}——单桩竖向极限承载力标准值；

　　　K——安全系数，取 $K=2$。

设计采用的单桩竖向极限承载力标准值应符合下列规定：

1）设计等级为甲级的建筑桩基，应通过单桩静载试验确定。

2）设计等级为乙级的建筑桩基，当地质条件简单时，可参照地质条件相同的试桩资料，结合静力触探等原位测试和经验参数综合确定；其余均应通过单桩静载试验确定。

3）设计等级为丙级的建筑桩基，可根据原位测试和经验参数确定。

当根据土的物理指标与承载力参数之间的经验关系确定单桩竖向极限承载力标准值时，宜按下式估算：

$$Q_{uk} = u \sum q_{sik} l_i + q_{pk} A_p \tag{9-26}$$

式中　q_{sik}——第 i 层土的桩侧阻力标准值；

　　　q_{pk}——桩端阻力标准值；

　　　u——桩身周长；

　　　l_i——桩周第 i 层土的厚度；

　　　A_p——桩端面积。

2. 群桩承载力

实际工程中，除了大直径桩基础外，一般均为群桩基础。即由若干根桩和承台共同组成桩基础。此时，群桩中各桩的受力状态与单桩往往有显著差别，上部结构的荷载实际上是由桩和地基土共同承担的。

对于端承型桩基、桩数少于 4 根的摩擦型柱下独立基础或由于地层土性、使用条件等因素不宜考虑承台效应时，基桩竖向承载力特征值应取单桩竖向承载力特征值。

对于符合下列条件之一的摩擦型桩基，宜考虑承台效应确定其复合基桩的竖向承载力特征值。

1）上部结构整体刚度较好、体型简单的建（构）筑物。

2）对差异沉降适应性较强的排架结构和柔性构筑物。

考虑承台效应的复合基桩竖向承载力特征值可按下列公式确定：

$$R = R_a + \eta_c f_{ak} A_c \tag{9-27}$$

式中　η_c——承台效应系数；

f_{ak}——承台下 1/2 承台宽度且不超过 5m 深度范围内，各层土的地基承载力特征值按厚度加权的平均值；

A_c——计算基桩所对应的承台底净面积。

【例题 9-7】　某场地土层情况（自上而下）为：第一层为杂填土，厚度 1.2m；第二层为淤泥，厚度 6.4m，桩侧阻力标准值 $q_{s1k} = 13.6\text{kPa}$；第三层为粉质黏土，厚度 5.0m，桩侧阻力标准值 $q_{s2k} = 79\text{kPa}$，桩端阻力标准值 $q_{pk} = 3800\text{kN}$。采用预制桩基础，截面尺寸350mm×350mm，承台埋深 1.2m，桩端进入粉质黏土层 3m，试计算单桩竖向极限承载力标准值。

解：单桩竖向极限承载力标准值为

$$Q_{uk} = u \sum q_{sik} l_i + q_{pk} A_p$$
$$= 0.35 \times 4 \times (13.6 \times 6.4 + 79 \times 3) + 3800 \times 0.35^2 = 919.2\text{kN}$$

9.5.5　桩数与平面布置确定

1. 桩的数量

轴心受压时，桩数为

$$n \geqslant \frac{F_k + G_k}{R_a} \tag{9-28}$$

偏心受压时，桩数为

$$n \geqslant (1.1 \sim 1.2) \frac{F_k + G_k}{R_a} \tag{9-29}$$

2. 桩的中心距

桩的中心距过大，会增加承台的体积，使之造价提高；反之，桩距过小，会给桩基础的施工造成困难。因此，《建筑桩基技术规范》（JGJ 94—2008）规定，一般桩的最小中心距应满足表 9-6 的要求。

表 9-6　桩的最小中心距

土类与成桩工艺		排数不少于 3 排且桩数不少于 9 根的摩擦型桩桩基	其他情况
非挤土灌注桩		3.0d	3.0d
部分挤土桩		3.5d	3.0d
挤土桩	非饱和土	4.0d	3.5d
	饱和黏性土	4.5d	4.0d
钻、挖孔扩底桩		2D 或 D+2.0m（当 D>2m）	1.5D 或 D+1.5m（当 D>2m）
沉管夯扩、钻孔挤扩桩	非饱和土	2.2D 且 4.0d	2.0D 且 3.5d
	饱和黏性土	2.5D 且 4.5d	2.2D 且 4.0d

注：d 为圆桩设计直径或方桩设计边长；D 为扩大端设计直径。

3. 桩的平面布置

在确定桩数、桩距和边距后，根据布桩的原则，选用合理的排列方式。

（1）布桩的一般原则。力求使桩基中各桩受力均匀，尽可能使上部荷载的中心和群桩横截面的重心相重合或接近。

（2）布置形式。

1）单独基础下的桩基础可采用方形、三角形、梅花形等布桩方式，如图9-18a所示。

2）条形基础下的桩基础，可采用单排或双排布置方式，如图9-18b所示，有时也可采用不等距的形式。

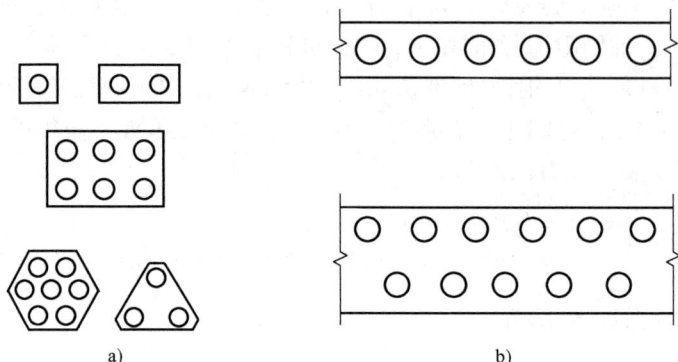

图9-18　桩的平面布置示例

a）单独基础布桩　b）条形基础布桩

9.5.6　桩基承载力验算

1. 轴心竖向力作用下

$$Q_k = \frac{F_k + G_k}{n} \leq R_a \tag{9-30}$$

式中　F_k——相应于荷载效应标准组合时，作用于桩基承台顶面的竖向力，单位为kN；

G_k——桩基承台自重及承台上土自重标准值，单位为kN；

Q_k——相应于荷载效应标准组合时，轴心竖向力作用下任一单桩的竖向力，单位为kN。

2. 偏心竖向力作用下（图9-19）

$$Q_{ik} = \frac{F_k + G_k}{n} \pm \frac{M_{xk} y_i}{\sum y_i^2} \pm \frac{M_{yk} x_i}{\sum x_i^2} \tag{9-31}$$

$$Q_{ik\max} \leq 1.2 R_a \tag{9-32}$$

式中　Q_{ik}——相应于荷载效应标准组合时，偏心竖向力作用下第i根桩的竖向力，单位为kN；

M_{xk}, M_{yk}——相应于荷载效应标准组合时，作用于承台底面通过桩群形心的x、y轴的力矩，单位为kN·m；

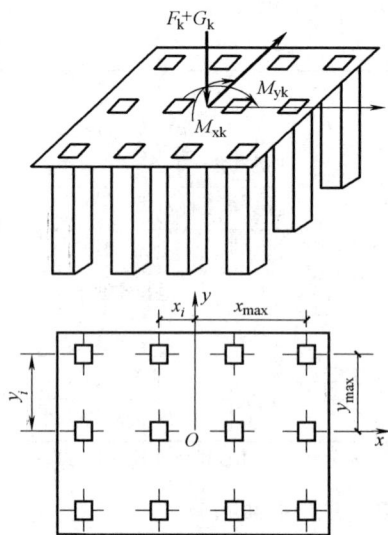

图9-19　桩顶荷载简图

x_i，y_i——第 i 根桩至桩群形心的 y、x 轴线的距离，单位为 m。

3. 水平荷载作用下

$$H_{ik} = \frac{H_k}{n} \leq R_{Ha} \tag{9-33}$$

式中　H_{ik}——相应于荷载效应标准组合时，作用于任一单桩的水平力，单位为 kN；

　　　　H_k——相应于荷载效应标准组合时，作用于承台底面的水平力，单位为 kN；

　　　　R_{Ha}——单桩水平承载力特征值，单位为 kN。

【例题 9-8】　某二级建筑物，位于软土地基，采用钢筋混凝土预制桩。已知上部结构传来的相当于荷载效应标准组合的基础顶面竖向荷载 $F_k = 3200\text{kN}$，弯矩 $M_k = 350\text{kN·m}$，水平力 $T_k = 40\text{kN}$。桩身混凝土强度等级为 C30，桩截面为 $300\text{mm}\times300\text{mm}$，桩长 10m，桩的排列如图 9-20 所示。经现场静载荷试验，测定单桩承载力特征值 $R_a = 320\text{kN}$。承台尺寸为 $4.2\text{m}\times3.0\text{m}$，埋深 2m。试对该桩基础进行竖向承载力验算。

解：（1）承台及其上覆土重

$$G_k = 20\times4.2\times3.0\times2 = 504\text{kN}$$

（2）单桩竖向承载力验算

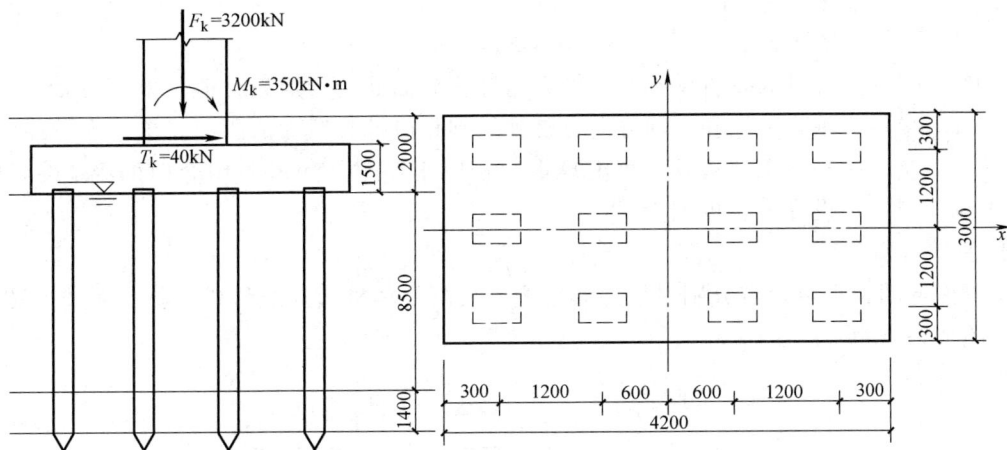

图 9-20　例题 9-8 图

轴心荷载作用下

$$Q_k = \frac{F_k+G_k}{n} = \frac{3200+504}{12} = 308.7\text{kN} \leq R_a = 320\text{kN}$$

满足要求。

偏心荷载作用下，承台四角为最不利情况。

$$Q_k = \frac{F_k+G_k}{n} \pm \frac{M_{yk}x_i}{\sum x_i^2}$$

$$= \frac{3200+504}{12} \pm \frac{(350+40\times1.5)\times1.8}{6\times(0.6^2+1.8^2)}$$

$$= 308.7 \pm 34.2 = \begin{matrix} 342.9 \\ 274.5 \end{matrix} \text{kN}$$

$$Q_{kmax} = 342.9\text{kN} \leqslant 1.2R_a = 1.2 \times 320 = 384\text{kN}$$

$$Q_{kmin} = 274.5\text{kN} > 0$$

满足要求。故桩身竖向承载力满足要求。

9.5.7 承台设计

桩基承台的设计包括确定承台的材料、底面标高、平面形状及尺寸、剖面形状及尺寸，以及进行受弯、受剪、受冲切和局部受压承载力计算，并符合构造要求。

1. 受弯计算

多桩矩形承台，弯矩计算截面取在柱边或承台高度变化处，如图9-21所示。

弯矩 M_x、M_y 按下列计算。

$$M_x = \sum N_i y_i \qquad (9-34)$$

$$M_y = \sum N_i x_i \qquad (9-35)$$

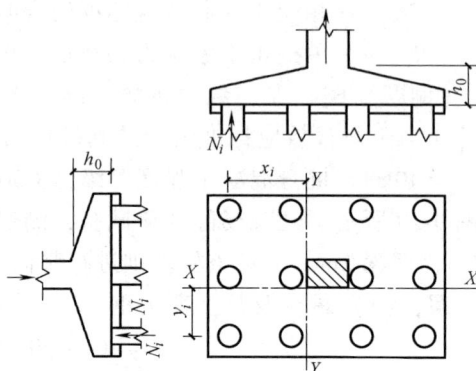

图9-21 承台弯矩计算示意图

式中　M_x、M_y——分别为垂直 y 轴和 x 轴方向计算截面处的弯矩设计值，单位为 kN·m

x_i、y_i——垂直 y 轴和 x 轴方向自桩轴线到相应计算截面的距离，单位为 m；

N_i——扣除承台和其上填土自重后相应于荷载效应基本组合时的第 i 桩竖向力设计值，单位为 kN。

2. 受剪计算

柱下桩基础独立承台应分别对柱边和桩边、变阶处和桩边连线形成的斜截面进行受剪计算，如图9-22所示。

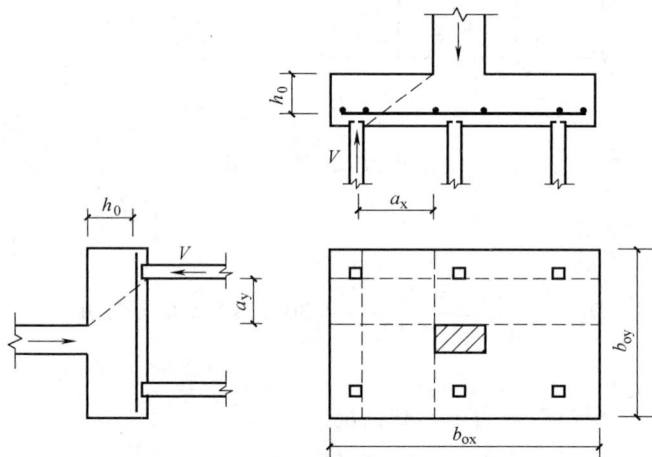

图9-22 承台斜截面受剪计算

当柱边有多排桩形成多个剪切斜截面时，尚应对每个斜截面进行验算。斜截面受剪承载力可按下式计算

$$V \leqslant \beta_{hs}\beta f_t b_0 h_0 \tag{9-36}$$

$$\beta = \frac{1.75}{\lambda + 1.0} \tag{9-37}$$

式中，V——扣除承台及其上填土自重后相应于荷载效应基本组合时的斜截面的最大剪力设计值，单位为 kN；

　　b_0——承台计算截面处的计算宽度，单位为 m；

　　h_0——计算宽度处的承台有效高度，单位为 m；

　　β——剪切系数；

　　λ——计算截面的剪跨比，$\lambda_x = \dfrac{a_x}{h_0}$，$\lambda_y = \dfrac{a_y}{h_0}$；$a_x$、$a_y$ 为柱边或承台变阶处至 x、y 方向计算一排桩的桩边的水平距离，当 $\lambda < 0.25$ 时，取 $\lambda = 0.25$；当 $\lambda > 3$ 时，取 $\lambda = 3$。

3. 受冲切计算

（1）柱对承台的冲切。柱对承台的冲切如图 9-23 所示，可按下式进行冲切计算。

$$F_l \leqslant 2[\beta_{ox}(b_c + a_{oy}) + \beta_{oy}(h_c + a_{ox})]\beta_{hp}f_t h_0 \tag{9-38}$$

$$F_l = F - \sum N_i \tag{9-39}$$

式中　F_l——扣除承台及其上填土自重，作用在冲切破坏锥体上相应于荷载效应基本组合时的冲切力设计值，单位为 kN，冲切破坏锥体应采用自柱边或承台变阶处至相应桩顶边缘连线构成的锥体，锥体与承台底面的夹角不小于45°；

　　h_0——冲切破坏锥体的有效高度，单位为 m；

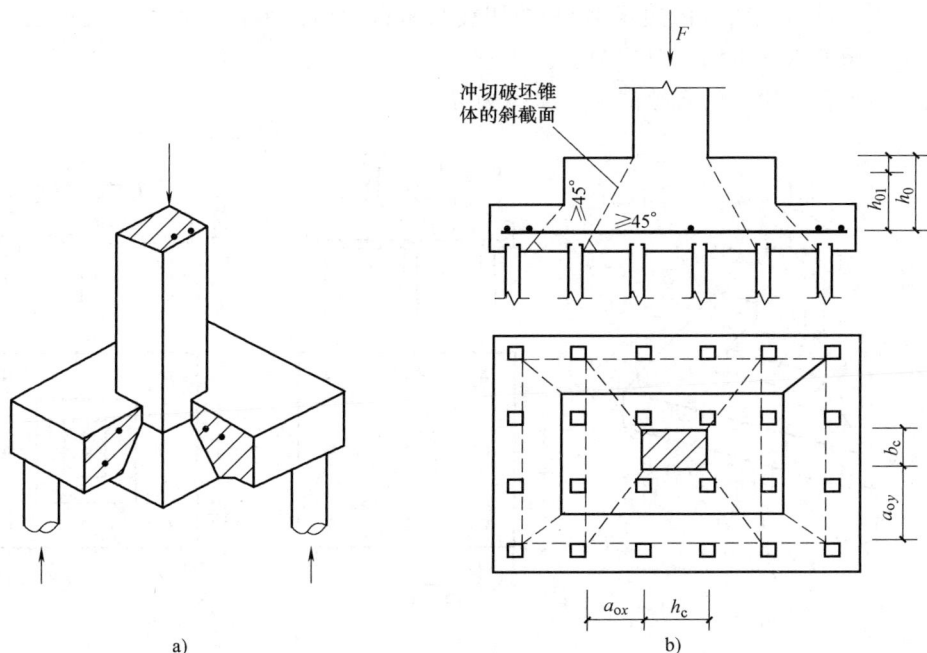

图 9-23　柱对承台冲切破坏

a）承台的冲切破坏　b）承台的冲切计算示意图

β_{hp}——受冲切承载力截面高度影响系数；

β_{ox}、β_{oy}——冲切系数，$\beta_{ox} = \dfrac{0.84}{\lambda_{ox}+0.2}$，$\beta_{oy} = \dfrac{0.84}{\lambda_{oy}+0.2}$；

λ_{ox}、λ_{oy}——冲跨比，$\lambda_{ox} = \dfrac{a_{ox}}{h_0}$，$\lambda_{oy} = \dfrac{a_{oy}}{h_0}$，$a_{ox}$、$a_{oy}$为柱边或变阶处至桩边的水平距离；当 a_{ox}（a_{oy}）$< 0.25h_0$ 时，取 a_{ox}（a_{oy}）$= 0.25h_0$；当 a_{ox}（a_{oy}）$> h_0$ 时，取 a_{ox}（a_{oy}）$= h_0$；

F——柱根部轴力设计值，单位为 kN；

$\sum N_i$——冲切破坏锥体范围内各桩的净反力设计值之和，单位为 kN。

对中低压缩性土上的承台，当承台与地基土之间没有脱空现象时，可根据地区经验适当减小柱下桩基础独立承台受冲切计算的承台厚度。

（2）角桩对承台的冲切。多桩矩形承台受角桩冲切如图 9-24 所示，可按下式进行冲切计算。

$$N_l \leqslant \left[\beta_{1x}\left(c_2 + \frac{a_{1y}}{2}\right) + \beta_{1y}\left(c_1 + \frac{a_{1x}}{2}\right) \right] \beta_{hp} f_t h_0 \tag{9-40}$$

式中　N_l——扣除承台和其上填土自重后，角桩桩顶相应于荷载效应基本组合时的竖向力设计值，单位为 kN；

β_{1x}、β_{1y}——角桩冲切系数，$\beta_{1x} = \dfrac{0.56}{\lambda_{1x}+0.2}$，$\beta_{1y} = \dfrac{0.56}{\lambda_{1y}+0.2}$；

λ_{1x}、λ_{1y}——角桩冲跨比，其值满足 $0.25 \sim 1.0$，$\lambda_{1x} = a_{1x}/h_0$，$\lambda_{1y} = a_{1y}/h_0$；

c_1、c_2——从角桩内边缘至承台外边缘的距离，单位为 m；

a_{1x}、a_{1y}——从承台底角桩内边缘引45°冲切线与承台顶面或承台变阶处相交点至角桩内边缘的水平距离，单位为 m；

h_0——承台外边缘的有效高度，单位为 m。

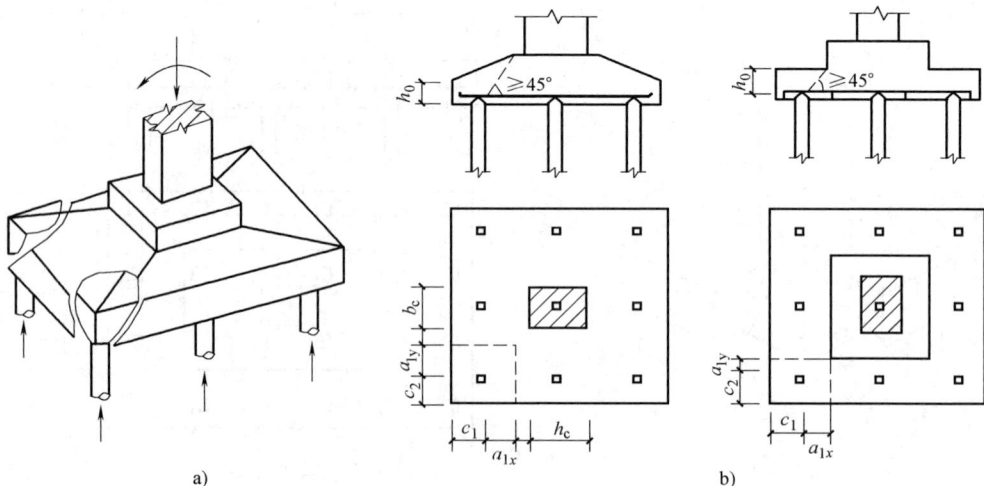

图 9-24　矩形承台角桩冲切破坏

a）角桩冲切破坏　　b）角桩冲切计算示意图

思　考　题

9-1　简述浅基础的设计步骤。

9-2　确定基础埋深应考虑哪些因素？

9-3　如何确定基础的底面尺寸？

9-4　为什么要验算软弱下卧层强度？其具体要求是什么？

9-5　在基础底面积和剖面设计中，上部结构荷载如何取值？

9-6　简述桩基础设计步骤。

习　　题

9-1　工程中四种建筑物的有关条件见表9-7，试判断是否需进行地基变形验算。

表9-7　建筑物有关条件

建筑物	A	B	C	D
	31层建筑	5层框架结构	单层排架一般厂房	大型炼油厂
地基承载力特征值/kPa	250	90	150	125
土层坡度		4%	15%	
跨度/m			21	
吊车额定起重量/t			15	

9-2　建筑物上部结构传到基础顶面的压力及土和基础自重压力见表9-8，荷载效应取恒荷载控制为主，基础埋深1.5m，基础底面以上土的平均重度为18kN/m，试求：

（1）确定基础底面尺寸时基础底面的压力值。

（2）计算地基变形时所需基础底面的附加压力值。

（3）计算基础内力，进行基础配筋计算时，基础底面压力值。

表9-8　荷载传至基础底面的平均压力　　　　　　　　（单位：kPa）

承载能力极限状态	正常使用极限状态		土和基础自重
基本组合	标准组合	准永久组合	
$1.35 \times 150 = 202.5$	150	135	50

9-3　某柱下矩形基础，相应于荷载效应标准组合时上部结构传至基础顶面的竖向力值 $F_k = 780kN$，地质资料如图9-25所示，试确定基础底面尺寸。

9-4　某砖混结构外墙基础如图9-26所示，采用混凝土条形基础，墙厚240mm，上部结构传至地表的荷载效应标准组合竖向力值 $F_k = 120kN/m$，地基为黏性土，重度 $\gamma = 19.5kN/m^3$，孔隙比 $e = 0.6$，液性指数 $I_L = 0.45$，地基承载力特征值 $f_{ak} = 110kPa$，基础底面宽度为1.25m，试验算该基础底面宽度是否符合要求。

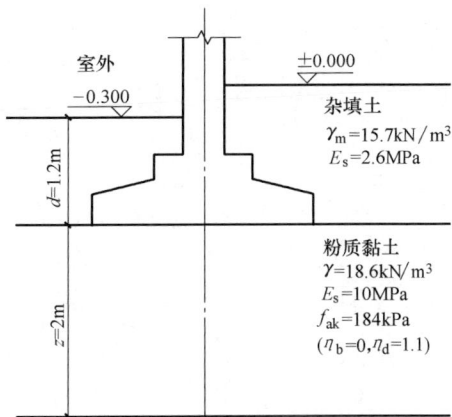

室外　　　　　±0.000

−0.300

$d = 1.2m$

$z = 2m$

杂填土
$\gamma_m = 15.7kN/m^3$
$E_s = 2.6MPa$

粉质黏土
$\gamma = 18.6kN/m^3$
$E_s = 10MPa$
$f_{ak} = 184kPa$
$(\eta_b = 0, \eta_d = 1.1)$

图9-25　习题9-3图

9-5 某框架柱截面尺寸为 $400mm \times 300mm$，传至室内外平均标高处竖向力标准值 $F_k = 700kN$，弯矩标准值 $M_k = 80kN \cdot m$，水平剪力标准值 $V_k = 13kN$，基础底面距室外地坪 $d = 1.0m$，基底以下填土重度 $\gamma = 17.5 \, kN/m^3$，持力层为黏性土，重度 $\gamma = 18.5 \, kN/m^3$，饱和重度 $\gamma_{sat} = 19.6 \, kN/m^3$，孔隙比 $e = 0.7$，液性指数 $I_L = 0.78$，地基承载力特征值 $f_{ak} = 226kPa$，持力层下为淤泥土，如图9-27所示，试确定柱基础的底面尺寸。

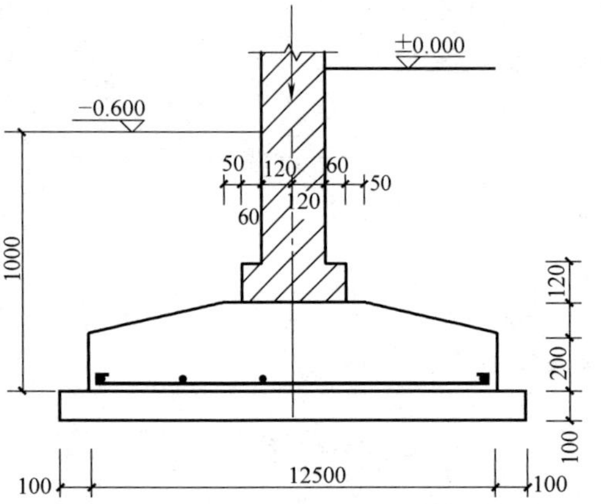

图 9-26   习题 9-4

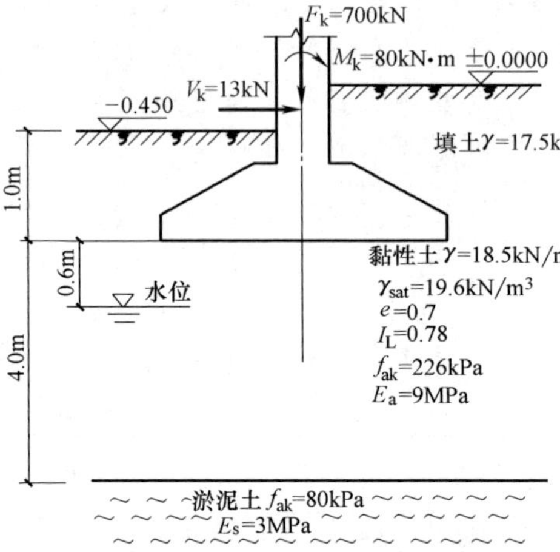

图 9-27   习题 9-5图

9-6 某砖混结构内墙基础拟采用毛石基础，墙厚370mm，室内外高差0.6m，基底处平均压力 $p_k = 110kPa$，设计基础埋深1.4m，基础宽度1.2m，试设计该基础的剖面尺寸。

9-7 某教学楼为框架结构，采用钢筋混凝土锥形独立基础，柱子截面尺寸为 $450mm \times 450mm$，基础底面尺寸为 $2500mm \times 3500mm$，埋深1.5m，基础高度500mm，采用C20混凝土（$f_t = 1.1N/mm^2$），HPB300级钢筋（$f_y = 270N/mm^2$）。已知上部结构传至基础顶面的荷载设计值为 $F = 775kN$，$M = 135kN \cdot m$，试设计该基础。

9-8 某工程拟采用桩基础，上部结构传来的荷载标准值为 $F_k = 2075kN$，$M_k = 320kN \cdot m$，$H_k = 35kN$。经勘察，地基土依次为：0.8m厚人工填土，1.5m厚黏土（$q_{sik} = 75kPa$），9.0m厚淤泥质黏土（$q_{sik} = 23kPa$），6.0m厚粉土（$q_{sik} = 55kPa$，$q_{pk} = 1800kPa$）。试进行桩基平面布置，并验算桩基竖向承载力。

第十章

基 坑 工 程

知识目标

（1）了解基坑支护结构的特点。

（2）掌握基坑支护结构选用原则。

（3）了解基坑支护结构设计的一般要求及构造要求。

（4）了解基坑稳定性验算的目的及内容。

能力目标

能正确选择基坑支护结构。

重点与难点

基坑支护结构的选型。

建筑基坑是指为进行建（构）筑物基础与地下室的施工所开挖的地面以下的空间。为保证坑壁不致坍塌和周围环境不受损害，需对基坑进行包括土体、降水和开挖在内的一系列勘察、设计、施工和检测等工作，这项综合性的工程称为基坑工程。

支护结构
施工流程

在基础施工时，有的采取支护措施，称之为有支护基坑工程，有的则不采取支护措施，称之为无支护基坑工程。无支护基坑工程一般是在场地空旷、基坑开挖深度较浅、环境要求不高的情况下才能采用。

本章主要介绍有支护基坑工程的特点、选用原则及设计一般要求。

10.1 概述

10.1.1 基坑支护结构的特点

支护结构是指基坑围护工程中采用的围护墙体（包括防渗帷幕）以及内支撑系统（或

土层锚杆）等的总称，如图 10-1 所示。

基坑支护的基本要求：安全可靠，技术上先进可行，经济合理，施工方便。

基坑支护结构具有以下几个特点：

（1）临时性。基坑支护主要是建筑物及建筑物地下立式基础开挖时所采取的临时支护措施。一旦地下室或基础施工至±0.000 后，基坑支护的意义便会失去。

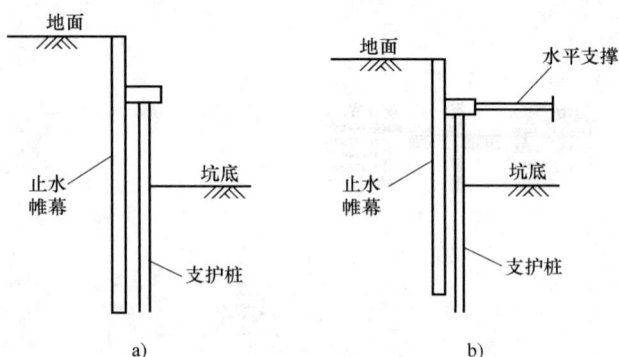

图 10-1　基坑支护结构
a）无水平支撑　b）有水平支撑

（2）复杂性。基坑支护尤其是深基坑的支护，技术难度大，施工要求高，涉及多学科、多领域的理论，同时也涉及施工技术和装备的水平。

（3）风险性。大部分基坑支护都位于城市，基坑周围环境复杂，一旦基坑支护系统失稳，即会对周围环境产生严重影响，甚至可能带来周围群众生命和财产的巨大损失。

（4）区域性。不同地区，工程地质和水文地质条件不同，基坑支护结构差异很大，同一城市不同区域也有差异。基坑支护体系设计与施工应因地制宜，根据本地情况进行，外地的经验可以借鉴，但不能简单挪用。

（5）较强的个性。基坑支护体系的设计、施工和土方开挖与工程地质和水文地质条件有关，还与基坑相邻建筑物、构筑物和地下管线的位置，抵御变形的能力，以及周围场地条件等有关。有时保护相邻建（构）筑物和市政设施的安全是基坑支护设计和施工的关键。

（6）土压力特点。基坑支护结构都要承受土压力的作用，土压力一般介于主动土压力和静止土压力之间或介于被动土压力和静止土压力之间。

10.1.2　基坑支护结构设计依据

1. 支护结构的安全等级

基坑支护设计时，应综合考虑基坑周边环境和地质条件的复杂程度、基坑深度等因素，按表 10-1 采用支护结构的安全等级。对同一基坑的不同部位，可采用不同的安全等级。

表 10-1　支护结构的安全等级

安全等级	破坏后果
一级	支护结构失效、土体过大变形对基坑周边环境或主体结构施工安全的影响很严重
二级	支护结构失效、土体过大变形对基坑周边环境或主体结构施工安全的影响严重
三级	支护结构失效、土体过大变形对基坑周边环境或主体结构施工安全的影响不严重

2. 场地地质勘察资料

（1）工程地质资料。场地土层分布情况、层厚、土层描述、地质剖面以及土层物理、力学、渗透性等指标是进行基坑方案选择以及进行基坑稳定性、内力变形计算不可缺少的依据。

（2）水文地质资料。场地地层中地下水文条件，如地下水位、承压水等情况。

3. 周围环境资料

周围环境条件是选择方案、确定基坑稳定安全系数控制标准等工作的重要依据，包括如下内容：

1）既有建筑物的结构类型、层数、位置、基础形式和尺寸、埋深、使用年限、用途等。

2）各种既有地下管线、地下构筑物的类型、位置、尺寸、埋深、使用年限、用途等；对既有供水、污水、雨水等地下输水管线，尚应包括其使用状况及渗漏状况。

3）道路的类型、位置、宽度、道路行驶情况、最大车辆荷载等。

4）确定基坑开挖与支护结构使用期内施工材料、施工设备的荷载。

5）雨季时的场地周围地表水汇流和排泄条件，地表水的渗入对地层土性能影响的状况。

4. 主体结构的设计资料

用地红线图、建筑平面图、剖面图、地下结构图以及桩位布置图等是确定围护结构类型、平面布置、支撑结构布置、立柱定位等必不可少的资料。

5. 施工条件

在考虑基坑围护方案，确定控制标准时，应充分注意到场地的施工，例如施工空间、施工允许的工期，环境对施工的噪声、振动、污染等的允许程度以及当地施工所具有的施工设备、技术等条件。

10.2　支护结构选型

10.2.1　支护结构的选型要求

支护结构选型时，应综合考虑下列因素：

1）基坑深度。

2）土的性状及地下水条件。

3）基坑周边环境对基坑变形的承受能力及支护结构一旦失效可能产生的后果。

4）主体地下结构及其基础形式、基坑平面尺寸及形状。

5）支护结构施工工艺的可行性。

6）施工场地条件及施工季节。

7）经济指标、环保性能和施工工期。

10.2.2　各类支护结构及其适用条件

基坑支护结构可根据基坑工程等级、工程地质、水文地质条件以及周围环境条件采用合理的支护结构形式。目前常用的支护结构包括支挡式结构、土钉墙、重力式水泥土墙、放坡。

支护结构类型

1. 支挡式结构

以挡土构件和锚杆或支撑为主要构件，或以挡土构件为主要构件的支护结构，称为支挡式结构，有如下几种形式：

（1）锚拉式支挡结构。锚拉式支挡结构是以挡土构件和锚杆为主要构件的支挡式结构，如图 10-2 所示。

锚杆通常有地面锚杆和土层锚杆两种，如图 10-3 所示。地面锚杆需要有足够的场地设置锚桩或其他锚杆装置。土层锚杆因需要土层提供较大的锚固力，不宜用于软黏土地层中。

（2）支撑式支挡结构。支撑式支挡结构是以挡土构件和支撑为主要构件的支挡式结构，如图 10-4 所示。

图 10-2　锚拉式支挡结构

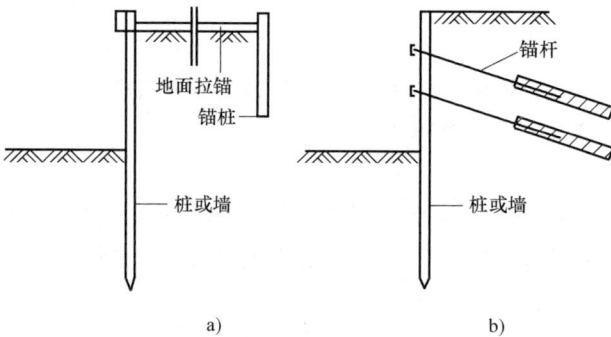

图 10-3　锚杆式支挡结构
a）地面锚杆　b）土层锚杆

图 10-4　支撑式支挡结构

内支撑结构可选用钢支撑、混凝土支撑、钢与混凝土的混合支撑。内支撑体系可分为水平支撑和斜支撑。根据不同的开挖深度，又可采用单层水平支撑、二层水平支撑及多层水平支撑，分别如图 10-5a、b、c 所示。当基坑平面面积较大，而开挖深度不大时，宜采用单层斜支撑，如图 10-5d 所示。

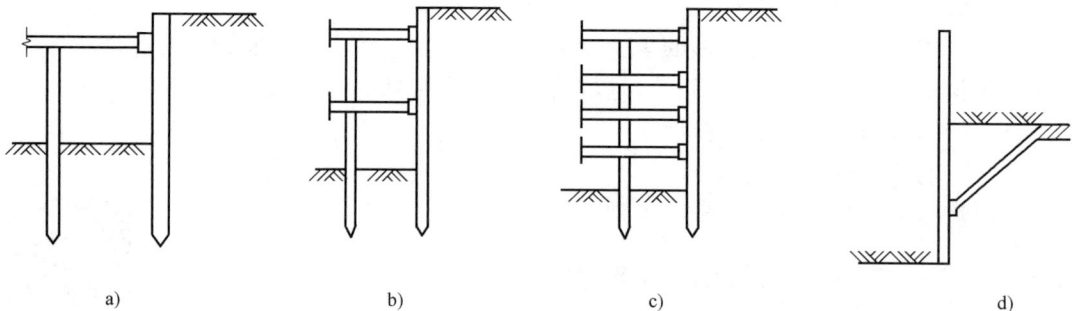

图 10-5　内撑式支挡结构
a）单层支撑　b）二层支撑　c）多层支撑　d）斜支撑

（3）悬臂式支挡结构。悬臂式支挡结构是以顶端自由的挡土构件为主要构件的支挡式结构，如图 10-6 所示。

（4）双排桩。双排桩是指沿基坑侧壁排列设置的由前、后两排支护桩和梁连接成的刚

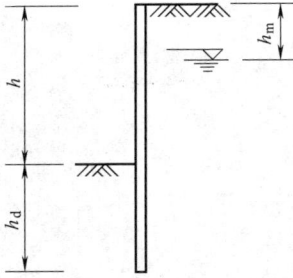

图 10-6 悬臂式支挡结构

架及冠梁所组成的支挡式结构，如图 10-7 所示。

2. 土钉墙

土钉墙是指随基坑开挖分层设置的、纵横向密布的土钉群、喷射混凝土面层及原位土体所组成的支护结构，如图 10-8 所示。

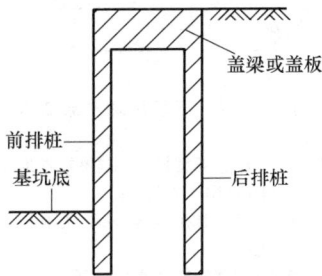

图 10-7 双排桩

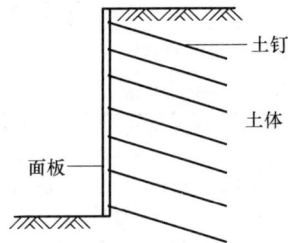

图 10-8 土钉墙

3. 重力式水泥土墙

重力式水泥土墙是指水泥土桩相互搭接成格栅或实体的重力式支护结构，如图 10-9 所示，平面布置有密排式和格构式两种。

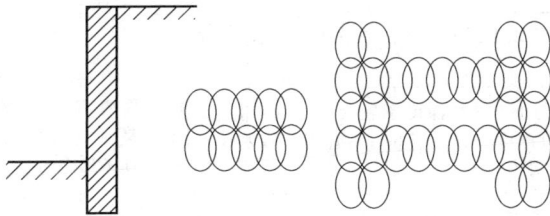

图 10-9 重力式水泥土墙

4. 放坡

放坡开挖是指选择合理的坡比进行开挖。有时为了增加边坡稳定性和减少土方量，常采用基坑简易支护，如图 10-10 所示。或采用放坡与支护结构的组合形式，如图 10-11 所示。

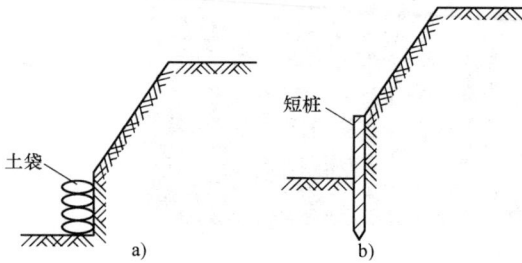

图 10-10　基坑简易支护
a）土袋或石堆砌支护　b）短桩支护

图 10-11　放坡与支护结构的组合

各类支护结构的适用条件，见表 10-2。

表 10-2　各类支护结构的适用条件

结构类型		适用条件		
		安全等级	基坑深度、环境条件、土类和地下水条件	
支挡式结构	锚拉式结构	一级、二级、三级	适用于较深的基坑	（1）排桩适用于可采用降水或截水帷幕的基坑 （2）地下连续墙宜同时用作主体地下结构外墙，可同时用于截水 （3）锚杆不宜用在软土层和高水位的碎石土、砂土层中 （4）当邻近基坑有建筑物地下室、地下构筑物且锚杆的有效锚固长度不足时，不应采用锚杆 （5）当锚杆施工会造成基坑周边建（构）筑物的损害或违反城市地下空间规划等规定时，不应采用锚杆
	支撑式结构		适用于较深的基坑	
	悬臂式结构		适用于较浅的基坑	
	双排桩		当锚拉式、支撑式、悬臂式结构不适用时，可考虑双排桩	
	支护结构与主体结构相结合的逆作法		适用于基坑周边环境条件很复杂的深基坑	
土钉墙	单一土钉墙	二级、三级	适用于地下水位以上或经降水的非软土基坑，且基坑深度不宜大于 12m	当基坑潜在滑动面内有建筑物、重要地下管线时，不宜采用土钉墙
	预应力锚杆复合土钉墙		适用于地下水位以上或经降水的非软土基坑，且基坑深度不宜大于 15m	
	水泥土桩垂直复合土钉墙		用于非软土基坑时，基坑深度不宜大于 12m；用于淤泥质土基坑时，基坑深度不宜大于 6m；不宜用在高水位的碎石土、砂土、粉土层中	
	微型桩垂直复合土钉墙		适用于地下水位以上或经降水的基坑，用于非软土基坑时，基坑深度不宜大于 12m；用于淤泥质土基坑时，基坑深度不宜大于 6m	
重力式水泥土墙		二级、三级	适用于淤泥质土、淤泥基坑，且基坑深度不宜大于 7m	
放坡		三级	（1）施工场地应满足放坡条件 （2）可与上述支护结构形式结合	

10.3　基坑支护结构的设计

10.3.1　基坑支护结构的设计一般要求

1. 支护结构的极限状态

支护结构应采用以分项系数表示的极限状态设计方法进行设计。

支护结构的极限状态可分为以下两类：

（1）承载能力极限状态。

1）支护结构构件或连接因超过材料强度而破坏，或因过度变形而不适于继续承受荷载，或出现压屈、局部失稳。

2）支护结构及土体整体滑动。

3）坑底土体隆起而丧失稳定。

4）对支挡式结构，坑底土体丧失嵌固能力而使支护结构推移或倾覆。

5）对锚拉式支挡结构或土钉墙，土体丧失对锚杆或土钉的锚固能力。

6）重力式水泥土墙整体倾覆或滑移。

7）重力式水泥土墙、支挡式结构因其持力层丧失承载能力而破坏。

8）地下水渗流引起的土体渗透破坏。

（2）正常使用极限状态。

1）造成基坑周边建（构）筑物、地下管线、道路等损坏或影响其正常使用的支护结构位移。

2）因地下水位下降、地下水渗流或施工因素而造成基坑周边建（构）筑物、地下管线、道路等损坏或影响其正常使用的土体变形。

3）影响主体地下结构正常施工的支护结构位移。

4）影响主体地下结构正常施工的地下水渗流。

2. 支护结构上的荷载

1）土压力。

2）静止水压力、渗流压力、承压水压力。临水支护结构尚应考虑波浪作用和水流退落时的渗流力。

3）基坑开挖范围以内建（构）筑物荷载、地面超载、施工荷载及临近场地施工的作用影响。

4）温度变化（包括冻胀）对支护结构的影响。

5）作为永久结构使用时尚应按有关规范考虑相关荷载作用。

作用于支护结构的土压力和水压力，对砂性土宜按水土分算的原则计算，对黏性土宜以水土合算的原则计算；也可按地区经验确定。主动土压力、被动土压力可采用库仑或朗肯土压力理论计算。当支护结构水平位移有严格限制时，应采用静止土压力计算。当按变形控制原则设计支护结构时，作用在结构上的计算土压力可按支护结构与土体的相互作用原理确定，也可按地区经验确定。

3．支护结构设计内容

1）支护体系方案技术经济比较和选型。

2）支护结构的强度、稳定和变形计算以及基坑内外土体的稳定性验算。

3）基坑降水或止水帷幕设计以及围护墙的抗渗设计；基坑开挖与地下水变化引起的基坑内外土体的变形及其对基础桩、邻近建筑物和周边环境的影响。

4）基坑开挖施工方法的可行性及基坑施工过程中的监测要求。

10.3.2　支挡式结构设计

1．分析方法

（1）锚拉式支挡结构，可将整个结构分为挡土结构、锚拉结构分别进行分析。挡土结构宜采用平面杆系结构弹性支点法进行分析。

（2）支撑式支挡结构，可将整个结构分解为挡土结构、内支撑结构分别进行分析；挡土结构宜采用平面杆系结构弹性支点法进行分析；内支撑结构可按平面结构进行分析。

（3）悬臂式支挡结构、双排桩支挡结构，宜采用平面杆系结构弹性支点法进行结构分析。

2．排桩设计

（1）排桩的桩型与成桩工艺与桩所穿过的土层性质、地下水条件和基坑周边环境要求等有关，可选择混凝土灌注桩、型钢桩、钢板桩、型钢水泥土搅拌桩等。

（2）矩形截面混凝土支护桩的正截面受弯承载力和斜截面受剪承载力应按现行国家标准《混凝土结构设计规范》（GB 50010—2010）的有关规定进行计算。

（3）型钢、钢管、钢板支护桩的受弯、受剪承载力应按现行国家标准《钢结构设计规范》（GB 50017—2003）的有关规定进行计算。

（4）采用混凝土灌注桩时，应符合下列要求：

1）桩身混凝土强度等级不宜低于C25；纵向受力钢筋宜选用HRB400、HRB335级钢筋，单桩的纵向受力钢筋不宜少于8根，净间距不应小于60mm。

2）箍筋可采用螺旋式箍筋，箍筋直径不应小于纵向受力钢筋最大直径的1/4，且不应小于6mm，箍筋间距宜取100~200mm，且不应大于400mm及桩的直径。

3）纵向受力钢筋的保护层厚度不应小于35mm；采用水下灌注混凝土工艺时，不应小于50mm。

4）对悬臂式排桩、锚拉式排桩或支撑式排桩、支护桩的桩径分别宜大于或等于600mm、400mm；排桩的中心距不宜大于桩直径的两倍。

3．地下连续墙设计

（1）地下连续墙的正截面受弯承载力和斜截面受剪承载力应按现行国家标准《混凝土结构设计规范》（GB 50010—2010）的有关规定进行计算。

（2）地下连续墙的墙体厚度宜按成槽机的规格，选取600mm、800mm、1000mm或1200mm。

（3）一字形槽段的长度宜为4~6m。

（4）地下连续墙的转角处或有特殊要求时，单元槽段可采用L形或T形。

（5）地下连续墙的混凝土强度等级宜取C30~C40。用于截水时，墙体混凝土的抗渗等级不宜低于 P6。

（6）纵向受力钢筋宜采用 HRB335 级或 HRB400 级钢筋，直径不宜小于 16mm，净间距不宜小于 75mm。

（7）水平钢筋及构造钢筋直径不宜小于 12mm，水平钢筋间距宜取 200~400mm。

（8）纵向受力钢筋的保护层厚度，在基坑内侧不宜小于 50mm，在基坑外侧不宜小于 70mm。

（9）纵向受力钢筋应沿墙身每侧均匀配置，可按内力大小沿墙体纵向分段配置，且通长配筋的纵向钢筋不应小于 50%。

（10）地下连续墙墙顶应设置混凝土冠梁，冠梁宽度不宜小于墙厚，高度不宜小于墙厚的 0.6 倍。钢筋应符合现行国家标准《混凝土结构设计规范》（GB 50010—2010）对梁的构造配筋要求。

4．锚杆设计

（1）锚杆的布置。

1）锚杆的水平间距不宜小于 1.5m。多层锚杆，其竖向间距不宜小于 2.0m。

2）锚杆锚固段的上覆土层厚度不宜小于 4.0m。

3）锚杆倾角宜取 15°~25°，且不应大于 45°，不应小于 10°。

4）当锚杆穿过的地层上方存在天然地基的建筑物或地下构筑物时，宜避开易塌孔、变形的地层。

（2）钢绞线锚杆、普通钢筋锚杆。钢绞线锚杆、普通钢筋锚杆的构造符合下列要求：

1）锚杆成孔直径宜取 100~150mm。

2）锚杆自由段的长度不应小于 5m，且穿过潜在滑动面进入稳定土层的长度不应小于 1.5m。土层中锚杆锚固长度不宜小于 6m。

3）在自由段应设置隔离套管。

4）锚杆杆体的外露长度应满足腰梁、台座尺寸及张拉锁定的要求。

5）普通钢筋锚杆的杆体宜选用 HRB335、HRB400 级螺纹钢筋。

6）注浆应采用水泥浆或水泥砂浆，注浆固结体强度不宜低于 20MPa。

（3）腰梁。锚杆腰梁可采用型钢组合梁或混凝土梁，应根据实际约束条件按连续梁或简支梁计算。

5．支护结构与主体结构的结合

（1）支护结构的地下连续墙与主体地下结构外墙相结合。

1）单一墙。地下连续墙独立作为主体结构外墙，如图 10-12a 所示。永久使用阶段应按地下连续墙承担全部外墙荷载进行设计。

2）复合墙。地下连续墙作为主体结构外墙的一部分，其内侧设置混凝土衬墙，如图 10-12b 所示。二者之间的结合面按不承受剪力进行构造设计，永久使用阶段水平荷载作用下的墙体内力按地下连续墙与衬墙的刚度比例进行分配。

3）叠合墙。地下连续墙作为主体结构外墙的一部分，其内侧应设置混凝土衬墙，如图 10-12c 所示。二者之间的结合面应按承受剪力进行连接构造设计，永久使用阶段地下连续墙与衬墙应按整体考虑，外墙厚度取地下连续墙与衬墙厚度之和。

（2）支护结构的水平支撑与主体地下结构水平构件相结合。支护阶段用作支撑的主体

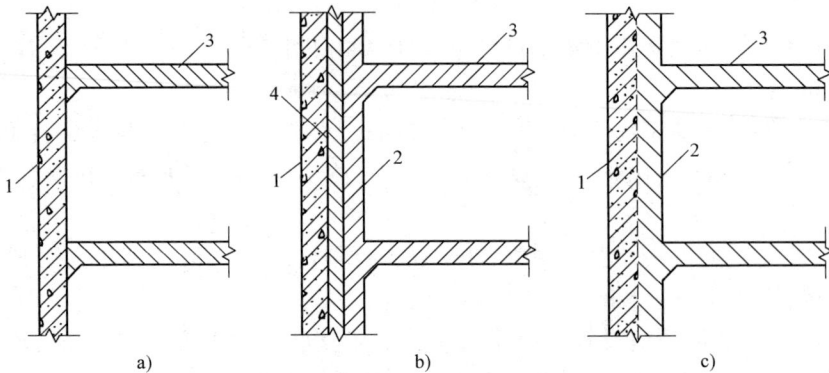

图 10-12 地下连续墙与地下结构外墙结合的形式
a) 单一墙 b) 复合墙 c) 叠合墙
1—地下连续墙 2—衬墙 3—楼盖 4—衬垫材料

结构的楼盖应符合下列要求：

1）当主体地下楼盖结构兼作施工平台时，应按水平和竖向荷载同时进行计算。

2）同层楼板面存在高差的部位，应验算该部位构件的抗弯、抗剪、抗扭承载力，必要时，应设置可靠的水平向转换结构或临时支撑。

3）对结构楼板的洞口及车道开口部位，当洞口两侧的梁板不能满足传力要求时，应在缺少结构楼板处设置临时支撑。

4）在各楼盖所设结构分缝或后浇带处，应设置水平传力构件，其承载力通过计算确定。

（3）支护结构的竖向支承立柱与主体地下结构竖向构件相结合。

支护阶段立柱应符合下列要求：

1）立柱的承载力与沉降计算时，立柱的荷载包括支护阶段施工的主体结构自重及其所承受的施工荷载，按其安装的垂直度允许偏差计入竖向荷载偏心的影响。

2）在主体结构底板施工前，立柱基础之间及立柱与地下连续墙之前的差异沉降不宜大于 20mm，也不宜大于柱距的 1/400。

10.3.3 土钉墙设计

1. 土钉墙构造

1）土钉墙、预应力锚杆复合土钉墙的坡度不宜大于 1:0.2。

2）土钉的水平间距和竖向间距宜为 1~2m；当基坑较深、土的抗剪强度较低时，土钉间距应取小值。

3）土钉的倾角宜为 5°~20°。

4）成孔注浆型钢筋土钉成孔直径宜取 70~120mm；钢管土钉的外径不宜小于 48mm，壁厚不宜小于 3mm。

5）土钉墙高度不大于 12m 时，喷射混凝土面层厚度宜取 80~100mm，喷射混凝土设计强度等级不宜低于 C20，面层中应配置钢筋网和通长的加强钢筋。

2. 土钉墙的承载力验算

土钉墙的承载力验算，一般包括土钉抗拉承载力验算和土钉墙整体稳定验算两部分。

10.4　基坑稳定性分析

10.4.1　基坑稳定性分析的目的

对有支护的基坑进行土体稳定性分析，是基坑工程设计的重要环节之一。基坑稳定性分析的目的是确定基坑侧壁支护结构在给定条件下合理嵌固深度，或验算拟定支护结构的稳定性。

10.4.2　基坑稳定性分析的方法

基坑稳定性分析方法主要有工程地质对比法和力学分析法，两种方法互相补充和相互验证，对具体问题应通过综合分析得出最后结论。

1. 工程地质对比法

工程地质对比法是通过大量已有工程的调查研究，结合拟设计项目的地质条件来确定支护结构的嵌固深度。这种方法比较可靠，但必须在相应条件基本一致的情况下才能使用。

2. 力学分析法

力学分析法是以土力学理论为基础，解决土坡稳定性问题的有效方法。由于实际地质条件很复杂，不能简单运用力学分析来加以概括，因此该方法具有局限性。

10.4.3　基坑稳定分析的内容

基坑稳定性分析主要包括以下内容：

1. 整体稳定性分析

采用圆弧滑动法验算支护结构和地基的整体抗滑动稳定性时，应注意支护结构一般有内支撑或外锚拉结构且墙面垂直的特点，不同于边坡稳定性验算的圆弧滑动。

有支护的滑动面的圆心一般靠近基坑内侧附近，应通过试算确定最危险的滑动面和最小安全系数。

2. 支护结构踢脚稳定性分析

验算最下道支撑以下的主、被动土压力区内的压力绕最下道支撑支点的转动力矩是否平衡。在坑内墙前极限被动土压力计算中，考虑墙体与坑内土体之间的摩擦角的影响，同时也考虑到地基土的黏聚力。

3. 基坑底部土体的抗隆起稳定性分析

基坑底部土体的抗隆起稳定性分析对保证基坑稳定性和控制基坑变形有重要意义。对适用不同地质条件的现有不同抗隆起稳定性计算公式，应按工程经验规定保证基坑稳定的最低安全系数。

4. 基坑的渗流稳定性分析

在饱和软黏土中开挖基坑，都需要进行支护，支护结构通常采用排桩、地下连续墙、搅拌桩或具有止水措施的冲孔灌注桩等。由于地下水位很高，因此很容易造成基坑底部的渗流破坏，所以设计支护结构嵌固深度时，必须考虑抵抗渗流破坏的能力，具有足够的渗流稳定安全度。

5. 基坑底土突涌的基坑稳定性分析

如果基底下的不透水层较薄，而且在不透水层下面具有较大水压的滞水层或承压水层时，当上覆土重不足以抵抗下部的水压时，基底就会隆起破坏，墙体就会失稳，所以在设计、施工前必须查明地层情况以及滞水层和承压水层水头的情况。

思 考 题

10-1 什么是基坑？什么是基坑工程和基坑支护？

10-2 基坑支护的目的是什么？

10-3 基坑支护的基本要求是什么？

10-4 基坑支护具有哪些特点？

10-5 基坑支护的结构类型有哪些？各适用于什么条件？

10-6 简述基坑支护结构设计的一般要求。

10-7 基坑稳定性分析的目的是什么？

10-8 基坑稳定性分析包括哪些内容？

第十一章

地基处理

知识目标

(1) 了解地基处理的目的和对象。

(2) 掌握换土垫层法、预压法和强夯法的设计内容。

能力目标

(1) 能根据工程地质条件、施工条件等因素选择合适的地基处理方案。

(2) 能用换土垫层法、预压法和强夯法进行软弱地基处理。

重点与难点

换土垫层法、预压法和强夯法。

随着我国基本建设的蓬勃发展，建设用地越来越紧张，现在很多工程要建造在不适合建造需要的场地上。当然，随着大型、中型、高层甚至超高层建筑物和有特殊要求的建筑物的增多，也对地基提出了新的要求。因此，对于那些土质软弱、不能满足建筑物强度或变形要求的场地，必须进行人工加固，这种对不良场地进行补强加固的过程，称为地基处理。

本章主要介绍地基处理基本知识、换土垫层法、预压法和强夯法。

11.1　地基处理基本知识

11.1.1　地基处理的目的

地基处理的目的是提高软弱地基和人工堆填地基的强度，保证地基的稳定；降低地基的压缩性，减少基础的沉降和不均匀沉降；防止地震时液化；消除特殊土的湿陷性、胀缩性和冻胀性等。

具体措施如下：

1. 改善剪切特性

地基的剪切破坏以及在土压力作用下的稳定性，取决于地基土的抗剪强度。因此，为了防止剪切破坏以及减轻土压力，需要采取一些措施来增加地基土的抗剪强度。

2. 改善透水性能

采取措施使地基土变为不透水或者减轻其水压力。

3. 改善压缩特性

采用一定措施以提高地基土的压缩模量，减少地基土的沉降。

4. 改善动力特性

地震时，一部分土可能会产生液化，因此，需要研究采取一定措施防止地基土液化，并改善其振动特性。

5. 改善特殊土的不良地基特性

减少或消除黄土的湿陷性和膨胀土的胀缩性。

11.1.2　地基处理的对象

地基处理对象是软弱地基和特殊土地基。

软弱地基是指主要由淤泥、淤泥质土、冲填土、杂填土或其他高压缩性土层构成的地基。

特殊土地基是指由湿陷性黄土、膨胀土、红黏土、多年冻土构成的地基，具有一定的区域性。

11.1.3　地基处理方法的确定

地基处理方法的选择和确定要按下列步骤进行：

1）搜集建筑物场地详细的岩土工程地质、水文地质及地基基础的设计资料。

2）根据建筑物结构类型、荷载大小和使用要求，结合地形地貌、地层结构、岩土条件、地下水特征、周围环境和相邻建筑物等因素，初步确定几种可供选择的地基处理方法。在选择地基处理方法时，应同时考虑上部结构、基础和地基的共同作用；也可选用加强结构措施（如设置圈梁和沉降缝等）和处理地基相结合的方案。

3）在因地制宜的前提下，对初步选定的各种地基处理方法，分别从处理效果、材料来源及消耗、机具、施工进度和环境影响等方面，进行技术经济分析和对比，根据安全可靠、施工方便、经济合理等原则，选择最佳的地基处理方法。值得一提的是，每一种地基处理方法都有一定的适用范围、局限性和优缺点，没有哪一种地基处理方法是万能的。必要时可以选择两种或多种地基处理方法组成的综合方法。

4）对已选定的地基处理方案，应按建筑物重要性和场地复杂程度，在有代表性的场地上进行相应的现场试验和试验性施工，并进行必要的测试以检验设计参数和处理效果。如达不到设计要求，应查找原因，并采取措施或修改设计。

11.1.4　地基处理方法的分类及适用范围

地基处理方法按处理深度可以分为浅层处理和深层处理；按时间可分为临时处理和永久处理；按土的性质可以分为砂性土处理和黏性土处理；按地基处理的作用可分为：土质改

良、土的置换、土的补强。

常用的地基处理方法有：置换、夯实、挤密、排水、加筋等。下面介绍几种常见的地基处理方法。

1. 置换及拌入

该方法适用处理黏性土、冲填土、粉砂、细砂等。其采用专门的技术措施，以砂、碎石等置换软弱土地基中部分软弱土，或在部分软弱土中掺入水泥、石灰或砂浆等形成加固体，与周边土组成复合地基，从而提高地基的承载力，减小沉降量。

2. 夯实和碾压

该方法适用处理碎石、砂土、粉土、低饱和度的黏性土、杂填土等。利用压实原理，通过机械碾压夯实，把表面地基土压实。强夯则利用强大的夯击能，在地基中产生强烈的冲击波和动应力，使土体动力固结密实。

3. 挤密和振密

该方法适用于处理松砂、粉土、杂填土及湿陷性黄土。利用一定的技术措施，通过振动和挤密，使土体孔隙减少，强度提高；也可在振动挤密过程中，回填砂、砾石、灰土、素土等，与地基土组成复合地基，从而提高地基的承载力，减少沉降量。

4. 排水固结

该方法适用于处理饱和软弱土层，但对渗透性极低的泥炭土，必须慎用。通过改善地基排水条件和施加预压荷载，加速地基的固结和强度增长，提高地基的稳定性，并使基础沉降提前完成。

由于各种地基处理方法具有不同的适用范围和优缺点，具体选用时应综合分析比较，选择经济合理的处理方法。

11.2　换土垫层法

11.2.1　原理及适用范围

1. 原理

换填垫层法是将基础底面下要求范围内的软弱土层挖去或部分挖去，分层回填强度较高的砂、碎石或灰土等材料，夯实或压实后作为地基持力层。当建筑物荷载不大，软弱土层厚度较小时，采用换土垫层法能取得较好的效果。常用的垫层有：砂垫层，砂卵石垫层、碎石垫层、灰土或素土垫层、煤渣垫层、矿渣垫层等。

2. 作用

换填垫层法的作用主要体现在以下几个方面：

（1）提高浅层地基承载力。以抗剪强度较高的砂或其他填筑材料置换基础下较弱的土层，可提高浅层地基承载力，避免地基的破坏。

（2）减少地基沉降量。一般浅层地基的沉降量占总沉降量比例较大。如以密实砂或其他填筑材料代替上层软弱土层，就可以减少这部分的沉降量。由于砂层或其他垫层对应力的扩散作用，使作用在下卧层土上的压力较小，这样也会相应减少下卧层土的沉降量。

（3）加速软弱土层的排水固结。砂垫层和砂石垫层等垫层材料透水性强，软弱土层受压后，垫层可作为良好的排水面，使基础下面的孔隙水压力迅速消散，加速垫层下软弱土层的固结和提高其强度。

（4）防止冻胀。粗颗粒的垫层材料孔隙大，不易产生毛细现象，因此可以防止寒冷地区土中结冰所造成的冻胀。

在各类工程中，垫层所起的主要作用有时也是不同的，如建筑物基础下的砂垫层主要起换土的作用，而在路堤及土坝等工程中，往往以排水固结为主要目的。

3. 适用范围

换土垫层法适用于淤泥、淤泥质土、湿陷性黄土、素填土、杂填土地基及暗沟、暗塘等的浅层处理。常用于轻型建筑、地坪、堆料场和道路工程等地基处理工程中。

11.2.2 垫层材料的选用

采用换土垫层处理地基，垫层材料可因地制宜，根据工程的具体条件合理选用。

垫层材料

1. 砂石

宜选用碎石、卵石、角砾、圆砾、砾砂、粗砂、中砂或石屑（粒径小于 2mm 的部分不应超过总重的 45%），应级配良好，不含植物残体、垃圾等杂质。当使用粉细砂时，应掺入不少于总重 30% 的碎石或卵石。砂石的最大粒径不宜大于 50mm。

2. 粉质黏土

土料中有机质含量不得超过 5%，当含有碎石时，粒径不宜大于 50mm。

3. 灰土

体积配合比宜为 2∶8 或 3∶7。土料宜用粉质黏土，不宜使用块状黏土和砂质粉土，不得含有松软杂质，并应过筛，其颗粒不得大于 15mm。石灰宜用新鲜的消石灰，其颗粒不得大于 5mm。

4. 粉煤灰

可用于道路、堆场和小型建筑物、构筑物等的换填垫层。粉煤灰垫层上宜覆土 0.3~0.5m。

5. 矿渣

主要用于堆场、道路和地坪，也可用于小型建筑物、构筑物地基。选用矿渣的松散重度不小于 $11kN/m^3$，有机质及含泥总量不超过 5%。

6. 其他工业废渣

在有可靠试验结果或成功工程经验时，对质地坚硬、性能稳定、无腐蚀性和放射性危害的工业废渣等均可用于填筑换填垫层。

7. 土工合成材料

土工合成材料加筋垫层所选用土工合成材料的品种与性能及填料，应根据工程特性和地基土质条件，按照现行国家标准《土工合成材料应用技术规范》（GB 50290—2014）的要求，通过设计计算并进行现场试验后确定。

土工合成材料应采用抗拉强度较高、耐久性好、抗腐蚀性的土工带、土工格栅、土工格室、土工垫或土工织物等土工合成材料。

11.2.3　垫层的设计要点

1. 垫层厚度的确定

如图 11-1 所示，垫层的厚度一般根据垫层底面处下卧层的承载力来确定，即作用在垫层底面处土的附加应力与自重应力之和，不大于软弱层的承载力设计值，按式（9-7）计算。垫层底面处的附加压力值按式（9-8）或式（9-9）计算。

垫层的压力扩散角 θ，宜通过试验确定。当无试验资料时，可按表 11-1 采用。

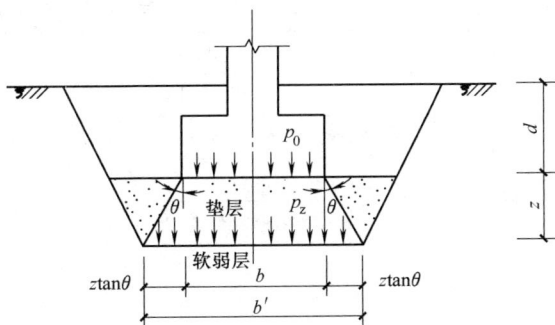

图 11-1　垫层内压力分布

表 11-1　压力扩散角（°）

z/b	换填材料		
	中砂、粗砂、砾砂、圆砾、角砾、石屑、卵石、碎石、矿渣	粉质黏土、粉煤灰	灰土
<0.25	0	0	28
0.25	20	6	
≥0.50	30	23	

注：当 $0.25<z/b<0.5$ 时，θ 值可内插求得。

垫层厚度一般不宜大于 3m，太厚则施工困难；也不宜小于 0.5m，太薄则换土垫层的作用不明显。一般垫层厚度以 1～2m 为宜。

2. 垫层宽度的确定

垫层的宽度一方面要满足基础底面应力扩散的要求，另一方面应防止垫层向两边挤动。常用的计算方法是扩散法，可以按下式计算或根据当地经验确定。

$$b' \geqslant b+2z\tan\theta \tag{11-1}$$

式中　b'——垫层底面的宽度，单位为 m。

垫层宽度在满足式（11-1）的前提下，当基础底面标高以下所开挖的基坑侧壁呈直立状态时，则垫层顶面角边比基础底边缘多出的宽度应不小于 300mm；若按当地开挖基坑经验的要求，基坑须放坡开挖时，垫层的设计断面则呈下宽上窄的梯形。整片垫层的宽度可以根据施工要求适当加宽。

3. 垫层承载力的确定

经换填垫层处理的地基，其承载力宜通过试验确定，尤其是通过现场原位试验确定。中砂、粗砂、砾砂垫层应控制密实度在中密以上。在无试验资料或经验时，可按表 11-2 采用。

【例题 11-1】　某工程地基为软弱地基，该基础为条形基础，基础宽度 2m，基础埋深 1.5m，上部结构作用在基础上荷载 $p=200\text{kN/m}$，自基础底面至 6.0m 均为淤泥质土，其天然重度 $\gamma=17.6\text{kN/m}^3$，饱和重度 $\gamma_{\text{sat}}=19.7\text{kN/m}^3$，承载力特征值 $f_{\text{ak}}=80\text{kPa}$，地下水位在地表下 2.7m，拟采用换填垫层法处理，换填材料选用砾砂，垫层厚度为 1m。试判断其下卧层承载力是否满足要求，并确定垫层的宽度。

解：（1）基础底面处的平均压力值 p_{k}

表 11-2　各种垫层承载力

施工方法	换填材料	压实系数 λ_c	承载力标准值/kPa
碾压振密夯实	碎石、卵石	≥0.97	200~300
	砂夹石（其中碎、卵石占全重的 30%~50%）		200~250
	土夹石（其中碎、卵石占全重的 30%~50%）		150~200
	中砂、粗砂、砾砂、角砾、圆砾		150~200
	石屑	≥0.97	120~150
	粉质黏土	≥0.95	130~180
	灰土	≥0.95	200~250
	粉煤灰		120~150

注：1. 压实系数为土的控制干密度与最大干密度的比值。土的最大干密度宜采用击实试验确定；碎石或卵石的最大干密度可取 2.1~2.2t/m³。

2. 表中压实系数系使用轻型击实试验测定土的最大干密度时给出的压实控制标准，采用重型击实试验时，对粉质黏土、灰土、粉煤灰及其他材料压实标准为压实系数≥0.94。

$$p_k = \frac{F_k + G_k}{A} = \frac{200 + 20 \times 2 \times 1.5}{2} = 130\text{kPa}$$

（2）垫层底面处的附加压力值 p_z

由 $z/b = 1/2 = 0.5$，查表 11-1，得垫层的压力扩散角 $\theta = 30°$。

$$p_z = \frac{b(p_k - p_c)}{b + 2z\tan\theta} = \frac{2 \times (130 - 17.6 \times 1.5)}{2 + 2 \times 1 \times \tan 30°} = 65.68\text{kPa}$$

（3）垫层底面处土的自重压力值 p_{cz}

$$p_{cz} = 17.6 \times 2.5 = 44\text{kPa}$$

（4）修正后淤泥质土的承载力特征值 f_{az}

查表 5-2，得 $\eta_d = 1.0$，经深度修正后淤泥质土承载力特征值

$$f_{az} = f_{ak} + \eta_d \gamma_m (d - 0.5) = 80 + 1.0 \times 17.6 \times (2.5 - .05) = 115.2\text{kPa}$$

（5）验算软弱下卧层承载力

$p_z + p_{cz} = 65.68 + 44 = 109.68\text{kPa} \leqslant f_{az} = 115.2\text{kPa}$，满足要求。

（6）垫层宽度

$$b' = b + 2z\tan\theta = 2 + 2 \times 1 \times \tan 30° = 3.15\text{m}$$

取 $b' = 3.2\text{m}$。

11.2.4　加筋土垫层的设计

1. 材料强度

加筋土垫层所选用的土工合成材料应按下式进行材料强度验算：

$$T_P \leqslant T_a \tag{11-2}$$

式中　T_P——土工合成材料在允许延伸率下的抗拉强度，单位为 kN/m；

T_a——相应于荷载效应标准组合时，单位宽度的土工合成材料的最大拉力，单位为 kN/m。

2. 加筋体的设置

加筋土垫层的加筋体设置应符合下列要求：

1）一层加筋时，可设置在垫层的中部。

2）多层加筋时，首层筋材距垫层顶面的距离宜取 30% 垫层厚度，筋材层间距宜取 30%～50% 的垫层厚度，且不应小于 200mm。

3）加筋线密度宜为 0.15～0.35。无经验时，单层加筋宜取高值，多层加筋宜取低值。垫层的边缘应有足够的锚固长度。

11.2.5 垫层的施工方法

换土垫层的施工可按换填材料分类，或按压（夯、振）实方法分类。目前国内常用的垫层施工方法，主要有机械碾压法、重锤夯实法和振动压实法。

1. 机械碾压法

机械碾压法是采用各种压实机械，如压路机、羊足碾、振动碾等来压实地基土的一种压实方法。这种方法常用于大面积填土的压实、杂填土地基处理、道路工程基坑面积较大的换土垫层的分层压实。施工时，先按设计挖掉要处理的软弱土层，把基础底部土碾压密实后，再分层填土，逐层压密填土。

2. 重锤夯实法

重锤夯实法是利用起重设备将夯锤提升到一定高度，然后自由落锤，利用重锤自由下落时的冲击能来夯实浅层土层，重复夯打，使浅部地基土或分层填土夯实。主要设备为起重机、夯锤、钢丝绳和吊钩等。重锤夯实法一般适用于地下水位距地表 0.8m 以上非饱和的黏性土、砂土、杂填土和分层填土，用以提高其强度，减少其压缩性和不均匀性，也可用于消除或减少湿陷性黄土的表层湿陷性，但在有效夯实深度内存在软弱土时，或当夯击振动对邻近建筑物或设备有影响时，不得采用。

3. 振动压实法

振动压实法是利用振动压实机将松散土振动密实。地基土的颗粒受振动而发生相对运动，移动至稳固位置，减小土的孔隙而压实。此法适用于处理无黏性土或黏粒含量少、透水性较好的松散杂填土以及矿渣、碎石、砾砂、砾石、砂砾石等地基。

总的来说，垫层施工应根据不同的换填材料选择施工机械。粉质黏土、灰土宜采用平碾、振动碾和羊足碾，中小型工程也可采用蛙式打夯机、柴油夯；砂石等宜采用振动碾；粉煤灰宜用平碾、振动碾、平板式振动器、蛙式夯；矿渣宜采用平碾、振动碾、平板式振动器。

11.3 预压法

预压法又称排水固结法，是利用排水固结的特性，对地基进行堆载或真空预压，并增设各种排水条件，以加速饱和软黏土固结，提高土体强度的地基处理方法。

11.3.1 预压法分类

1. 按系统划分

按系统划分为排水系统和加压系统。

（1）排水系统。排水系统用于改变地基原有的排水边界条件，增加孔隙

预压法分类

水排出的途径，缩短排水时间。一般用砂垫层作水平排水体，用砂井或塑料排水带作竖直排水体。

（2）加压系统。加压系统增加地基的固结压力，加速孔隙水的排出，从而加速地基土的固结。

2. 按方法划分

按方法划分为堆载预压法、真空预压法、堆载和真空联合预压法。

（1）堆载预压法。堆载预压法即在建筑物建造之前，在建筑场地进行加载预压，使地基的固结沉降基本完成和提高地基土强度的方法，在工程中广泛应用。堆载预压法分为塑料排水带或砂井地基堆载预压和天然地基堆载预压。

（2）真空预压法。真空预压法不需要进行堆载和卸荷，是在需要加固的软土地基表面先铺设砂垫层，然后埋设垂直排水管道，再用不透气的封闭膜使其与大气隔绝，薄膜四周埋入土中，通过砂垫层内埋设的吸水管道，用真空装置进行抽气，使其形成真空，增加地基的有效应力，如图11-2所示。

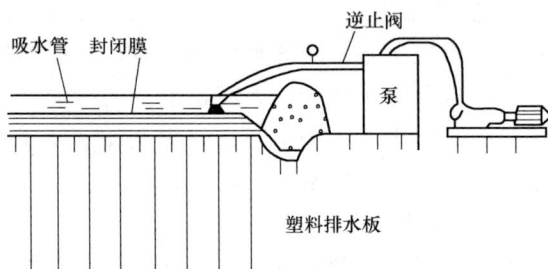

图 11-2　真空预压法

（3）堆载和真空联合预压法。堆载和真空联合预压是将真空预压和堆载预压有机结合起来处理软弱地基的一种方法，近年来，在高速公路软基处理中得到了广泛应用。

11.3.2　预压法适用范围

1）预压法适用于处理淤泥质土、淤泥、冲填土等饱和黏性土地基。

2）当软土层厚度小于 4.0m 时，可采用天然地基堆载预压；当软土层厚度超过 4.0m 时，应采用塑料排水带、砂井等竖井排水预压处理地基。

3）真空预压适用于处理以黏性土为主的软弱地基。当存在粉土、砂土等透水、透气层时，加固区周边应采取确保封闭膜下真空压力满足设计要求的密封措施。对塑性指数大于 25 且含水量大于 85% 的淤泥，应通过现场试验确定其适用性。加固土层上覆盖有厚度大于 5m 以上的回填土或承载力较高的黏性土层时，不宜采用真空预压法处理。

4）当建筑物的荷载超过真空预压的压力，或建筑物对地基变形有严格要求时，可采用真空和堆载联合预压，其总压力宜超过建筑物的竖向荷载。

11.3.3　预压法设计

1. 堆载预压法

堆载预压法处理地基的设计应包括下列内容：选择塑料排水带或砂井，确定其断面尺寸、间距、排列方式和深度；确定预压区范围、预压荷载大小、荷载分级、加载速率和预压时间；计算地基土的固结度、强度增长、抗滑稳定性和变形。

（1）排水竖井设置。

1）直径。排水竖井分普通砂井、袋装砂井和塑料排水带。普通砂井直径可取 300～

500mm，袋装砂井直径可取 70~120mm。

2）平面布置。排水竖井的平面布置，应符合下列规定：

① 可采用等边三角形或正方形排列。

② 等边三角形排列时，竖井的有效排水直径 d_e 与间距 l 的关系为 $d_e = 1.05l$。

③ 正方形排列时，竖井的有效排水直径 d_e 与间距 l 的关系为 $d_e = 1.13l$。

3）间距。排水竖井的间距可根据地基土的固结特性和预定时间内所要求达到的固结度确定。设计时，竖井的间距可按井径比 n 选用。塑料排水带或袋装砂井的间距可按 $n = 15 \sim 22$ 选用，普通砂井的间距可按 $n = 6 \sim 8$ 选用。

4）深度。排水竖井的深度应符合下列规定：

① 根据建筑物对地基的稳定性、变形要求和工期确定。

② 对以地基抗滑稳定性控制的工程，竖井深度至少应超过最危险滑动面 2.0m。

③ 对以变形控制的建筑，竖井深度应根据在限定的预压时间内需完成的变形量确定。竖井宜穿透受压土层。

（2）确定预压荷载。

1）预压荷载大小。预压荷载大小应根据设计要求确定。对于沉降有严格限制的建筑，应采用超载预压法处理，超载量大小应根据预压时间内要求完成的变形量通过计算确定，并宜使预压荷载下受压土层各点的有效竖向应力大于建筑物荷载引起的相应点的附加应力。

2）预压荷载范围。预压荷载顶面的范围应等于或大于建筑物基础外缘所包围的范围。

3）加载速率。加载速率应根据地基土的强度确定。当天然地基土的强度满足预压荷载下地基的稳定性要求时，可一次性加载，否则应分级逐渐加载，待前期预压荷载下地基土的强度增长满足下一级荷载下地基的稳定性要求时方可加载。

（3）铺设砂垫层。预压处理地基必须在地表铺设与排水竖井相连的砂垫层，砂垫层厚度不应小于 500mm；砂垫层砂料宜用中粗砂，黏粒含量不宜大于 3%，砂料中可混有少量粒径小于 50mm 的砾石。砂垫层的干密度应大于 1.5g/cm³，其渗透系数宜大于 1×10^{-2}cm/s。

在预压区边缘应设置排水沟，在预压区内宜设置与砂垫层相连的排水盲沟。

（4）地基抗剪强度和最终变形确定。计算预压荷载下饱和黏性土地基中某点的抗剪强度时，应考虑土体原来的固结状态。

对正常固结饱和黏性土地基，某点某一时间的抗剪强度可按下式计算：

$$\tau_{ft} = \tau_{f0} + \Delta\sigma_z \cdot U_t \tan\varphi_{cu} \tag{11-3}$$

式中　τ_{ft}——t 时刻，该点土的抗剪强度，单位为 kPa；

τ_{f0}——地基土的天然抗剪强度，单位为 kPa；

$\Delta\sigma_z$——预压荷载引起的该点的附加竖向应力，单位为 kPa；

U_t——该点土的固结度；

φ_{cu}——三轴固结不排水压缩试验求得的土的内摩擦角，单位为（°）。

预压荷载下地基的最终竖向变形量可按下式计算：

$$s_f = \xi \sum_{i=1}^{n} \frac{e_{0i} - e_{1i}}{1 + e_{0i}} h_i \tag{11-4}$$

式中　s_f——最终竖向变形量，单位为 m；

e_{0i}——第 i 层中点土自重应力所对应的孔隙比，由室内固结试验 e-p 曲线查得；

e_{1i}——第 i 层中点土自重应力与附加应力之和所对应的孔隙比，由室内固结试验 e-p
　　　曲线查得；

h_i——第 i 层土层厚度，单位为 m；

ξ——经验系数，对正常固结饱和黏性土地基，取 $\xi = 1.1 \sim 1.4$。荷载较大、地基土较
　　　软弱时应取较大值。

变形计算时，可取附加应力与土自重应力的比值为 0.1 的深度作为压缩层的计算深度。

2. 真空预压法

真空预压处理地基必须设置排水竖井。设计内容包括：竖井断面尺寸、间距、排列方式
和深度的选择；预压区面积和分块大小；真空预压工艺；要求达到的真空度和土层的固结
度；真空预压和建筑物荷载下地基的变形计算；真空预压后地基土的强度增长计算等。

（1）排水竖井设置。真空预压法排水竖井设计可参照砂井设计。

真空预压竖向排水通道宜穿透软土层，但不应进入下卧透水层。软土层厚度较大且以地
基抗滑稳定性控制的工程，竖向排水通道的深度至少应超过最危险滑动面 3.0m。对以变形
控制的工程，竖井深度应根据在限定的预压时间内需完成的变形量确定，且宜穿透主要受压
土层。

（2）真空预压要求。

1）真空预压区边缘应大于建筑物基础轮廓线，每边增加量不得小于 3.0m。每块预压面
积宜尽可能大且呈方形。

2）真空预压的封闭膜下真空度应稳定地保持在 650mmHg 以上，且应均匀分布，竖井
深度范围内土层的平均固结度应大于 90%。

3）对于表层存在良好的透气层或在处理范围内有充足水源补给的透水层时，应采取有
效措施隔断透气层或透水层。

4）真空预压加固面积较大时，宜采取分区加固，分区面积宜为 20000 ~ 40000m²。

5）真空预压所需抽真空设备的数量，可按加固面积的大小和形状、土层结构特点，以
一套设备可抽真空的面积为 1000 ~ 1500m² 确定。

（3）地基最终变形确定。真空预压地基最终竖向变形可按堆载预压法计算，其中 ξ 取
0.8 ~ 0.9。

3. 真空和堆载联合预压

当设计地基预压荷载大于 80kPa 时，应在真空预压抽真空的同时再施加定量的堆载。堆
载体的坡肩线宜与真空预压边线一致。

对于一般软黏土，当封闭膜下真空度稳定地达到 650mmHg 后，抽真空 10 天左右可进行
上部堆载施工，即边抽真空，边施加堆载。对于高含水量的淤泥类土，当封闭膜下真空度稳
定地达到 650mmHg 后，一般抽真空 20 ~ 30 天可进行堆载施工。

当堆载较大时，真空和堆载联合预压法应提出荷载分级施加要求，分级数应根据地基土
稳定计算确定。分级逐渐加载时，应待前期预压荷载下地基土的强度增长满足下一级荷载下
地基的稳定性要求时方可加载。

真空和堆载联合预压以真空预压为主时，最终竖向变形计算同堆载预压法，其中 ξ
取 0.9。

11.4 强夯法和强夯置换法

11.4.1 强夯法

1. 强夯法概述

（1）定义。强夯法是法国 Menard 技术公司在 1969 年首创的，是一种快速加固地基的处理方法。如图 11-3 所示，用起重机将重锤提高到一定高度，利用自动脱钩法使重锤自由下落，冲击能夯实地基，从而提高地基土的强度，降低土的压缩性。

（2）适用范围。强夯法适用于碎石土、砂土、杂填土、低饱和度的粉土与黏性土、湿陷性黄土和人工填土等地基的加固处理。对饱和度较高的淤泥和淤泥质土，使用时应慎重。

（3）特点。强夯法具有施工简单、加固效果好、使用经济等优点，因而被世界各国工程界所重视。我国于 20 世纪 70 年代末首次在天津新港三号公路进行了强夯试验，随后在各地进行了多次实践和应用。到目前为止，国内已有多项工程采用强夯法，并取得了良好的加固效果。

（4）加固原理。强夯法加固地基有三种不同的加固机理，即动力密实、动力固结和动力置换。

图 11-3 强夯法

1）动力密实。强夯法加固多孔隙、粗颗粒、非饱和土是基于动力密实的机理，即用冲击型动力荷载，使土体中的孔隙体积减小，土体变得密实，从而提高地基土强度。非饱和土的夯实过程，就是土中的气相被挤出的过程，夯实变形主要是由于土颗粒的相对位移引起的。

工程实践表明，在冲击能作用下，地面会立即产生沉陷，夯击一遍后，其夯坑深度一般可达 0.6~1.0m，夯坑底部形成一超压密硬壳层，承载力可比夯前提高 2~3 倍。

2）动力固结。强夯法处理细颗粒饱和土时，则是动力固结机理，即巨大的冲击能在土中产生很大的应力波，破坏了土体原有的结构，使土体局部发生液化并产生许多裂隙，使孔隙水顺利逸出，待超孔隙水压力消散后，土体固结，加上软土具有触变性，土的强度得以提高。

3）动力置换。动力置换可分为整式置换和桩式置换，如图 11-4 所示。

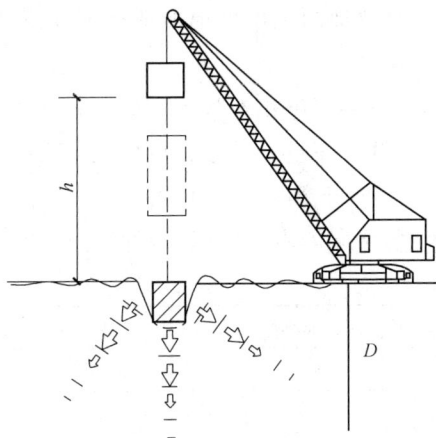

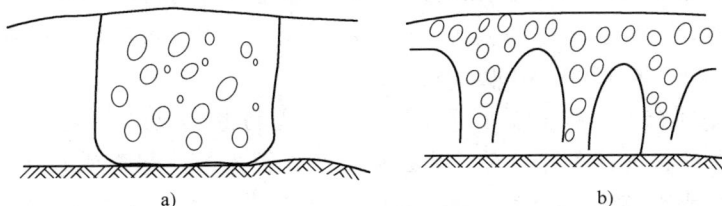

图 11-4 动力置换类型
a）整式置换 b）桩式置换

1）整式置换。整式置换是采用强夯将碎石整体挤入淤泥中，其作用机理类似于换土垫层。

2）桩式置换。桩式置换是通过强夯将碎石填筑于土体中，部分碎石桩（墩）间隔地夯入软土中，形成桩（墩）式的碎石桩（墩）。其作用机理类似于振冲法的碎石桩，利用碎石的内摩擦角和墩间土的侧限来维持桩体的平衡，并与软土形成复合地基。

2. 强夯法设计要点

（1）有效加固深度。有效加固深度既是选择地基处理方法的重要依据，又是反映地基处理效果的重要参数。影响有效加固深度的因素很多，除了锤重和落距外，还有地基土性质、不同土层的厚度和埋藏顺序、地下水位及其他强夯设计参数等。

有效加固深度可根据现场试夯或当地经验确定，也可用下列公式估算。

$$H = \alpha\sqrt{Wh} \tag{11-5}$$

式中　α——修正系数，一般黏性土取 0.5，砂性土取 0.7，黄土取 0.35 ~ 0.50；

　　　W——重锤重量，单位为 kN；

　　　h——落距，单位为 m。

在缺少试验资料或经验时，可按表 11-3 预估。

表 11-3　强夯法的有效加固深度

单击夯击能/kN·m	碎石土、砂土等粗颗粒土	粉土、粉质黏土、湿陷性黄土等细颗粒土
1000	4.0 ~ 5.0	3.0 ~ 4.0
2000	5.0 ~ 6.0	4.0 ~ 5.0
3000	6.0 ~ 7.0	5.0 ~ 6.0
4000	7.0 ~ 8.0	6.0 ~ 7.0
5000	8.0 ~ 8.5	7.0 ~ 7.5
6000	8.5 ~ 9.0	7.5 ~ 8.0
8000	9.0 ~ 9.5	8.0 ~ 8.5
10000	9.5 ~ 10.0	8.5 ~ 9.5
12000	10.0 ~ 11.0	9.0 ~ 10.0

注：强夯法的有效加固深度应从最初起夯面算起。

（2）夯锤与落距。强夯夯锤质量宜为 10 ~ 60t，其底面形状宜采用圆形，锤底面积宜按土的性质确定，锤底静接地压力值宜为 25 ~ 80kPa，单击夯击能高时，取高值；单击夯击能低时，取低值。对细颗粒土宜取低值。

夯锤重与落距的乘积称为单位夯击能，应根据地基土的类别、结构类型、荷载大小和要求处理的深度等综合考虑，并通过现场试夯确定，一般情况下，粗粒土可取 1000 ~ 3000kN·m，细粒土可取 1500 ~ 4000kN·m。

（3）夯击点平面布置。夯击点平面布置是否合理与夯实效果有直接的关系。夯击点位置可根据基底平面形状进行布置。对于某些基础面积较大的建筑物或构筑物，为便于施工，可采用等边三角形或正方形的布置方案；对于办公楼、住宅建筑等，一般可按等腰三角形布置。

（4）夯点间距。对于夯击点间距的确定，一般可根据地基土的性质和要求处理的深度而定。第一遍夯击点间距可取夯锤直径的 2.5~3.5 倍，第二遍夯击点位于第一遍夯击点之间。以后各遍夯击点间距可适当减小。对处理深度较深或单击夯击能较大的工程，第一遍夯击点间距宜适当增大。

（5）夯击次数。夯点的夯击次数，应按现场试夯得到的夯击次数和夯沉量关系曲线确定，并应同时满足下列条件：

1）最后两击的平均夯沉量应符合表 11-4 的要求，当单击夯击能 E 大于 12000kN·m，应通过试验确定。

2）夯坑周围地面不应发生过大的隆起。

3）不因夯坑过深而发生提锤困难。

表 11-4 强夯法最后两击平均夯沉量

单击夯击能 $E/(kN \cdot m)$	最后两击平均夯沉量不大于/mm
$E < 4000$	50
$4000 \leq E < 6000$	100
$6000 \leq E < 8000$	150
$8000 \leq E < 12000$	200

（6）夯击遍数。夯击遍数应根据地基土的性质确定，可采用点夯 2~4 遍。对于渗透性较差的细颗粒土，必要时，夯击遍数可适当增加；最后以低能量满夯 2 遍，满夯可采用轻锤或低落距锤多次夯击，锤印搭接。

（7）两遍夯击时间间隔。两遍夯击之间，应有一定的时间间隔，以利于土中超静孔隙水压力的消散。间隔时间取决于土中超静孔隙水压力的消散时间。当缺少实测资料时，可根据地基土的渗透性确定，对于渗透性较差的黏性土地基，间隔时间不应少于两三周；对于渗透性好的地基可连续夯击。

（8）加固范围。强夯处理范围应大于建筑物基础范围，每边超出基础外缘的宽度宜为基底下设计处理深度的 1/2 至 2/3，并不宜小于 3m。对可液化地基，扩大范围不应小于可液化土层厚度的 1/2，并不应小于 5m；对湿陷性黄土地基，尚应符合现行国家标准《湿陷性黄土地区建筑规范》（GB 50025—2004）的有关规定。

（9）现场试夯。根据初步确定的强夯参数，提出强夯试验方案，进行现场试夯。应根据不同土质条件，待试夯结束一周至数周后，对试夯场地进行检测，并与夯前测试数据进行对比，检验强夯效果，确定工程采用的各项强夯参数。

11.4.2 强夯置换法

1. 强夯置换法概述

（1）定义。强夯置换法是指利用强夯施工方法，边夯边填碎石，在地基中设置碎石墩，在碎石墩和墩间土上铺设碎石垫层形成复合地基，以提高地基承载力和减少沉降的一种地基处理方法。

（2）特点及适用范围。强夯置换法具有加固效果显著、施工工期短、施工费用低等优点，适用于高饱和度的粉土与软塑、流塑的黏性土等地基上对变形控制要求不严的工程。目前已广泛应用于堆场、公路、机场、房屋建筑和油罐等工程中。

2. 强夯置换法设计要点

强夯置换法的设计参数与强夯法大部分相同，此外，还包括墩体参数、夯击次数等。

（1）墩体参数。

1）置换墩的深度。强夯置换墩的深度由土质条件决定，除厚层饱和粉土外，应穿透软土层，到达较硬土层上。深度不宜超过 10m。

2）墩体材料。墩体材料可采用级配良好的块石、碎石、矿渣、建筑垃圾等坚硬粗颗粒材料，粒径大于 300mm 的颗粒含量不宜超过全重的 30%。

3）墩位布置。墩位布置宜采用等边三角形或正方形。对独立基础或条形基础可根据基础形状与宽度相应布置。

4）墩间距。墩间距应根据荷载大小和原土的承载力选定，当满堂布置时，可取夯锤直径的 2~3 倍。对独立基础或条形基础可取夯锤直径的 1.5~2.0 倍。墩的计算直径可取夯锤直径的 1.1~1.2 倍。

当墩间净距较大时，应适当提高上部结构和基础的刚度。

（2）夯点的夯击次数。夯点的夯击次数应通过现场试夯确定，且应同时满足下列条件：

① 墩底穿透软弱土层，且达到设计墩长。

② 累计夯沉量为设计墩长的 1.5~2.0 倍。

③ 最后两击的平均夯沉量同强夯法的规定值。

（3）其他要求。墩顶应铺设一层厚度不小于 500mm 的压实垫层，垫层材料可与墩体相同，粒径不宜大于 100mm。

强夯置换设计时，应预估地面抬高值，并在试夯时校正。

思 考 题

11-1 地基处理的对象和目的是什么？

11-2 简述地基处理方法的确定步骤。

11-3 换土垫层法的作用和适用范围是什么？垫层的施工要点是什么？

11-4 预压法的分类和适用范围是什么？

11-5 简述预压法的设计要点。

11-6 简述强夯法加固地基的机理。

11-7 简述强夯法的设计要点。

习 题

11-1 某住宅楼采用钢筋混凝土条形基础，宽 1.2m，埋深 0.8m，基础的平均重度为 25kN/m³，作用于基础顶面的竖向荷载为 125kN/m。地基土的情况：第一层为粉质黏土，重度 17.5kN/m³，厚度为 1.2m；第二层土为淤泥质土，重度为 17.8kN/m³，厚度为 10m，地基承载力特征值为 50kPa，地下水位深 1.2m。因地基土较软弱，不能承受上部建筑物的荷载，试设计砂垫层的宽度和厚度。

土工试验指导

知识目标

（1）掌握土的含水量试验原理和操作方法。

（2）掌握土的密度试验原理和操作方法。

（3）掌握液塑限联合测定试验原理和操作方法。

（4）掌握固结试验原理和操作方法。

（5）掌握剪切试验原理和操作方法。

（6）掌握击实试验原理和操作方法。

能力目标

能正确操作六个试验，处理各项土工试验数据，并对成果进行分析。

重点与难点

试验数据的计算与处理。

土工试验是学习土力学基本理论的一个重要组成部分。它不仅能巩固和提高土力学的理论知识，而且能增强实践操作的技能。本试验指导书是根据国家标准《土工试验方法标准》（GB/T 50123—1999）编写的。根据课程标准要求，安排了土的含水量试验、密度试验、液塑限联合测定试验、固结试验、剪切试验和击实试验。

试验一　含水量试验

1. 试验目的

土中水的质量与土粒质量之比（用百分数表示），称为土的含水量。含水量反映了土的湿度，是计算土的干密度、孔隙比、孔隙率、饱和度、液性指数和地基容许承载力等的依据。

2. 试验方法

测定含水量的方法有烘干法、酒精燃烧法、炒干法、微波法等。

本试验采用烘干法，适用于粗粒土、细粒土、有机质土和冻土。

3. 仪器设备

（1）烘箱：采用电热烘箱，保持恒温 100~105℃。

（2）天平：称量为 100g，最小分度值 0.01g。

（3）其他：称量盒、削土刀、干燥器等。

4. 操作步骤

（1）先称称量盒的质量 m_1，精确至 0.01g。

（2）取具有代表性试样，细粒土不小于 15g，砂类土、有机质土不小于 50g，放入已称好的称量盒内，立即盖上盒盖，称湿土加盒总质量 m_2，精确至 0.01g。

（3）打开盒盖，将试样和盒放入烘箱内，在温度 105~110℃的恒温下烘干。烘干时间与土的类别及取土数量有关。细粒土不少于 8h；砂类土不得少于 6h；对含有机质超过 5% 的土，应将温度控制在 65~70℃的恒温下烘干。

（4）将烘干后的试样和盒取出，放入干燥器内冷却至室温。冷却后盖好盒盖，称盒和干土质量 m_3，精确至 0.01g。

5. 注意事项

（1）刚刚烘干的土样要等冷却后方可称重。

（2）称重时精确至小数点后两位。

（3）含水量应在打开试验用的土样包装后立即采取，以免水分改变，影响结果。

（4）本试验必须对两个试样进行平行测定，测定的差值，当含水量小于 40% 时为 1%；当含水量大于等于 40% 时为 2%。

6. 结果整理

（1）计算含水量：

$$w = \frac{m_2 - m_3}{m_3 - m_1} \times 100\%$$

式中　　w——含水量，精确至 0.1%；

　　　　m_1——盒的质量，单位为 g；

　　　　m_2——湿土加盒质量，单位为 g；

　　　　m_3——干土加盒质量，单位为 g。

（2）试验记录（附表 1）：

附表 1　含水量试验记录表（烘干法）

工程名称_____　　　　试验者_____

工程编号_____　　　　计算者_____

试验日期_____　　　　校核者_____

试样编号	盒号	盒质量 /g	盒加湿土质量/g	盒加干土质量/g	水质量 /g	土粒质量 /g	含水量 /%	平均含水量 /%
		m_1	m_2	m_3	$m_2 - m_3$	$m_3 - m_1$		

试验二　密度试验

1. 试验目的

土的密度是指土的单位体积的质量，是土的基本物理性质指标之一。测定土的密度，以了解土的疏密和干湿状态，计算土的其他物理性质指标，并为工程设计和施工质量控制提供必要的数据。

2. 试验方法

试验方法有环刀法、蜡封法、灌水法、灌砂法等。对于细粒土，采用环刀法；对于易碎裂、难以切削或不规则的土体，可用蜡封法；对于现场粗粒土，一般用灌水法或灌砂法。

本试验采用环刀法。

3. 仪器设备

（1）环刀：内径 61.8mm 或 79.8mm，高度 20mm。

（2）天平：称量 200g，最小分度值 0.01g。

（3）其他：削土刀、钢丝锯、玻璃板、凡士林等。

4. 操作步骤

（1）称环刀的质量 m_1，精确至 0.1g。

（2）按工程需要取原状土或制备成所需状态的扰动土样，土样的高度和直径应大于环刀，整平其两端，放在玻璃板上。

（3）在环刀内壁涂一层薄薄的凡士林，并将其刃口向下放在试样上。用削土刀沿环刀外缘将土样削成略大于环刀直径的土柱，然后慢慢将环刀垂直下压，边压边削，到土样伸出环刀上部为止，削去环刀两端余土，使与环刀口面齐平。

（4）擦净环刀外壁，称量环刀加土的质量 m_2，精确至 0.1g。

（5）用推土器将试样从环刀中推出。

5. 注意事项

（1）操作要快，动作细心，以避免土样被扰动破坏结构及水分蒸发。

（2）环刀一定要垂直，加力适当，方向要正。

（3）边压边削的时候，削土刀要向外倾斜，以免把环刀下面的土样削空。

（4）本试验须进行二次平行试验，其平行差值不得大于 0.03g/cm³，满足要求取其算术平均值。

6. 结果整理

（1）密度计算公式：

$$\rho = \frac{m}{V} = \frac{m_2 - m_1}{V}$$

式中　ρ——密度，精确至 0.01g/cm³；

　　　m——湿土质量，单位为 g；

　　　m_1——环刀质量，单位为 g；

　　　m_2——环刀加湿土质量，单位为 g；

　　　V——环刀体积，单位为 cm³。

（2）试验记录（附表2）：

附表2　密度试验记录表（环刀法）

工程名称_____　　　　　　　　试验者_____
工程编号_____　　　　　　　　计算者_____
试验日期_____　　　　　　　　校核者_____

土样编号	环刀号	环刀质量/g	环刀加湿土质量/g	湿土质量/g	环刀体积/cm³	密度/(g/cm³)	
		m_1	m_2	m	V	单值	平均值

密度试验操作要点

试验三　液塑限联合测定试验

1. 试验目的

测定黏性土的液限和塑限，由此计算土的塑性指标和液性指数，进行黏性土的定名及判断黏性土的软硬程度，并可结合土体的孔隙比来评价黏性土地基的承载能力。

2. 试验方法与原理

（1）试验方法：可以采用液塑限联合测定法测定液限和塑限；也可用搓条法测定塑限，用锥式液限仪来测定液限。本试验采用液塑限联合测定仪来测定液限和塑限。

（2）试验原理：液塑限联合测定法是根据圆锥仪的圆锥下沉深度与其相应的含水量在双对数坐标上具有线性关系的特性来进行的。利用圆锥质量为76g的液塑限联合测定仪测得土在不同含水量时的圆锥下沉深度，并绘制其直线图，在图上查得圆锥下沉深度为17mm所对应的含水量即为液限，查得圆锥下沉深度为2mm所对应的含水量即为塑限。

3. 仪器设备

（1）光电式液塑限联合测定仪。如附图1所示，有电磁吸锥、测读装置、升降支座等，圆锥质量76g，锥角30°，试样杯等。

（2）天平。称量200g，最小分度值0.01g。

（3）其他。调土刀、不锈钢杯、凡士林、称量盒、烘箱、干燥器等。

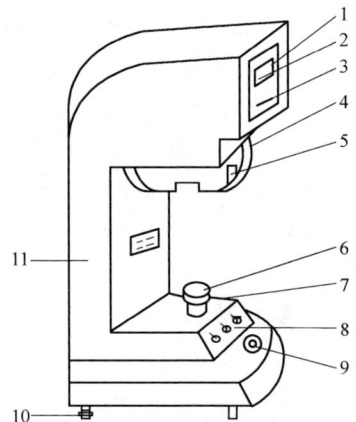

附图1　光电式液塑限仪结构示意图

1—投影屏　2—零线　3—微调旋钮
4—下罩　5—光源灯泡　6—工作台
7—升降旋钮　8—电器面板　9—水准器
10—调节螺钉　11—后盖板电路板

液塑限联合仪的操作要点

4. 操作步骤

（1）选取具有代表性的天然含水量的土样来测定。当土样不均匀时，采用风干试样，若试样中含有粒径大于 0.5mm 的土粒和杂物时，应将土样过 0.5mm 筛，方可试验。

（2）当采用天然含水量土样时，取代表性土样 250g。采用风干试样时，取 0.5mm 筛下的代表性土样 200g，分别放入三个调土碗里，加不同数量的蒸馏水，土样的含水量分别控制在液限、略大于塑限和二者的中间状态。用调土刀均匀调成膏状，然后用玻璃片或湿布覆盖，静置 24h 备用。

（3）将制备好的土样用调土刀调拌均匀，分层密实地填入试样杯中，使空气逸出。试杯装满后，刮成与杯口齐平。

（4）调节底脚螺钉，使水准器水泡居中。

（5）将"开关"扳向"开"方向，此时，"电源""磁铁"灯亮。

（6）在圆锥上抹一薄层凡士林，使电磁铁吸牢圆锥仪（此时投影屏上线条字迹应清晰，圆锥仪无晃动，反之则未吸好，应重新吸好）。

（7）转动微调旋钮，使投影屏零线与微分尺零线重合。

（8）将"手自"扳向"手"或"自"方向。

（9）将调好土样的试样杯放在联合测定仪的升降座上，调整升降座，使锥尖刚好与试样面接触。在"手"位置时，当土样与锥尖一接触，"接触"灯亮。

（10）将"吸放"扳向"放"方向，此时圆锥仪下落，仪器自动计时，5s 后发出警报，此时在液晶显示器上显示圆锥下沉深度 h_1。试验完毕，手拿锥体向上，锥体复位。

（11）改变锥尖与土体接触位置（锥尖两次锥入位置距离不小于 1cm），重复（5）~（10）步骤，测得圆锥下沉深度 h_2，h_1、h_2 允许误差为 0.5mm，否则，应重做。

（12）去掉锥尖入土处的凡士林，取 10g 以上的土样两个，分别放入称量盒内，称质量，测定其含水量。

（13）重复（2）~（12）的步骤，对其他两个含水量土样进行试验，测其圆锥下沉深度和含水量。

5. 注意事项

（1）土样分层装杯时，注意土中不能留有空隙。

（2）圆锥下沉深度宜为 3~4mm，7~9mm，15~17mm。

6. 结果整理

（1）计算各试样的含水量：计算公式同前，精确至 0.1%。

（2）绘制圆锥下沉深度 h 与含水量 w 的关系曲线。以含水量 w 为横坐标，圆锥下沉深度 h 为纵坐标，在双对数坐标纸上绘制 h-w 的关系曲线，如附图 2 所示。

1）连此三点，应呈一条直线。

2）当三点不在一直线上，通过高含水量的一点分别与其余两点连成两条直线，在圆锥下沉深度为 2mm 处查得相应的含水量，当两个含水量的差值小于 2% 时，应以该两点含水量的平均值与高含水量的点连成一直线。

3）当两个含水量的差值大于 2% 时，应重做试验。

（3）确定液限、塑限。在圆锥下沉深度 h 与含水量 w 关系图上，查得下沉深度为 17mm 所对应的含水量为液限 w_L；查得下沉深度为 2mm 所对应的含水量为塑限 w_P，以百分数表示，精确至 0.1%。

（4）计算塑性指数和液性指数（其计算式见第二章）。

（5）试验记录（附表 3）：

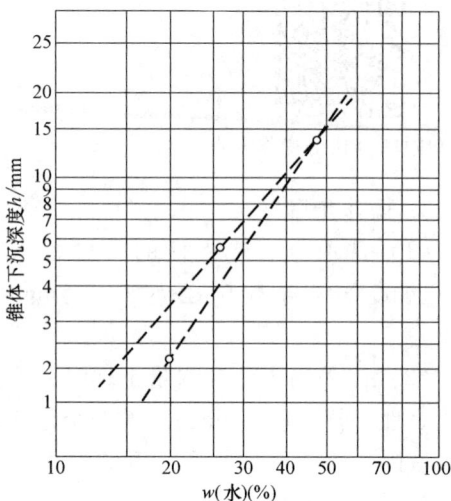

附图 2　圆锥下沉深度与含水量关系图

附表 3　液塑限联合试验记录表

工程名称 _____　　　　试验者 _____
工程编号 _____　　　　计算者 _____
试验日期 _____　　　　校核者 _____

试样编号	盒号	圆锥下沉深度/mm	盒质量/g	盒加湿土质量/g	盒加干土质量/g	水质量/g	干土质量/g	含水量/%	液限/%	塑限/%
			m_1	m_2	m_3	m_2-m_3	m_3-m_1	w	w_L	w_P

塑性指数 I_P		土的分类	
液性指数 I_L		土的状态	

试验四　固结试验

1. 试验目的

土的室内压缩试验也称为固结试验，它是研究土压缩性的常用方法。

本试验的目的是测定试样在侧限与轴向排水条件下，压缩变形与荷载的关系，绘制压缩曲线，以便计算土的压缩系数 α、压缩模量 E_s 等指标。通过各项压缩性指标，判断土的压缩性和计算建筑物地基的沉降等。

2. 试验方法

试验方法有慢速法和快速法。根据学生试验的实际情况，本试验采用近似的快速法。

3. 仪器设备

（1）固结仪。如附图 3 所示，试样面积 30cm^2，高 2cm。

（2）百分表。如附图 4 所示，量程 10mm，最小分度值 0.01mm。

（3）其他。削土刀、钢丝锯、电子天平、秒表。

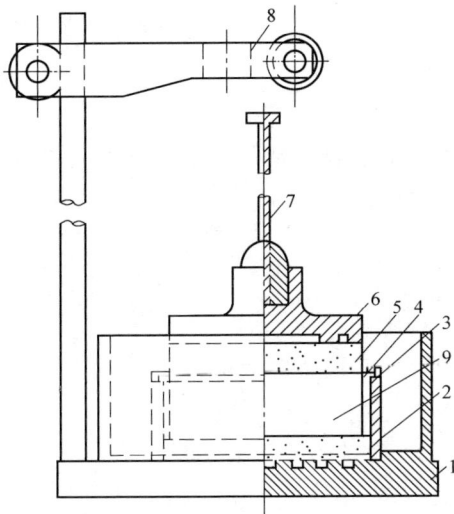

附图 3　固结仪示意图

1—固结容器　2—下护环　3—环刀

4—上护环　5—透水石　6—加压盖

7—量表套杆　8—量表架　9—试样

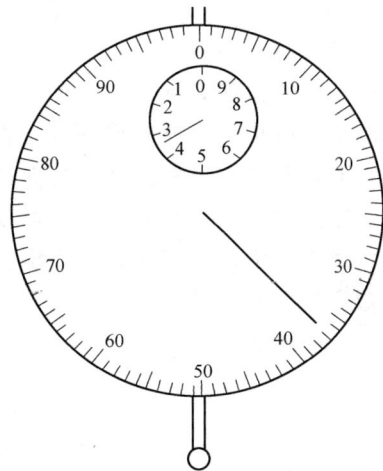

附图 4　百分表示意图

短针：一小格 = 1.0mm；

长针：一小格 = 0.01mm

注：此图所示读数为 3.37mm

4. 操作步骤

（1）根据工程要求，用环刀切取试样备用，并测出土样的密度、含水量和比重（参见前面的试验）。

（2）把下护环和大的透水石放入固结容器，并放上一张滤纸。

（3）将带有环刀的试样，刃口向下小心地装入压缩容器的下护环内。

（4）再套入上护环，放上滤纸和稍小的透水石，最后放上加压盖。

（5）轻轻抬起杠杆，将装好试样的压缩容器放在加压台的正中，使加压横梁的凹槽与加压盖的钢珠紧密结合，然后装上测微表（百分表），并预调百分表大于 6mm 以上，并检查表是否灵敏和垂直。

（6）在砝码吊盘上加相当于试样受压约为 1kPa 的预压荷载，使固结仪的各部分接触良好，并调平加压杠杆，然后调整测微表，使其大指针归零。

（7）卸去预压荷载，施加第一级荷载，其大小可视土的软硬程度或工程情况，一般采用 25kPa、50kPa、100kPa、200kPa、300kPa、400kPa，或按设计要求，模拟实际加荷情况进行调整。由于试验教学时间的关系，本试验加荷顺序为 50kPa、100kPa、200kPa、400kPa。

（8）在加荷同时开动秒表计时，按规定的时间读数，做完一级，再加下一级荷载，直至全部荷载完成。在试验过程中，应始终保持加压杠杆的平衡。

（9）试验结束后，吸去容器中的水，迅速拆除仪器各部件，取出试样，必要时测定试验后土样的含水量。

固结试验

5. 注意事项

（1）使用仪器前必须预习，严格按程序进行操作，对仪器不清楚的地方马上问老师。

（2）试验过程中不能卸载，百分表也不用归零。

（3）随时调整加压杠杆，使其保持平衡。

（4）加荷时应轻拿轻放，不得对仪器产生震动。

（5）试验完毕，卸下荷载，取出土样，把仪器打扫干净。

6. 成果整理

（1）计算初始孔隙比：

$$e_0 = \frac{d_s \rho_w (1+w_0)}{\rho_0} - 1$$

式中　d_s——土粒的相对密度（比重）；

　　　w_0——压缩前试样的含水量，用%表示；

　　　ρ_0——压缩前试样的密度，单位为 g/cm^3；

　　　ρ_w——水的密度，单位为 g/cm^3。

（2）计算各级压力下试样固结稳定后的孔隙比 e_i：

$$e_i = e_0 - (1+e_0) \frac{\sum \Delta h_i}{h_0}$$

式中　h_0——试样初始高度，等于环刀高度 20mm；

　　　$\sum \Delta h_i$——在某级压力下试样固结稳定后的总变形量，单位为 mm，其值等于该级压力下压缩稳定后的量表读数减去仪器变形量（由实验室提供资料）。

（3）绘制 e-p 压缩曲线。以孔隙比 e 为纵标，压力 p 为横坐标，绘制孔隙比与压力的关系曲线，如附图 5 所示。

（4）计算某级压力下的压缩系数 α 和压缩模量 E_s：

$$\alpha = \frac{e_i - e_{i+1}}{p_{i+1} - p_i}$$

$$E_s = \frac{1+e_i}{\alpha}$$

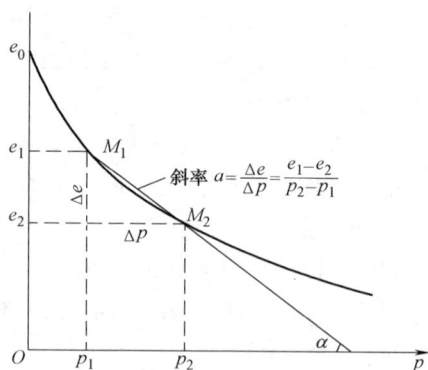

附图 5　e-p 关系曲线

求压缩系数 α 时，一般取 $p_1 = 100kPa$，$p_2 = 200kPa$，所得压缩系数用 α_{1-2} 表示，可以用来判断土的压缩性。若 $\alpha_{1-2} < 0.1MPa^{-1}$，为低压缩性；$0.1MPa^{-1} < \alpha_{1-2} < 0.5MPa^{-1}$，为中压缩性；$\alpha_{1-2} \geqslant 0.5MPa^{-1}$，为高压缩性。

（5）试验记录（附表4）：

附表4　固结试验记录表

工程名称＿＿＿＿＿＿＿　　试样面积＿＿＿＿＿＿＿　　试验者＿＿＿＿＿＿＿

试样编号＿＿＿＿＿＿＿　　土粒比重＿＿＿＿＿＿＿　　计算者＿＿＿＿＿＿＿

仪器编号＿＿＿＿＿＿＿　　试验前试样高度＿＿＿＿＿　　校核者＿＿＿＿＿＿＿

试验日期＿＿＿＿＿＿＿　　试验前孔隙比＿＿＿＿＿＿＿

加压历时	压力/kPa	量表读数/mm	仪器变形量/mm	试样变形量/mm	单位沉降量/mm	孔隙比	压缩系数/MPa^{-1}	压缩模量/MPa
	p		λ	$\sum \Delta h_i$	$\sum \Delta h_i / h_0$	e_i	α	E_s
	0							
	50							
	100							
	200							
	400							

试验五　剪切试验

1. 试验目的

测定土的抗剪强度指标内摩擦角 φ 和黏聚力 c。在确定地基土的承载力、挡土墙的土压力以及验算土坡的稳定性等时，都要用到抗剪强度指标。

2. 试验方法及原理

直剪试验分为快剪、固结快剪和慢剪三种试验方法。在教学中，采用快剪试验。通常采用4个试样为一组，分别在不同的垂直压力下，施加水平剪切力，测得试样破坏时的剪应力，然后根据库仑定律确定土的抗剪强度指标。

3. 仪器设备

（1）应变控制式直剪仪。由剪切盒、垂直加压设备、剪切传动装置、测力计、位移量测系统组成。

（2）环刀。内径61.8mm，高度20mm。

（3）位移量测设备。量程为10mm，分度值为0.01mm的百分表。

4. 试验步骤

（1）从原状土或制备成所需状态的扰动土中用环刀切4个试样，如系原状土样，切试样方向应与土在天然地层中的方向一致。测定试样的密度及含水量。

（2）对准剪切容器上下盒，插入固定销钉。在下盒内放入透水板，上覆硬塑料薄膜一张。将装有试样的环刀刃口向上，对准剪切盒口，在试样上放硬塑料薄膜一张，再放上透水板，将试样徐徐推入剪切盒内，移去环刀。不需安装垂直位移量测装置。

（3）转动手轮，使上盒前端钢珠刚好与测力计接触，调整测力计中的量表读数为零。顺次加上盖板、钢珠压力框架。

（4）本试验的加荷顺序为100kPa，200kPa，300kPa或400kPa。

（5）施加垂直压力后，立即拔出固定销钉，开动秒表，以每分钟4~6转的均匀速率旋转手轮（在教学中可采用每分钟 6 转），使试样在 3~5 分钟内剪破。如测力计中的量表指针不再前进，或有显著后退，表示试样已经被剪破。但一般应剪至剪切变形达 4mm。若剪切过程中测力计读数无峰值时，量表指针再继续增加，则剪切变形应达 6mm 为止。手轮每转一圈，同时测记测力计量表读数，直到试样剪破为止。

（6）剪切结束后，倒转手轮，按顺序去掉荷载、加压框架、加压盖与上盒，取出试样。

（7）重复上述步骤，做其他各垂直压力下的剪切试验。

（8）全部做完后，取下土样，把仪器打扫干净。

5. 注意事项

（1）先安装试样，再装量表。安装试样时要用透水石把土样从环刀推进剪切盒里，试验前量表中的大指针调至零。

（2）加荷时，应将砝码上的缺口彼此错开，防止砝码一起倒下压伤脚。不要摇晃砝码。

（3）开始剪切之前，千万不能忘记拔去插销，否则，仪器易损坏。

（4）摇动手轮时应尽量做到连续均匀，切不可中途停顿。

6. 成果整理

（1）计算剪应力：

$$\tau = CR$$

式中　τ——剪应力，单位为 kPa；

　　　R——量力环中测微表读数，精确至 0.01mm；

　　　C——量力环校正系数，单位为 kPa/0.01mm。

（2）计算剪切位移：

$$L = 20n - R$$

式中　L——剪切位移，精确至 0.01mm；

　　　n——手轮转数；

　　　R——量力环中测微表读数，精确至 0.01mm。

（3）绘制曲线。以剪应力 τ 为纵坐标，剪切位移 L 为横坐标，绘制剪应力 τ 与剪切位移 L 关系曲线（τ-L 关系曲线），如附图 6 所示。取曲线上剪应力的峰值为抗剪强度，无峰值时，取剪切位移 4mm 所对应的剪应力为抗剪强度。

以剪应力 τ 为纵坐标，垂直压应力 p 为横坐标（注意纵、横坐标比例尺应一致），绘制剪应力 τ 与垂直压应力 p 的关系曲线（τ-p 关系曲线），如附图 7 所示。该直线的倾角即为土的内摩擦角 φ，该直线在纵坐标上的截距即为土的黏聚力 c。

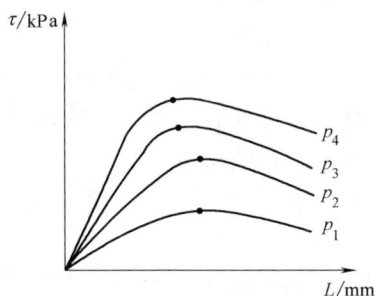

附图 6　τ-L 曲线

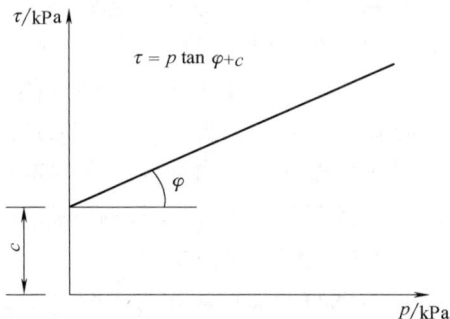

附图 7　τ-p 曲线

（4）试验记录（附表 5）：

附表 5   直接剪切试验记录表

工程名称＿＿＿＿＿＿＿　　　试验者＿＿＿＿＿＿＿　　　试样编号＿＿＿＿＿＿＿

计算者＿＿＿＿＿＿＿　　　　试验方法＿＿＿＿＿＿＿　　校核者＿＿＿＿＿＿＿

试验日期＿＿＿＿＿＿＿　　　量力环校正系数＿＿＿＿＿＿＿　　试验面积＿＿＿＿＿＿＿

垂直压力/kPa	手轮转数	量力环读数/mm	剪切位移/mm	剪应力/kPa
100	1			
	2			
	…			
	n			
200	1			
	2			
	…			
	n			
300	1			
	2			
	…			
	n			
400	1			
	2			
	…			
	n			

试验结果	垂直压力/kPa	100	200	300	400
	抗剪强度/kPa				
抗剪强度指标		$c=$		$\varphi=$	

试验六　击实试验

1. 试验目的

在击实方法下测定土的最大干密度和最优含水量，是控制路堤、土坝和填土地基等密实度的重要指标。

2. 试验方法及原理

击实试验分为轻型击实试验和重型击实试验。轻型击实试验适用于粒径小于 5mm 的黏性土，重型击实试验适用于粒径不大于 20mm 的土。本试验采用轻型击实仪进行击实试验。

土的压实程度与含水量、压实功能和压实方法有密切的关系。当压实功能和压实方法不变时，土的干密度随含水量增加而增加，当干密度达到某一最大值后，含水量继续增加反而使干密度减小，能使土达到最大密度的含水量，称为最优含水量 w_{op}，与其相应的干密度称为最大干密度 ρ_{dmax}。

3. 仪器设备

（1）击实仪。如附图 8 所示，由击实筒、击实锤和导管组成。

1）击实锤：锤底直径 51mm，质量 2.5kg，落高 305mm；

2）击实筒：内径 102mm，筒高 116mm，容积 947.4cm³。

（2）天平。称量 200g，分度值 0.01g。

（3）台称。称量 10kg，分度值 5g。

（4）标准筛。孔径 5mm。

（5）其他。烘箱、喷水设备、碾土器、盛土器、推土器、修土刀等。

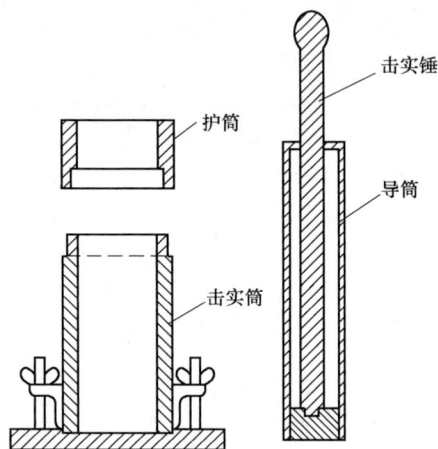

附图 8 击实仪示意图

4. 操作步骤

（1）制备试样。制备试样分为干法和湿法两种。

1）干法制备试样应按下列步骤进行：用四分法取代表性土样 20kg，风干碾碎，过 5mm筛，将筛下土样拌匀，并测定土样的风干含水量。根据土样的塑限预估最优含水量，并制备 5 个不同含水量的一组试样，相邻 2 个含水量的差值宜为 2%。其中应有 2 个含水量大于塑限，2 个含水量小于塑限，1 个含水量接近塑限。

2）湿法制备试样应按下列步骤进行：取天然含水量的代表土样 20kg，碾碎，过 5mm筛，将筛下土样拌匀，并测定土样的天然含水量。根据土样的塑限预估最优含水量，并制备 5 个不同含水量的一组试样，要求同干法。制备时分别将天然含水量的土样风干或加水到所要求的不同含水量，应使制备好的土样水分均匀分布。

制备所需加水量按下式计算：

$$m_w = \frac{m_{w0}}{1+w_0}(w-w_0)$$

式中　m_w——所需加水质量，单位为 g；

　　　m_{w0}——风干含水量时土样的质量，单位为 g；

　　　w_0——土样的风干含水量，用%表示；

　　　w——预定达到的含水量，用%表示。

（2）分层击实。

1）将击实仪平稳置于刚性基础上，击实筒与底座连接好，安装好护筒，在击实筒内壁均匀涂一薄层润滑油。

2）称取一定量试样（2～5kg），倒入击实筒内，分三层击实，每层25击。每层试样层高宜相等，两层交界处的土面应刨毛。击实完成时，超出击实筒顶的试样高度应小于6mm。

（3）称筒与试样质量。卸下护筒，用直刮刀修平击实筒顶部的试样，拆除底板，试样底部若超出筒外，也应修平，擦净筒外壁，称筒与试样的总质量 m_1，准确至1g。

（4）测含水量。用推土器将试样从击实筒中推出，取2个代表性试样测定含水量（精确至0.1%），2个含水量的差值应不大于1%。

（5）测湿密度。擦净击实筒，称筒质量 m_2，准确至1g，并计算试样的湿密度。

（6）其他不同含水量试样试验。按（2）～（5）步骤进行其他不同含水量试样的击实试验。

5. 注意事项

（1）试验前，击实筒内壁要涂一层凡士林。

（2）两层交界处的土面应刨毛，以使层与层之间压密。

（3）如果使用电动击实仪，则必须注意安全。打开仪器电源后，手不能接触击实锤。

6. 成果整理

（1）计算击实后各试样的湿密度 ρ_0：

$$\rho_0 = \frac{m_1 - m_2}{V}$$

（2）计算击实后各试样的干密度：

$$\rho_\mathrm{d} = \frac{\rho_0}{1 + w_i}$$

式中 w_i——某试样的含水量。

（3）计算土的饱和含水量：

$$w_\mathrm{sat} = \left(\frac{\rho_\mathrm{w}}{\rho_\mathrm{d}} - \frac{1}{d_\mathrm{s}} \right) \times 100\%$$

式中 w_sat——试样的饱和含水量；

ρ_w——温度4℃时水的密度，单位为g/cm³；

ρ_d——试样的干密度，单位为g/cm³；

d_s——土粒比重。

（4）绘制击实曲线。以干密度 ρ_d 为纵坐标，含水量 w 为横坐标，绘制干密度与含水量关系曲线，如附图9所示，即为击实曲线。曲线上峰值点所对应的纵、横坐标分别为土的最大干密度和最优含水量。当曲线不能绘出峰值点，应进行补点，土样不宜重复使用。

在击实曲线上，以干密度为纵坐标，饱和含水量为横坐标，按同一比例绘制出饱和曲线，用以校正击实曲线，如附图9所示。

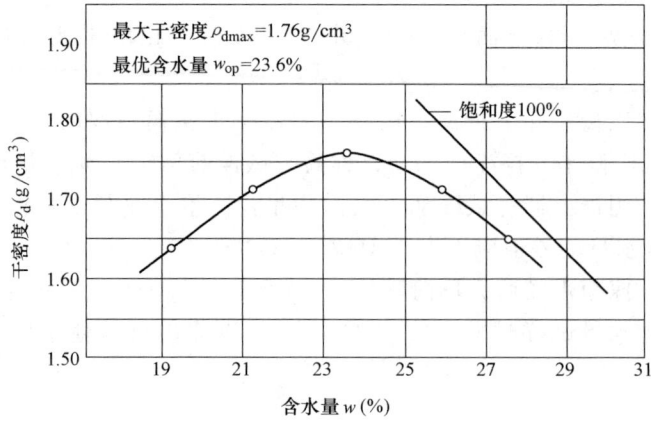

附图 9　击实曲线

（5）试验记录（附表 6）：

附表 6　击实试验记录表

试样编号_____　　　　　土粒比重_____　　　　　筒体积_____

试验者_____　　　　　　计算者_____　　　　　　校核者_____

试验日期_____

试验序号	筒加土质量 /g	筒质量 /g	湿土质量 /g	湿密度 /(g/cm³)	干密度 /(g/cm³)	盒号	盒加湿土质量 /g	盒加干土质量 /g	盒质量 /g	水的质量 /g	干土质量 /g	含水量 /%	平均含水量 /%
				预估最优含水量____%				风干含水量____%					
	（1）	（2）	（3）	（4）	（5）		（6）	（7）	（8）	（9）	（10）	（11）	（12）
			(1)-(2)	$\frac{(3)}{V}$	$\frac{(4)}{1+(12)}$					(6)-(7)	(7)-(8)	$\frac{(9)}{(10)}\times100\%$	
1													
2													
3													
4													
5													

参 考 文 献

［1］ 中华人民共和国住房和城乡建设部. 建筑地基基础设计规范：GB 50007—2011.［S］. 北京：中国计划出版社，2011.

［2］ 中华人民共和国住房和城乡建设部. 岩土工程勘察规范（2009 年版）：GB 50021—2001.［S］. 北京：中国建筑工业出版社，2009.

［3］ 国家质量技术监督局，中华人民共和国住房和城乡建设部. 土工试验方法标准（2007 年版）：GB/T 50123—1999.［S］. 北京：中国计划出版社.

［4］ 中华人民共和国住房和城乡建设部. 建筑基坑支护技术规程：JGJ 120—2012.［S］. 北京：中国建筑工业出版社.

［5］ 中华人民共和国住房和城乡建设部. 建筑地基处理技术规范：JGJ 79—2012.［S］. 北京：中国建筑工业出版社.

［6］ 中华人民共和国住房和城乡建设部. 建筑桩基技术规范：JGJ 94—2008.［S］. 北京：中国建筑工业出版社.

［7］ 国家质量技术监督局，中华人民共和国住房和城乡建设部. 建筑地基基础工程施工质量验收规范：GB 50202—2002.［S］. 北京：中国计划出版社.

［8］ 中国建筑标准设计研究院组织. 混凝土结构施工图平面整体表示方法制图规则和构造详图（独立基础、条形基础、筏形基础、桩基础）：16G101-3.［S］. 北京：中国计划出版社.

［9］ 昌永红. 地基与基础［M］. 北京：清华大学出版社，北京交通大学出版社，2011.

［10］ 朱艳丽，苏强. 基础工程施工［M］. 北京：北京理工大学出版社，2013.

［11］ 张强，李转学. 地基与基础［M］. 北京：高等教育出版社，2009.

［12］ 马宁. 土力学与地基基础［M］. 北京：科学出版社，2008.

［13］ 杨太生. 地基与基础工程施工［M］. 北京：中国建筑工业出版社，2005.

［14］ 刘福臣，刘光程. 土力学与地基基础［M］. 北京：清华大学出版社，2013.

［15］ 梁利生，梁新. 土力学与地基基础［M］. 北京：北京理工大学出版社，2012.

［16］ 刘福臣，刘光程. 土力学与地基基础［M］. 北京：清华大学出版社，2013.

［17］ 陈希哲. 土力学地基基础［M］. 北京：清华大学出版社，2004.

［18］ 王秀花，申钢. 土力学与地基基础［M］. 北京：中国电力出版社，2009.

［19］ 杨太生. 地基与基础［M］. 北京：中国建筑工业出版社，2007.

［20］ 陈晋中. 土力学与地基基础［M］. 北京：机械工业出版社，2010.

教材使用调查问卷

尊敬的教师：

您好！欢迎您使用机械工业出版社出版的教材，为了进一步提高我社教材的出版质量，更好地为我国教育发展服务，欢迎您对我社的教材多提宝贵的意见和建议。敬请您留下您的联系方式，我们将向您提供周到的服务，向您赠阅我们最新出版的教学用书、电子教案及相关图书资料。

本调查问卷复印有效，请您通过以下方式返回：

邮寄：北京市西城区百万庄大街 22 号机械工业出版社建筑分社（100037）
   张荣荣（收）

传真：010-68994437（张荣荣收）   Email：54829403@qq.com

一、基本信息

姓名：_____ 职称：_____ 职务：_____

所在单位：_____

任教课程：_____

邮编：_____ 地址：_____

电话：_____ 电子邮件：_____

二、关于教材

1. 贵校开设土建类哪些专业？

☐建筑工程技术 ☐建筑装饰工程技术 ☐工程监理 ☐工程造价

☐房地产经营与估价 ☐物业管理   ☐市政工程 ☐园林景观

2. 您使用的教学手段：☐传统板书 ☐多媒体教学 ☐网络教学

3. 您认为还应开发哪些教材或教辅用书？_____

4. 您是否愿意参与教材编写？希望参与哪些教材的编写？

课程名称：_____

形式： ☐纸质教材 ☐实训教材（习题集） ☐多媒体课件

5. 您选用教材比较看重以下哪些内容？

☐作者背景   ☐教材内容及形式 ☐有案例教学 ☐配有多媒体课件

☐其他_____

三、您对本书的意见和建议 （欢迎您指出本书的疏误之处）_____

_____

_____

四、您对我们的其他意见和建议_____

_____

_____

请与我们联系：

100037 北京百万庄大街 22 号

机械工业出版社·建筑分社 张荣荣 收

Tel：010-88379777（O），68994437（Fax）

E-mail：54829403@qq.com

http://www.cmpedu.com （机械工业出版社·教材服务网）

http://www.cmpbook.com （机械工业出版社·门户网）

http://www.golden-book.com （中国科技金书网·机械工业出版社旗下网站）